수학의____
위대한
순간들

First published in German under the title

Sternstunden der Mathematik by Jost−Hinrich Eschenburg, edition: 1

Copyright © Springer Fachmedien Wiesbaden GmbH, 2017 *

This edition has been translated and published under licence from Springer Fachmedien Wiesbaden GmbH,
part of Springer Nature.

Springer Fachmedien Wiesbaden GmbH, part of Springer Nature takes no responsibility and shall not be
made liable for the accuracy of the translation.

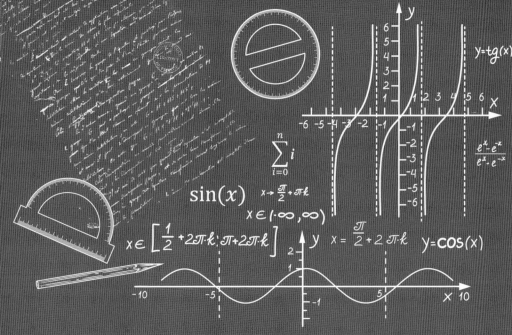

수학의
위대한
순간들

수학이 궁금한 이들을 위한 위대한 수학자들 이야기

Jost-Hinrich Eschenburg 지음

김승욱 옮김

Great Moments
in Mathematics

🖾 Springer   교문사

이 책의 제목인 〈수학의 위대한 순간들〉은 슈테판 츠바이크[1]의 작품인 '인류사의 위대한 순간들'(세계사에서의 '12개의 역사적 기념물')에서 빌려왔다. 이 책은 아주 유명한 역사적 사건들을 다루는 게 아니고, 마치 1513년에 태평양이 발견된 것이나 1849년 당시 캘리포니아 골드러시(Gold rush) 시절 금광의 주인이었던 수터 가족(Family Suter)의 운명 또는 1858년에 놓인 대서양을 횡단하며 세워진 전신줄 같이 전 세계의 관심을 받았음에도 바로 잊혀진 세계적 사건들을 다루었다. 슈테판 츠바이크는 저서의 서문에서 이러한 것들은 '차례차례 때로는 나란히 무심히 흘러가듯 보이는 사건들이 갑자기 응축되어 한순간에 모든 것을 결정하고 변화시키는 사건들'이라고 말했다. 수학에도 이러한 사건들이 자주 나타난다. 라파엘 봄벨리(Rafael Bombelli)가 1572년경에 허수(imaginary numbers)를 발견한 것은 태평양을 발견한 것과 비교할 수 있는 사건이며 갈로아(Evariste Galois)의 운명은 앞에서 언급한 요한 아우구스트 수터(Johann August Suter)의 운명 못지않게 드라마틱하고 비극적이다.

이 책은 저자가 2014∼2015년 겨울학기 동안 아우구스부르그(Augusburg) 대학에서 한 강의 시리즈에 기반하여 쓴 것인데 저자의 관심도나 한정된 지식 등에도 불구하고[2] 수학적 업적에 관한 아이디어의 역사들을 추적하여 정리하고 싶었다. 여기서 다루는 내용들은 그 초기 생성부터 시작하여 나중에 점점 가지쳐 나

---

[1] Stefan Zweig, 1882(Wien)∼1942(Petropolis, Rio de Janeiro) 오스트리아 출신의 전기 작가, 문화 평론가

[2] 예를 들면, 뉴턴(Sir Isaac Newton)과 라이브니츠(Gottfried Wilhelm Leibniz)가 발견한 미분의 발전 내용이 빠져 있다. 최근 수학자로는 대수학과 대수기하 분야에서 새로운 분야를 개척한 두 사람 에미 뇌테르(Emmy Noether, Erlangen) 그리고 알렉산더 그로텐딕(Alexander Grothendieck, Berlin)도 빠져 있다.

아가는 모든 과정을 나열하였다.

또한 수학사적인 결론에 우선하지 않고, 최초 생성되는 과정 속에서 나타나는 수학적 아이디어와 추론 등을 상세하게 설명하는 데 역점을 두었다. 동시에 고유의 수학적 아이디어를 여러 가지 형태로 변형시킨 문자적 '치장'을 피해가려고 노력하였다. 예컨대 아르키메데스(Archimedes) 편에서 '카발리에리의 원칙(Prizip von Cavalieri)'을 언급하는데 이것은 비록 수백 년 후에 이론화되었으나 아이디어 자체는 함의적으로 자주 이용되었고, 그것의 뛰어난 응용성은 아르키메데스의 사고를 이해하는 데 도움이 된다. 양의 유리수(>0)로부터 실수로까지 나아가는 수의 확장문제는, 비록 19세기나 되어서야 이론적인 도움을 받아 발전하였지만, 이미 고대 오이독소스(Eudoxos) 시대로까지 거슬러 올라간다고 생각한다. 허수는 수백 년 동안 신비로운 대상으로 여겨져 가우스 조차도 1799년에 제출한 대수학의 기본정리에 관한 박사학위 논문에서 아주 조심스럽게 다루었으나, 그는 많은 문제를 단순화시키는 허수의 유용성을 1955년 자신의 50주년 박사학위 축하기념논문집에 제대로 응용하였다. 가끔 남아 있는 기록들이 부족하여 '추론'을 할 수밖에 없는 경우도 있었다. 이런 문제는 비단 고대 수학자뿐만이 아니고, 예를 들면 리만(Bernhard Riemann)의 경우에서도, 만일 70년이 지난 후 헤르만 바일(Hermann Weyl)의 설명이 없었더라면 리만의 아이디어 대부분이 이해하지 못한 채로 남아 있었을지도 모른다.

각 장은 수학사에서 아주 짧은 순간만을 요약적으로 묘사하지만, 전체가 모여서 하나가 된다. 이들을 잇는 연결고리는 고대시대에 시작하고 중세 이슬람 시대를 지나 19세기의 갈로아 이론과 5차 방정식의 문제까지 이어지는 방정식 이론의 발전사이다. 또 다른 고리는 게임에 흥미를 가지고 연구하다 비노미알 계수 문제를 발견한 파스칼(Pascal)로부터 시작된다. 계수들은 대수학의 기본정리를 가능하게 만드는 오일러(Euler)의 지수 급수 발견에 중요한 역할을 하는데, 이 대수학의 기본정리가 없었다면 방정식의 근의 존재 여부를 판단하는 연구를 한 갈로아 이론은 시작조차 못했을 것이고, 리만 공간 기하학은 다음 장들에 묘사된(일반 상대성 이론, 글로벌 기하학, 포앙카레 추측 등) 중요한 이론들의 기초가 된다.

이 책은 전문가이거나 비전문가이거나 수학에 관심이 있는 모든 사람들을 위해서 썼다. 그럼에도 수학을 설명한다는 것은 쉽지 않은 일이다. 왜냐하면, 수학은 형식을 갖춘 언어로 써야만 아무런 오해 없이 전달되기 때문인데 바로 그런 형식적 언어가 처음의 아이디어를 가릴 수 있기 때문이다. 그래서 처음 아이디어가 태어나는 그 순간이 중요하다. 나는 가급적 수학적 언어를 피하고 많은 그림을 그려 수학적 아이디어를 이해할 수 있도록 노력하였다. '연습문제'는 이 책의 내용을 보충 심화하는 차원이다. 많은 조언을 통해 이 책이 나오도록 도와주신 여러분들께 깊은 감사를 드린다. 늘 곁에 있어 준 크리스트프 뵘(Christoph Boehm), 카이 실리에박(Kai Cieliebak), 루드빅히 나이드하르트(Ludwig Neidhart) 그리고 원고를 계속 검토하며 많은 오류를 고쳐준 에릭히 도르너(Erich Dorner)에게 특별한 감사를 드린다.

아우구스부르그(Augusburg), 2017년 4월

요스트 힌릭히 에쉔부르그(Jost-Hinrich Eschenburg)

독일 아우구스부르그 대학 수학과

eschenburg@math.uni-augusburg.de

http://myweb.rz.uni-augusburg.de/~eschenbu/

역사를 안다는 것은 미래를 들여다볼 수 있다는 것이다. 그런데 역사는 log 함수처럼 매끄럽게 나아가는 것이 아니고 가우스 함수처럼 계단식으로 발전하는 것 같다. 그리고 역사 발전의 모든 단계마다에는 반드시 결정적인 모티브가 있기 마련이고 또 이 모티브는 뒤따르는 많은 수학자들에게 깊은 수학적 영감을 주어 수학 발전에 커다란 디딤돌이 된다. 저명한 수학자 클라인(F. Klein, 1849~1925)이 수학사를 중요하게 여긴 것도 이런 이유 때문이었다. 그리고 이 책이 바로 수학 발전의 모티브, 즉 '수학사의 위대한 순간들'을 소개해 주고 있다.

고대 그리스 논리학이 모든 과학의 뿌리가 되고 르네상스 시대의 카르다노는 3차 방정식의 근의 공식을 정립하게 된다. 그 뒤를 이어 아벨이 연구한 5차 방정식 이상의 고차방정식의 근에 관한 문제, 아벨의 이론을 높은 단계로 이끌어 대수학의 새로운 지평을 연 갈로아 이론은 분명히 수학사의 한 획을 긋는 대사건임에 틀림없다. 그 전에 나타난 파스칼은 확률론을 세우고 가우스가 자신의 학위논문 〈대수학의 기본정리〉에서 파스칼의 이항정리와 허수의 개념을 적절히 이용하여 증명한 것은 잘 알려져 있다.

허수의 존재는 처음에는 부정되었으나 그 응용성을 알아본 봄벨리는 수학에 신선한 복소수 개념을 불어넣었고 가우스에 이르러 그 응용성이 극대화되었다. 오늘날 허수가 없는 수학을 상상이나 하겠는가? 리만의 기하학은 아인슈타인에 의해 현실화되었고 그가 연구한 모든 분야는 오늘날에도 자연과학 전반에 걸쳐 많은 영향을 끼치고 있다. 힐베르트와 괴델의 논리학에 관한 논쟁은 결국 괴델이 옳았다는 것으로 밝혀졌고 이는 오늘날 인간 지성의 한계에 많은 시사점을 던져 주고 있다.

저자가 자신의 능력과 수학적 한계를 넘어선다는 이유로 일부러 이 책에서 소개하지는 않았지만 뉴턴과 라이브니츠가 발견한 미분학은 또 어떤가? 그 어떤 과학적 발견도 미분학의 영향력과 견줄 수는 없을 것이다. 우리가 알고 있는 모든 수학의 기본적인 문제의식은 고대 그리스인들도 가지고 있었다. 반대로 그들이 해결 못한 근본적인 문제들은 아직도 해결되지 않은 상태이다. 그러나 미분학 만은 예외였다. 다시 말하면 3000년의 긴 시공간을 담고 있는 수학의 발전사 안에서 독보적인 위치를 차지하고 있는 것이 바로 미분학의 발견이다.

이 책의 내용은 대학교 교양수학에 적합하게 쓰여졌다. 그러나 일반인도 이해할 수 있도록 저자가 많은 노력을 하였다. 고등학교 수학을 제대로 배운 사람은 유심히 공부하면 아마도 파스칼까지는 특별한 수학적 지식이 없어도 공부할 수 있을 것이다. 그러나 가우스나 갈로아의 경우에는 수학과 3, 4학년 정도의 수학적 무장은 되어 있어야 이해할 수 있을 것이다. 괴델의 논증은 그야말로 순수논리적인 분야이므로 특별한 이론적 배경이 없어도 깊이 생각하면 충분히 따라올 수 있을 것이다. 마지막으로 포앙카레의 추측을 증명한 페렐만의 경우는 위상수학의 분야로서 심오한 수학적 이해를 요구하고 있지만 가장 최근에 해결된 역사적인 사건으로서 여기에 소개하였다. 동시에 이 이론이 가져올 수학적 파장은 대단히 클 것이라는 것을 알 수 있게 된다. 원저에는 이 외에도 서너 명의 수학자를 소개하고 있으나 그 내용이 일반인과는 동떨어진 너무 깊은 수학적 내용이라 일부러 소개하지 않았다.

고유명사들은 최대한 외래어 표기법을 따르려고 하였으나 원서가 독일어로 쓰였기 때문에 일부 고유명사들은 독일어식 그대로 표기하였다. 혹시 수학적 내용이 부적절한 것을 발견한 경우 역자에게 알려주시면 감사하겠다.

이 책이 발간되도록 기꺼이 도움을 주신 박현수 팀장님과 꼼꼼하게 교정을 보아주신 성혜진 선생님 그리고 교문사 관계자분들께 깊은 감사의 말씀을 전한다.

2021년 3월
김승욱

01

피타고라스:
비례와 무한대(−500)

요약 애초에 숫자는 어떤 대상들을 모아 놓은 집합에서 그 대상들의 개수를 나타
내는 표시였다. 그렇지만 개수를 센다는 것 외에도 길이, 거리, 부피, 크기, 무게
등 셀 수는 없지만 크기들을 서로 비교하는 '측정'방법들이 역사에 나타나기 시작
한다. 그리고 그 측정방법은 아마도 수학사에서 나타나는 가장 오래된 알고리즘인
'교차제거방법(changing reduction)'을 통하여 행하여진 것 같다. 피타고라스는 이
렇게 얻은 측정값들을 숫자로 나타내게 만드는 방법의 중요한 의미를 알아차리고
'모든 것은 숫자다'라고 주장했을 것이다. 그러나 본연의 역할(세는 것)과는 다르게
크기들을 비교한 값을 숫자를 이용하여 표시하는 것에는 자주 커다란 장애가 나타
났는데 그것은 이 교차제거방법이 끝나지 않고 계속 반복될 수도 있다는 것이었다
(무한대의 발견!). 이때부터 '무한대'라는 개념이 수학에서 아주 중요한 자리를 차
지하게 된다.

"인간이 확실히 알 수 있는 것은 사실 숫자밖에 없다. 왜냐하면 숫자 없이 무언가
를 사고를 통해서 인식하고 파악한다는 것은 불가능하기 때문이다."[1] 이 말처럼
피타고라스(Pythagoras)와 그의 학파를 상징적으로 잘 대변하는 것은 없을 것이
다. 보통 학교에서는 피타고라스를 단순히 직각삼각형의 정리를 증명한 사람으로
만 배우고 있지만 사실 피타고라스는 그 후대 사람들이었던 소크라테스, 플라톤
등에게 지대한 영향을 끼쳐 고대 그리스 과학문명의 원조라고 할 수 있다. 나아
가 현대 과학 문명의 뿌리가 고대 그리스 과학에서부터 출발한다는 것을 생각해

---

1 크로톤(Croton)의 격언

볼 때 실로 그는 과학문명의 시초를 연 위대한 인물이라고 아니 할 수 없다.

피타고라스와 그의 제자들에 관한 이야기는 이미 고대시대부터 잘 알려져 있어서 하나의 전설 같이 전해 내려오고 있다. 그에 관한 많은 이야기들이 여러 문헌이나 설화로 남아 있으나 자세한 것은 아무도 모른다. 다만, 신빙성이 있는 여러 가지 문헌이나 자료들을 통해서 볼 때 그와 제자들의 일생은 다음과 같이 생각해 볼 수 있다. 피타고라스는 기원전 580년경에 그리스의 사모스(Samos) 섬에서 태어난 것 같다. 그의 아버지는 보석 가공업자였던 것으로 보인다. 그는 사모스 섬을 점령하려는 페르시아의 공격이 두려워 섬을 떠나 밀렛(Miletus)에 정착하였다. 밀렛에는 탈레스(Thales, B.C. 624~548)가 있었는데 그는 피타고라스의 명민함을 알아차리고 그에게 당시 지식의 보고였던 페니키아와 이집트로의 유학을 권유하였다. 피타고라스는 오늘날의 시리아 지방이었던 페니키아에서 오래 머물면서 다양한 종교적 신비주의에 빠져들었고 또한 이집트와 바빌로니아로부터 흘러들어 오는 수학, 천문학 등을 배웠을 것으로 추정된다. 그후 12년간 머물렀던 바빌론을 떠나 크로톤(Croton)에 정착하여 자신을 따르는 많은 젊은이들과 함께 한 사교단체를 만들었다. 그는 영혼불멸설을 설교하였고 제자들에게는 검소하고 절제된 생활을 요구하였다. 그리고 천문학, 수학, 음악, 철학 등을 가르치며 그 지방에서는 커다란 영향력을 행사하였다. 그러나 피타고라스는 결국 크로톤에서 추방되어 남부 이태리의 메타폰툼(Metapontum)으로 이주하고 그곳에서 말년을 보냈다.

피타고라스가 세운 학파는 정치적으로 보수적인 귀족정치를 지지했다는 것 외에는 온통 종교적인 비밀단체와 흡사했다. 그 단체의 내규들은 아주 신비한 것이 많았는데, 예를 들면 순모로 만든 옷이나 신발은 절대 걸치거나 신지 못했고 고기, 생선, 콩 그리고 포도주 등은 엄격하게 금지되었다. 신입회원을 영접하는 의식도 대단히 놀라운 것이라고 전해져 오고 있지만 자세한 내용은 모른다.

그들의 종교적 가르침 또한 아주 흥미로운데 종교의 마지막 종착지인 초월적이고도 신비한 곳에 도달하기 위해서는 숫자의 세계를 지나가야 한다고 가르쳤다. 따라서 이 단체의 회원들이 숫자에 대한 공부를 열심히 해야 했던 것은 당연한 일이었다. 예를 들어 그들은 숫자 1보다 큰 양의 정수들은 아주 신비로운 힘으로 무장을 하고 있어서 우주의 모든 현상이 의인화된 숫자들에 의해 지배당하고 있다고 믿었다. 특히 숫자 10은 신들과 같은 존경을 받아야 하는 신성한 것인데 그 이유는 숫자 10이 크고 완벽하며 모든 것의 시작이고 완성이며 신, 하늘 그리고 인간들의 지배자라고 확신하였기 때문이다.

또한 당시에는 현악기에서 현들의 길이가 자연수의 비로 있을 때 가장 조화로운 소리를 낸다는 이론이 회자하고 있었는데, 이 이론이 그들로 하여금 숫자들의 힘에 대한 확신을 더하게 되었다.

현악기를 연주하며 음계 규칙을 발견한 피타고라스

그러면서 그들은 이상적인 우주의 형상과 추상화를 구하려고 노력하였는데 이러한 과정을 거치면서 나타나는 수많은 논리적 오류를 숫자들이 해결할 수 있다고 믿었다. 이러한 궤변적인 사고방식을 제외하면 그들이 발견한 순수한 수학적 업적은 대단하여 많은 귀한 이론들을 발견하고 논리적으로 잘 정리하였을 뿐만 아니라 그 결과물들을 후대의 아테네 시대에 잘 전달하여 인류 문명의 발전에 결정적인 디딤돌이 되게 하였다. 그 대표적인 경우가 13권으로 이루어진 유클리드[2]의 저서 〈원론(Elements)〉인데 유클리드는 피타고라스 학파의 이론들을 이 책 안에 그대로 반영하였다.

피타고라스 사람들은 역사상 최초로 1보다 큰 자연수를 짝수와 홀수로 나누었으며, 신비적인 요소와 기하학과 숫자 놀음 등의 여러 가지 방법을 섞어 숫자들에게 형상을 부여하였다. 예컨대 삼각형 수, 정사각형 수, 직사각형 수, 정오각형 수 등과 같은 것들이었다. 그들은 이런 숫자들을 모래판 위에 그리거나 아니면 작은 돌로 표시해 가면서 연구를 계속하였다. 그 결과

---

2 Euclid of Alexandria, B.C. 325?~265?(Alexandria, Egypt). 기원전 280년경에 당시의 모든 수학 지식을 저서 〈원론〉에 소개하였다. 비례론은 이 책의 5장에 제시된다.

〈원론(Elements)〉

$$\sum_{v=1}^{n} v = \frac{1}{2}(n+1)n, \quad \sum_{v=1}^{n}(2v-1) = n^2, \quad \sum_{v=1}^{n}(3v-2) = \frac{1}{2}(3n-1)n$$

과 같은 간단한 급수의 합 정도는 쉽게 구할 수 있었다. 바빌로니아에서 들어온 대수, 기하 그리고 조화평균은 피타고라스가 자신의 음악 이론에 응용한 것으로 보인다. 그리고 숫자에 대한 궤변적 이론의 중심에 역시 바빌로니아에서 들어온 황금비율을 도입하였다. 그것은 그들이 자기들 학파의 문장으로 정오각형 (pentagon)을 만든 것만 보아도 알 수 있는데 그 이유는 이 정오각형의 꼭짓점들을 직선으로 이을 때 대각선들이 잘리는 비율이 황금비율이었기 때문이다. 이 정오각형은 이미 바빌로니아의 쐐기문자에도 나타나지만 유럽에서는 중세시대까지 마귀의 침입을 막는 아주 신비로운 의미를 갖는 것으로 인식되었다. 그런 연유로 중세시대 교회 입구의 바닥에는 정오각형이 새겨져 있는 곳이 많다.[3] 그에 반해 숫자들의 나누기 정리, 소수 정리, 비율에 관한 이론들은 비교적 후대의 학파에 의해서 만들어졌다.

---

3 미국 국방성 건물 이름이 '펜타곤(pentagon)'인 것도 이런 연유에서다.

이러한 수학적 이론들은 그들의 밑바탕에 깔려 있는 이상주의적인 이데올로기와 합쳐져서 종교적 도그마를 세우는 데 쓰였다. 그들은 소위 '범 우주적 연산법'을 만들어서 우주의 모든 현상은 유리수와의 관계 속에서 이해하고 표현할 수 있다고 믿었던 것이다.

그러나 그들로서는 도저히 받아들일 수 없는 일이 일어났는데 그것은 바로 무리수의 발견이었다. 아마도 이 문제는 길이가 1인 정사각형의 대각선을 연구하다가 발견한 것 같은데 메타폰툼의 히파소스[4]가 그 주인공인 것 같다. 그들은 이 사실을 처음에는 얼버무리고 숨기려고 하였다. 그러나 여의치 않자 조직에 해를 끼쳤다는 이유로 히파소스를 배에서 바다로 빠뜨려 살해하고 이것을 하늘이 내린 당연한 벌로 믿었다고 하였다. 숫자에 관해서는 유리수만 인정하고 있었던 그들에게 무리수의 존재는 그들 믿음의 근본이었던 '범 우주적 연산'의 종말을 고하게 되는 대사건으로서 도저히 받아들일 수 없었기 때문이었다.

이 사건 외에도 남부 이태리에서는 커다란 정치적 변혁이 일어나는데 그것은 귀족세력의 후퇴와 민주적 세력의 부상으로 인하여 사회적 분위기가 피타고라스 학파에겐 절대적으로 불리하게 변한 것이었다. 결국 그들의 정신적인 지주였던 '범 우주적 연산'의 종말과 불리하게 변한 정치적 환경으로 인하여 피타고라스 학파는 기원전 4세기경에 사라지게 되었다.

이제부터는 당시의 비례론을 통해서 무리수가 어떻게 발견될 수 있는지를 합리적 추론을 통해서 알아보기로 하자. 사실 비례론은 수학사의 출발점이 된다. 왜냐하면 이 비례론이 '도대체 숫자란 무엇인가?'라는 질문에 아주 수학적인 대답을 제공하기 때문이다. 처음에 사람들은 1, 2, 3, …과 같은 자연수만을 알고 있었다. 이 숫자들은 어떤 특정한 성질을 가지는 대상들을 모아 놓은 유한한 집합에서 그 대상들(원소)의 개수를 세는 목적으로 존재하였다. 이런 의미에서 보면 '센다'는 것에서는 집합이 숫자보다 더 근원적인 것이다. 왜냐하면 사람들은 셀 수 있기 전에 먼저 무엇을 셀 것인가를 알아야 하기 때문이다. 같은 맥락에서 보면 집합을 합하는(합집합) 것이 숫자를 더하는 것보다 더 근원적이라고도 볼 수 있다.[5]

---

4 Hippasos of Metapontum, ca 550~470, B.C. Metapontum(South Italy)
5 집합론의 연산기호 ∪＝합집합, ∩＝교집합, ⊂은 부분집합, ∈은 원소 표시, 213쪽 참고

수학의 근원을 따라가다 보면 이미 오래전에 이집트나 바빌론 시대의 사람들은 분명히 숫자를 다른 용도로 쓸 수 있다는 것을 알았던 것 같다. 바로 '크기의 비교'에서다. 예를 들어 길이, 넓이, 부피, 무게, 시간, 공간 같은 것들이다. 당시에는 일반적으로 공인된 측정단위가 없었기 때문에 이들의 크기를 숫자로 나타내기가 쉽지 않았지만 종류가 같은 두 개의 크기를 비교할 수 있는 것들이 있었다. 좀 더 긴 길이의 a와 그보다 짧은 b 두 개의 직선 같은 것들이 대표적이다.

다음 그림을 보면 a가 b보다 길다는 것은 금방 알 수 있는데 그 다음엔 몇 배나 길지? 라는 생각을 하게 된다. 이 문제를 쉽게 해결하는 방법은 b를 반복하여 더해서 a와 같은 길이를 만드는 것이다.

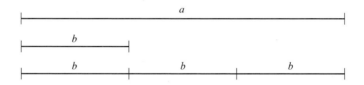

위의 그림에서 b를 세 번 붙이면 a가 되므로 $a = 3b$가 된다. 여기서 a와 b는 둘 다 숫자가 아니기 때문에 하나의 숫자를 정의할 수 있는데 바로 $\dfrac{a}{b} = 3$이라는 비례값이다. 또 다른 보기로는 큰 물건들을 비교할 때인데 다음의 예를 보기로 하자. 때는 성경에 나오는 '7년 대풍년'[6]의 시대로서 이집트를 통치하고 있었던 '요셉'의 시기라고 하자. 그리고 이때에 두 명의 이집트 농부 A와 B가 곡물 수매 공무원을 만나기 위해 멤피스(Memphis)로 온다고 하자. 두 사람은 곡물로 가득 찬 자루를 메고 왔는데 A의 것은 컸고 B의 것은 작았다. 이 둘은 공정한 매수가를 원했을 것이다. 당연히 A가 더 많은 가격을 받겠지만 얼마나 더 많이 받게 될지는 확신할 수 없다. 공무원들이 주장하는 무게를 항상 믿을 수 없었기 때문이다. 이때 만일 양쪽 끝에 똑같은 무게의 접시를 올려놓았을 때 균형을 이루는 천칭이 있다면 공무원들이 쉽게 속일 수는 없을 것이다. 그리고 먼저 한쪽 접시에 B의 곡물을 전부 쏟아 놓은 후 천칭이 균형을 이룰 때까지 A의 곡물을 덜어서 다른 쪽 접시에 올려놓는다. 이 동작을 A의 자루가 빌 때까지 반복하면

---

6 창세기 41, 47~49절

마침내 비례숫자가 나타난다. 예를 들어 A는 B보다 4배 많은 곡물을 가지고 왔다고 하자. 곡물을 낱개로 셀 필요 없이(어차피 셀 수도 없지만) 전체 무게를 4개의 단위 무게로 나누어 계산한 것이 된다.

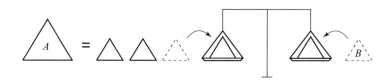

여기서 '같다(equal)'라는 말은 '똑같다(same)'와는 개념적으로 볼 때 다른 의미이다. '같다'라는 단어는 대상들의 어떤 특성과 연관된다. 예컨데 직선들에서는 '길이가 같다' 혹은 '방향이 같다'라든가 곡물에서는 '무게가 같다' 등으로 표현된다. 원래 두 개의 곡물 자루가 '같다'라는 말에는 근본적으로 '센다'는 개념을 내포하고 있다. 만일 곡식을 낱낱이 셀 수 있어서 두 개의 자루에 같은 낱개의 곡식 알갱이가 들어 있다면 그때도 역시 '같다'라고 말할 것이기 때문이다. 그러나 측정을 하는 새로운 방법은 '같다'라는 개념 설정이 중요한 것이 아니고 길이나 무게와 같은 것을 '셀 수 없는 것의 셈'으로, 즉 세는 것을 측정으로 바꾸었다는 데 있다. 이렇게 사고가 획기적으로 바뀐 반전의 실마리가 언제부터 시작되었는지는 까마득한 선사시대에 묻혀 있을 것이다.

그런데 이 방법이 '실패하면' 어떻게 될까? 다음 그림에서 보다시피 b가 a 안에 두 번은 들어가지만 b보다 작은 나머지 c가 있다면?

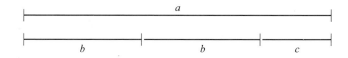

그렇다면 일단 두 직선의 비율 $\dfrac{a}{b}$가 2와 3 사이에 있을 것이라는 것을 알 수 있다. 그리고 c를 자세히 알아보기 위해 b와 c를 비교해 볼 수 있는데 그 방법은 앞서 a와 b를 비교했던 것처럼 b와 c를 비교하면 된다. 다음 그림에서 보면 c보다 짧은 나머지 d가 나타나고 이 d를 c에 다시 반복하여 비교하면 나머지 e가 두 개로 나온다.

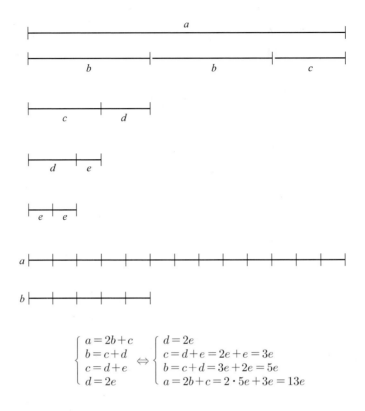

$$\begin{cases} a = 2b+c \\ b = c+d \\ c = d+e \\ d = 2e \end{cases} \Leftrightarrow \begin{cases} d = 2e \\ c = d+e = 2e+e = 3e \\ b = c+d = 3e+2e = 5e \\ a = 2b+c = 2 \cdot 5e+3e = 13e \end{cases}$$

이제 2차원으로 사고를 넓히면 이 방법을 보다 구체적으로 표현할 수 있는데, 가로, 세로 길이가 a, b인 직사각형에 가능한 한 최대로 많은 정사각형 b를 채우는 방식이다.

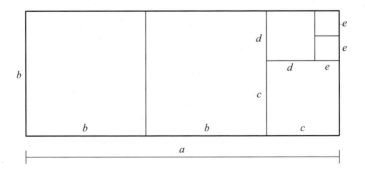

앞 그림에서 보다시피 a가 b의 정수배는 아니지만 변의 길이가 e인 보다 작은 정사각형이 나타나 이 사각형에 대해서 a는 13배, b는 5배가 된다. 그렇다면 사전에 어떤 특별한 측정단위가 없어도 위의 과정을 되풀이하면서 a와 b에 공통적으로 나타나는 가장 적당한 측정단위인 e를 저절로 찾을 수 있게 되었다는 것이다.[7] 결론적으로 $\dfrac{a}{b} = \dfrac{13}{5}$[8]이 되는 비율을 얻게 된다.

다시 한 번 종합해 보면 다음과 같다. '크기'라는 것은 일반적으로 숫자가 아니다. 그러나 두 개의 크기 a, b는 마치 숫자처럼 비교가 가능하다. 이 둘은 서로 크기가 같거나 다를 수 있다. 예를 들어 a가 b보다 크다고 하자($a > b$). 이제 작은 크기인 b를 더이상 a에 붙일 수 없을 만큼 여러 번 복사하면(p번만큼 했다고 가정) 새로운 크기인 pb가 생기게 된다($pb < a$). 그러면 새로운 크기 $c = a - pb$가 생기고 이 c는 분명 b보다 작다. 앞에서 a와 b에 했던 것처럼 b와 c에 시도해 보자. 작은 길이인 c를 q번 복사하여 b에 붙이되 $pc \leq b$이지만 $(q+1)c > b$가 되게 하자. 이렇게 하면 초기값을 반복해서 대입하는 계산방법의 일종인 알고리즘이 생기는데 이 방법을 '교차제거(changing reduction)'방법 또는 유클리드가 사용하였다고 하여 '유클리드 알고리즘(Euclid algorithm)'이라고 한다. 사실 이 방법은 아주 오래된 것이어서 분명히 기원전 500년의 인물인 피타고라스도 알고 있었을 것이다. 추측컨대 그가 이집트나 메소포타미아에서 유학할 당시에 배웠을 것이다.

어쨌든 그는 이 알고리즘의 의미를 제대로 이해하였음에 틀림없고 어떤 분야이든지 어디서 유래하든지 간에 모든 크기의 비율을 비례값으로 나타낼 수 있다

---

7 이 등식을 다른 방법으로 풀면 단위측정 e를 주어진 크기인 a와 b로 다음과 같이 나타낼 수 있다.

$e = c - d, \quad d = b - c, \quad c = a - 2b \Rightarrow e = c - (b - c) = 2c - b = 2(a - 2b) - b = 2a - 5b$

8 비율 $\dfrac{a}{b}$를 바로 구할 수도 있다.

$\dfrac{a}{b} = 2 + \dfrac{c}{b}, \quad \dfrac{b}{c} = 1 + \dfrac{d}{c}, \quad \dfrac{c}{d} = 1 + \dfrac{e}{d}, \quad \dfrac{d}{e} = 2$에 의해서 $\dfrac{a}{b} = 2 + \cfrac{1}{1 + \cfrac{1}{1 + \cfrac{1}{2}}}$

이러한 분수 모양을 '정규 사슬분수(regular chain fraction)'라 하고 줄여서 $\dfrac{a}{b} = [2:\ 1,\ 1,\ 2]$로 나타낸다. 여기 묘사한 교차제거 과정은 비율 $\dfrac{a}{b}$를 정규 사슬분수로 표현한 것과 같은 것이다.

고 믿었기 때문에 아마도 "모든 것은 숫자다"라고 환호했을지도 모른다. 말하자면 기하는 물론이고 응용수학의 분야인 천문, 기계, 경제 심지어는 음악에서 조차도 크기의 비율이 가능하다고 믿었던 것 같다.

그러나 바로 몇 년 후 앞에서 언급한 피타고라스의 제자였던 히파소스가 귀한 포도주 잔에 찬물을 쏟아 붓는 것과 같은 사건이 일어났다. 이 사건이 고대에서 일어난 가장 중요한 수학의 위대한 순간이었다. 그것은 교차제거방법으로는 절대로 비례를 알 수 없는 두 개의 직선 a와 b가 존재한다는 것이었다. 즉, 항상 나머지가 생기고 이 알고리즘이 결코 멈추지 않는 것이다. 히파소스는 아마도 황금비율을 연구하다가 이 사실을 발견한 것 같다. 이에 대해 자세히 알아보기로 하자.

서로 다른 길이인 a와 b로 나누어진 직선 $a+b$가 있는데 전체 길이인 $a+b$에 대한 a의 비율과 a에 대한 b의 비율이 같다. 즉, $\dfrac{a+b}{a} = \dfrac{a}{b}$ 라고 하자.[9]

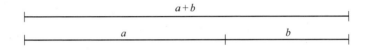

a는 $a+b$보다 짧고, a에 대한 b의 비율이 $a+b$에 대한 a의 비율과 같다. b와 a를 비교해 보면 같은 상황이 반복되는데 비율들이 같기 때문에 a와 b가 $a+b$와 a의 축소판이 된다. 다시 b가 a보다 짧으므로 그 나머지 c에 대해서 $\dfrac{a}{b} = \dfrac{b}{c}$ 가 성립한다.[10] 이 과정은 각 단계에서 늘 나타나고 결코 끝나지 않기 때문에 공통의 측정단위는 생기지 않는다.

---

9 $\dfrac{a+b}{a} = \dfrac{a}{b}$ 로부터 비례값 $x = \dfrac{a}{b}$를 제곱근의 형태로 계산할 수 있다.

$x = \dfrac{a}{b} = \dfrac{a+b}{a} = 1 + \dfrac{b}{a} = 1 + \dfrac{1}{x}$. 양변에 x를 곱하면 2차 방정식 $x^2 = x + 1$이 되고 근 $x = \dfrac{1}{2}(1 + \sqrt{5}) \approx 1.618$을 얻게 된다(다른 근 $x = \dfrac{1}{2}(1 - \sqrt{5})$는 음수). 이 x값과 x의 역수인 $\dfrac{1}{x} = x - 1 = \dfrac{1}{2}(\sqrt{5} - 1) \approx 0.618$을 '황금비율'이라고 한다.

10 이 관계는 $b + c = a$를 이용하여 직접 계산해도 얻을 수 있다.

$\dfrac{a}{b} = \dfrac{a+b}{a} = 1 + \dfrac{b}{a}$, 그리고 $\dfrac{a}{b} = \dfrac{b+c}{b} = 1 + \dfrac{c}{b} \Rightarrow \dfrac{b}{a} = \dfrac{c}{b}$

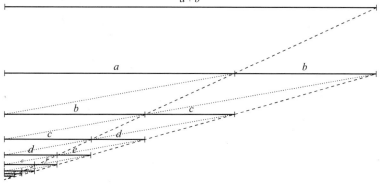

황금비율은 기원전 500년 전부터 수학자뿐만 아니라 예술가들 사이에서도 잘 알려져 있어서 이미 수많은 방면에 이용되고 있던 비율이었다. 피타고라스의 제자들은 이 비율을 아주 특별하게 생각하고 있었다. 그 이유는 정오각형이 자신들만의 특별한 심벌인데 이 정오각형 안에 있는 대각선들의 절단비가 바로 황금비율이 되기 때문이었다. 이는 아래의 빗금 쳐진 두 개의 삼각형의 닮은꼴(다른 크기이지만 모양은 같은)로부터 금방 알 수 있다. 그리고 이런 비율은 결코 교차제거방식으로는 알아낼 수 없다는 것을 다음에서 보자.

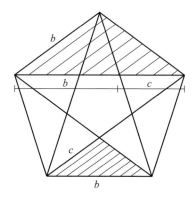

두 개의 빗금 친 크고 작은 삼각형들은 서로 닮은꼴이기 때문에 두 삼각형에서 각 변들의 비율은 같다. 따라서 황금비율이 성립한다$\left(\dfrac{b+c}{b}=\dfrac{b}{c}\right)$. 이 과정을

이해한 다음 $b+c$와 b 또는 b와 c 사이에는 실제로 어떤 공통의 측정단위도 없다는 것을 다음 도형에서 시각적으로 분명하게 알아보자. 아마도 히파소스 역시 이 방법으로 자신만의 결과에 도달했는지도 모른다.

먼저 점점 작아지는 정오각형들을 그리는데, k-번째 정오각형의 변의 길이 s_k가 $k+1$번째 정오각형의 대각선 d_{k+1}이 되도록 그린다. 그림에서 보면 $d_2 = s_1$ 그리고 $s_2 = d_1 - s_1$, 일반적으로

(*) $$d_{k+1} = s_k, \quad s_{k+1} = d_k - s_k$$

가 성립한다. d_1과 s_1이 공통의 측정단위 e가 있다면(크기와 상관없이) 둘 다 e의 정수배들이 될 터이고, $d_2 = s_1$ 그리고 $s_2 = d_1 - s_1$ 역시 e의 정수배가 될 것이다. 이 과정을 반복하면 모든 d_k, s_k도 마찬가지가 된다. 즉 모든 직선들이 e의 정수배가 될텐데 이 직선들은 한없이 작아지므로 언젠가는 e보다 작게 되므로 이는 모순이다.[11]

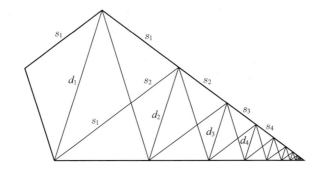

정오각형의 변과 대각선은 공통의 측정단위가 없는 '서로 소(incommensurable)' 인 관계다. 다시 말하면 그 둘의 비율은 더이상 정수비가 아니고 무리수[12]이다.

---

[11] 정수계수의 방정식 (*)이 정수적 결론이 나오지 않았다는 면에서 특이하다. 대각선과 변의 길이가 공통의 측정단위의 정수배로 나타나지 않는다.

[12] 유리수(rational number, 라틴어 또는 영어인 ratio＝비율)는 정수들의 비율 $\dfrac{k}{n}$(분수)이다. 따라서 무리수는 정수의 비율로 나타나지 않는다는 뜻이다. 황금비율은 평범한 무리수가 아니고 아주 특별한 무리수다. 모든 과정에서 절단된 작은 직선이 나머지 직선에 오직 한 번만 들어맞아 그 길이가 나머지 직선과 거의 같다(반보다 크게). 따라서 유리수 비율과는 애초부터 거리가 있다.

결론적으로 '숫자'를 오로지 자연수로서만 알았고, "모든 것은 숫자다"라고 말한 피타고라스는 틀렸다. 그리고 이 비율의 개념은 어쩔 수 없이 자연수의 범위를 넘어서게 되었다. 그 후 200년간은 온갖 종류의 비율을 다루는 이론들이 생겨나게 되었고 이것들은 유클리드의 저서 〈원론〉에서 아주 중요한 역할을 하게 된다. 예를 들면 아르키메데스[13]의 공리는 크기의 비율 $\frac{a}{b}$를 자연수의 비율 $\frac{k}{n}$로 대치하는 것이었다. 그 다음 n을 무한대로 보내는 방법을 통하여 비율의 근사값을 다음과 같이 구하였다.

공리 각각의 크기 a와 b, $a > b$에는 $kb \leq a < (k+1)b$를 만족하는 어떤 자연수 k가 존재한다.

그는 이미 교차제거방법을 기본으로 하는 이 내용을 오이독소스(Eudoxos)[14]로부터 기인한다고 소개하고 있다. 이 기본명제에서 a와 b의 자리에 na와 b로 대신하면 (임의의 커다란 자연수 $n \in \mathbb{N}$)

$$kb \leq na < (k+1)b$$

를 만족하는 자연수 $k \in \mathbb{N}$를 찾을 수 있고, 이 식을 변형하면 $\frac{k}{n} \leq \frac{a}{b} < \frac{k+1}{n}$ $= \frac{k}{n} + \frac{1}{n}$ 이 된다. 따라서 비율 $\frac{a}{b}$는 정수의 비율 $\frac{k}{n}$의 크기와 최대오차 $\frac{1}{n}$ 안에서 거의 비슷해진다. 이 값의 정밀성을 높이려면 분모를 크게 하면 되고 정확한 값을 얻으려면 분모를 무한대로 보내면 된다. 다시 말하면 $\frac{a}{b}$는 정수의 비율들로 충분히 가깝게 다가갈 수 있다는 뜻이다.

무리수의 발견과 정수로 나타나지 않는 비율을 계산하는 후속연구는 수학사에서 처음으로 수의 영역 확장[15]을 의도적으로 연구하는 계기가 되었다. 이것이 가능했던 것은 숫자(arithmos) 외에도 크기(logos)를 비교하는 개념이 나타났기 때문이었다. 크기는 수학 외에서도 나타나는데(무게, 부피, 길이 등) 처음에는 정수로 다 나타낼 수 있을 것으로 보였다. 그러나 수학분야인 기하에서 조차 더이상 정수로 나타나지 않는 비율이 등장하자 정수로 모든 비율을 표현할 수 있다는 기

---

[13] Archimedes of Syracuse, B.C. 287?~212?
[14] Eudoxus of Knidos, B.C. 408~355?
[15] 이 책에서는 예전부터 알려진 정수의 비율(분수)를 독립된 대상으로 여기지는 않았다.

대는 무너져 버리게 되었고, 결국 비율의 개념은 수의 영역을 확장하게 만들었다. 결론적으로 양의 실수는 정수의 비율로 표현할 수는 없지만 정수의 비율들로 얼마든지 가깝게 다가갈 수 있는 비율로 태어나게 되었다.

연습문제

1.1 공통인수는 유리수 비율: 두 개의 크기가 다른 $a > b$가 유리수 비율을 갖기 위한 필요충분조건은 '교차제거방법이 멈추는 것'이라는 것을 보이시오. 즉, 이 방법이 유한한 단계에서 나머지가 0이 되는 것으로 끝나 공통의 측정단위를 발견하는 것이다. 따라서 보여야 할 것은 다음의 문장들이다.

a) $\dfrac{a}{b}$가 유리수이면 교차제거방법은 멈춘다.

b) 교차제거방법이 멈추면 $\dfrac{a}{b}$가 유리수이다.

1.2 정수론에 응용: 두 개의 자연수 a, b가 공통의 측정단위를 가지고 있으면 그것을 '최대공약수(gcd=greatest common devisor)'라고 한다. 교차제거방법을 통한 유클리드 알고리즘으로 자연수 a, b의 gcd를 계산할 수 있는데, 다음 경우의 gcd를 계산하시오.

a) $a = 112$ 그리고 $b = 91$

b) $a = 544$ 그리고 $b = 323$

또한 9쪽 각주 7에 있는 방법으로 위에 있는 숫자들의 gcd를 계산하시오.

1.3 나누기의 유일성: 서로소인 두 개의 자연수 p, $q(\gcd(p, q) = 1)$가 어떤 자연수 n의 약수라고 하자. 즉, $n = ap = bq(a$, b는 정수). 그러면 p가 b의 약수(그리고 q가 a의 약수)임을 밝히시오.

실마리 gcd를 두 숫자 p, q로 나타낼 수 있으므로 $up + vq = 1$이 되는 정수 u, v가 존재한다. 이 등식에 b를 양변에 곱하고 p가 b를 나눈다는 것을 보이시오. 이때 $n = bq$가 p로 나누어지는 것을 염두에 두시오.

1.4 공통의 분할: 아래의 두 개의 직선이 두 개의 서로 다른 간격 a, b로 고르게 분할되어 있다고 하자.

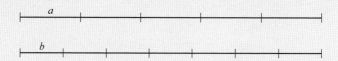

교차제거방법을 통해서 a를 7개, b를 5개의 공통단위분할로 만드는 작도를 해보시오. 또한 $5a = 7b$가 성립하는 a, b의 공통 단위분할을 계산으로 직접 확인해 보시오.

$$a = b + c$$
$$7b = 5a = 5b + 5c \Rightarrow 2b = 5c$$
$$b = 2c + d$$
$$5c = 2b = 4c + 2d \Rightarrow c = 2d$$

$$b = 2c + d = 4d + d = 5d$$
$$a = b + c = 5d + 2d = 7d$$

$7a = 11b$의 경우도 계산해 보시오.

1.5 소인수분해: 잘 알려진 바와 같이 모든 정수 n은 (순서를 제외하고) 단 한 가지 방법으로 소수들의 곱으로 표현된다. 예를 들면 $35 = 5 \cdot 7$ 또는 $77 = 7 \cdot 11$ 등이다. 앞의 두 문제(1.3, 1.4)에서 이 정리와의 관련성을 찾아보시오.

1.6 소인수 분해가 안 되는 숫자들: 정수 집합

$$\mathbb{Z} = \{0, \pm 1, \pm 2, \cdots\}$$

안에서의 소인수분해가 모든 숫자들의 영역에서 성립하는 것은 아니다. 그런 보기로서 대표적인 집합으로는 다음을 들 수 있다.

$$\mathbb{Z}[\sqrt{-5}] = \{m + n\sqrt{-5} \mid m, n \in \mathbb{Z}\} \quad \text{(여기서, } \sqrt{-5} = i\sqrt{5}, \text{ 6장과 비교)}$$

이 집합 안에서는 정수들의 집합 $\mathbb{Z}$ 안에서처럼 아무런 제약 없이 더하기, 빼기, 곱하기, 나누기 등을 할 수 있다. 더구나 더이상 나누어지지 않는 소수(± 1을 제외하고)들도 있다. 숫자 6에는 두 가지의 분해 $6 = 2 \cdot 3$과 $6 = (1 + \sqrt{-5})(1 - \sqrt{-5})$가 존재하는데 여기서 2와 3은 $\mathbb{Z}$ 안에서처럼 $\mathbb{Z}[\sqrt{-5}]$ 안에서도 소수인 것을 다음

과 같이 확인할 수 있다.

우선, $3=a \cdot b$이면 $3=\bar{a} \cdot \bar{b}(\bar{a},\ \bar{b}$는 $a,\ b$의 켤레복소수)가 성립한다.
$a=m+n\sqrt{-5}$ 와 $b=p+q\sqrt{-5}$ 로 놓고 $3=a \cdot b$와 $3=\bar{a} \cdot \bar{b}$ 를 곱하면 9 $=a \cdot \bar{a} \cdot b \cdot \bar{b}=(m^2+5n^2)(p^2+5q^2)$이라는 정수등식이 생긴다. 그렇다면 a 또는 b가 ±1이 될 수밖에 없는 이유를 쓰시오.

1.7 $\sqrt{2}$: 황금비율에서처럼 $\sqrt{2}$ 가 무리수임을 정사각형의 대각선과 변을 이용하여 기하학적으로 유도해 보시오. 다음의 그림을 보고 답하시오.[16] 만일 대각선 d와 변 s가 공통측정단위 e의 정수배가 된다면 $a=d-s$ 역시 e의 정수배가 될 것이고 마찬가지로 그 다음의 작은 정사각형의 대각선 $2a$ 그리고 변의 길이 $s-a$ 역시 e의 정수배가 될 것이다.

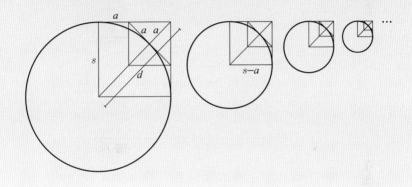

1.8 피보나치 수열: 황금비율의 과정에서 마지막 항들을 무시하면 피보나치 수열이 1, 2, 3, 5, 8, 13, 21, 34, 55, ...과 같이 생기는데 이 수열에서 각 숫자들은 앞의 두 수의 합과 같다.

$$f_1 = 1$$
$$f_2 = 2$$
$$\vdots$$
$$f_{k+1} = f_k + f_{k-1}$$

$k=2$, 3, ... 다음 그림을 보고 이 수열의 원리를 확인하시오.

---

16 T. Apostol, Amer. Math. Monthly 107(9), 841~842

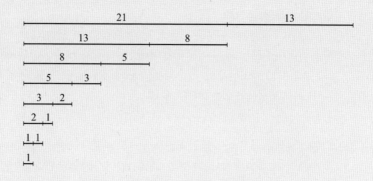

1.9 피타고라스 정리 (1): 피타고라스라는 이름은 종종 '피타고라스의 정리'와 깊은 연관이 있다.

직각삼각형의 빗변 c의 제곱은 직각변 a, b들의 제곱의 합과 같다.

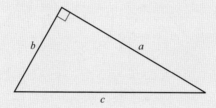

직각변은 직각을 끼고 있는 변들이고 빗변은 직각과 마주보고 있는 변이다. 피타고라스가 이 정리를 정말 증명했는지는 확실치 않지만 이 정리 자체는 이미 이집트나 바빌로니아 시대 때부터 잘 알려져 있었다. 이 정리의 증명 가운데 가장 멋진 것은 아마도 인도에서 나온 것 같다. 이 증명에서는 직각삼각형의 변 길이 a, b, c를 변 길이 $a+b$의 정사각형으로 바꾸어 놓은 것이다.

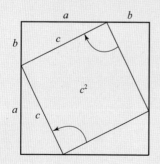
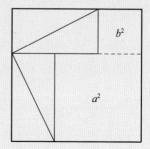

$$c^2 = a^2 + b^2$$

위 왼쪽 그림의 정사각형에서 4개의 삼각형을 빼면 c^2이 남고 오른쪽 그림에서는 $a^2 + b^2$이 남으므로 $c^2 = a^2 + b^2$이 성립한다.

1.10 피타고라스 정리 (2)

덜 알려진 피타고라스 정리의 증명: 직각삼각형의 높이가 빗변이 a와 b인 두 개의 직각삼각형을 만드는데, 그들이 원래의 삼각형과 각 하나씩의 각을 공유하므로 둘 다 원래의 직각삼각형과 닮은꼴이다. 이제 빗변의 길이가 1인 닮은꼴 삼각형 하나를 작도하고 그 넓이를 F라고 하자.

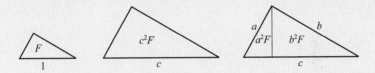

닮은꼴 삼각형들의 넓이는 비례값의 제곱배로 커진다. 부분삼각형들의 경우의 비례값은 a, b, 원래 삼각형의 경우엔 c이다. 삼각형들의 넓이는 $a^2 F$, $b^2 F$, $c^2 F$이고 원래 삼각형의 넓이는 부분삼각형들 넓이의 합과 같으므로 $c^2 F = a^2 F + b^2 F$, 따라서 $c^2 = a^2 + b^2$이다.

1.11 피타고라스 정리 (3)

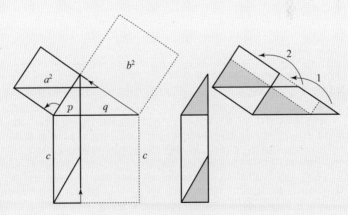

유클리드 증명[17]: 빗변 c가 높이를 지나가는 직선으로 p와 q로 나누어진다. 변이 c인 정사각형은 두 개의 직각삼각형 pc와 qc로 나누어진다. 만일 $pc = a^2$, 그리고 $qc = b^2$임을 보이면 $a^2 + b^2 = pc + qc = c^2$이 성립한다. 넓이 등식 $pc = a^2$의 증명에는 세 단계가 있다. 직사각형 pc는 아래의 직각삼각형을 잘라 위에 붙이면 같은 넓이의 평행사변형이 된다(앞 오른쪽 그림). 그 다음 이 평행사변형을 시계 반대방향으로 90° 돌리면 맨 오른쪽 도형이 되는데 빗금 친 삼각형들을 각 화살표 방향으로 잘라 붙이면[18] $pc = a^2$이 성립함을 알 수 있다. 도형을 돌리면서 하는 이 멋진 증명은 앞의 두 가지 증명보다 단계가 많지만 도형을 돌릴 때(90°는 제외) 넓이가 변하지 않는다는 사실을 이용하지 않았다는 데 특징이 있다.[19]

---

17 유클리드: 〈원론〉, 1권, 47장

18 자르고 붙이는 것은 두 부분으로 나타난다(앞 오른쪽 그림의 빗줄 친 삼각형들을 볼 것).

19 도형의 넓이를 x, y축에 평행한 단위 직사각형들로 도형을 덮을 때까지 격자형으로 만든 후(물론 제대로 덮지 않을 때는 보다 작은 단위사각형을 써서 가능하면 도형에 근접하게 만들어야 한다) 그 단위 사각형들의 개수를 세는 것으로 정의한다면 이 도형을 90°로 돌려도 넓이가 변하지 않는다는 것은 분명하다. 왜냐하면 이런 변형은 단위 사각형들이 축에 여전히 평행하기 때문이다. 그러나 임의로 회전시킬 때도 넓이가 변하지 않는 것이 당연히 성립하는 것은 아니다. 이를 이해하기 위해 90°가 안 되게 회전시킨 도형에서는 그 안에 있던 단위 사각형들 역시 x, y축에 평행하지 않게 회전하였을 것이다. 그러나 그것들의 개수는 변하지 않기 때문에 단위 사각형의 넓이가 회전하였을 때도 변하지 않는다는 것을 보이면 도형의 넓이가 불변이라는 것을 보이기에 충분할 것이다. 이를 위해 도형을 원으로 취하면 쉽게 이해가 되는데 그 이유는 원은 임의로 회전해도 여전히 똑같은 원이기 때문이다. 그러니 회전하여도 x, y축에 평행한 단위 사각형들과 똑같은 개수의 회전된 변형된 사각형들이 있을 것이고, 따라서 사각형들의 넓이가 변하지 않는다는 것을 알 수 있다.

02

테오도로스: 제곱근과 자기 닮은꼴 (−399)

요약 플라톤의 〈대화〉에서 보면 테오도로스가 $\sqrt{17}$ 까지만 제곱근이 무리수라는 것을 '작도를 통해서' 증명하였고 더이상은 하지 못하였다는 언급이 있다. 1994년에 벤노 아르트만은 테오도로스가 작도로 증명한 방법과 왜 그 다음 $\sqrt{19}$ 는 못하였는지를 추론하였다. 아르트만이 제시한 방법을 보면 놀랍도록 단순한 도형들이 무리수의 증명을 넘어서는 많은 것을 내포하고 있다는 것을 알 수 있다. 이 도형들을 통해서 제곱근의 값이 얼마든지 정확하게 계산될 수 있는데 제곱근과 1의 비율을 알 수 있게 교차제거방법을 무한히 반복하기 때문이다. 이 방법은 도형의 닮은꼴을 반복하여 나타나는 순환적 프로세스이다. 이러한 특성은 테오도로스에게서 $\sqrt{17}$ 까지만 나타난다. 그리고 일반적인 증명은 2천 년도 훨씬 지나 라그랑주에 의해서 완벽히 증명된다.

앞 장 11쪽에서는 황금비율의 등식 $x^2 = x + 1$을 해결하는 데 닮은꼴을 가지고 계산하는 것을 보았다. 한 도형이 '자기를 닮았다'(자기유사성)는 것은 자신과 닮은 부분도형(줄였을 때)을 가지고 있을 때를 말한다. 고대 수학자였던 키레네의 테오도로스[1]는 몇 개의 제곱근들이 자기 닮은꼴을 통해서 무리수라는 것을 증명할 수 있을 뿐만 아니라 그 값까지도 얼마든지 정확하게 계산할 수 있다는 것을 알았다. 그는 유명한 수학자인 테아이테토스[2]의 스승이었다. 테아이테토스는 정

---

[1] Theodoros of Kyrene, B.C. ~399?
[2] Theaitetos, B.C. 417~369

12면체와 정20면체를 발견했을 뿐만 아니라 모든 소수의 제곱근들이 무리수라는 것을 증명하였다. 후에 이 증명은 유클리드의 명저 〈원론〉에 소개되었고 아직까지도 그대로 학교에서 가르치고 있다.[3] 플라톤[4]은 기원전 399년(소크라테스의 사망연도)에 자신의 저서 〈대화〉에서 젊은 테아이테토스가 자신의 업적을 스승의 것과 비교했던 것을 다음과 같이 언급하였다.

"테오도로스 선생님은 제곱근에 관해서 연구하실 때에 넓이가 3과 5인 정사각형들의 변의 길이가 측정단위의 배수로 나타나지 않는다는 것을 도형을 통해서 나타내셨다. 선생님은 17제곱근까지 하나하나 다루시고 멈추셨다. 그러나 제곱근은 무한히 많다는 생각이 들어 우리는 그것을 전부 종합하여 하나로 묶어 연구하기로 하였다."

그러니까 테오도로스는 $\sqrt{3}$, $\sqrt{5}$, ..., $\sqrt{17}$ 이 무리수라는 것을 증명한 것이다. 그러나 여기서 그가 $\sqrt{2}$ 가 무리수라는 것은 언급하지 않았다는 것이 눈에 띈다. 그리고 왜 $\sqrt{17}$ 에서 그만두었는지도 알 수 없다. 이에 관해서는 여러 가지 설이 분분하다.

그런데 벤노 아르트만[5]은 1994년도의 한 논문에서 테오도로스가 시도했을 법한 도형을 소개하였고 동시에 그가 왜 17까지만 하였는지[6]에 대해서 설명하였다. 일단 다음에 테오도로스가 $\sqrt{3}$ 의 작도에 시도했을 법한 도형을 소개한다.

---

3   $\sqrt{p} = \dfrac{k}{n} \Rightarrow p = \dfrac{k^2}{n^2} \Rightarrow (*) n^2 p = k^2$. 여기서 n^2과 k^2 같은 제곱수의 소수인수에는 항상 짝수의 지수가 있다. 따라서 등식 $(*)$의 소수인수 p도 짝수 제곱수로 나타나야 하는데 홀수이므로 모순!

4   Platon, B.C. 428~348

5   Benno Artmann, 1933(Heiligenstadt)~2010(Goettingen)

6   B. Artmann: 〈A proof for Theodoros's theorem by drawing diagrams, Journal of Geometry 49(1994)〉, 야니나 다이닝거(Janina Deininger) 논문: 〈Ein Beweis des Theorems von Theodoros durch graphische Darstellung, Zulassungarbeit, Augsburg 2102(그라프로 묘사한 테오도로스의 증명, 학위논문 2012)〉 참조

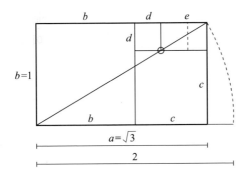

$\sqrt{3}$ 을 작도하기 위해서는 높이 $b=1$, 대각선이 2인 직사각형이 필요하다. 그러면 가로 $a=\sqrt{3}$ (왜냐하면 $1^2+\sqrt{3}^2=2^2$)인 직사각형을 쉽게 그릴 수 있다. 이제 $a=\sqrt{3}$ 과 $b=1$에 교차제거방법을 8쪽에 제시된 직사각형방법으로 사용해 보자. 각각의 직사각형을 안에 들어가는 최대의 정사각형으로 채워 본다. 우선 변의 길이가 b인 정사각형을 만들어서 집어넣고 그 다음 변의 길이가 $c=a-b$인 정사각형을 남아 있는 직사각형에 넣는다. 그 다음엔 변의 길이가 $d=b-c\cdots$ 등. 그런데 테오도루스는 변의 길이가 d인 정사각형의 작도 과정에서 결정적인 것을 발견한다. 그것은 이 사각형의 아래쪽 꼭짓점이(그림에서 원 안에 들어 있는) 처음 정사각형의 대각선 위에 있다는 것이다! 그가 이 사실을 정말 증명하였는지 아니면 눈으로 확인만 한 것인지는 모른다. 그렇지만 이에 관한 대수학적 증명을 바로 해볼 수 있다. 이를 위해 보여야 할 것은

$$\frac{a}{b}=\frac{e}{d} \Leftrightarrow x:=\frac{a}{b}=\sqrt{3}$$

이다. 여기서 $e=c-d,\ d=b-c,\ c=a-b$. 따라서

$$e=c-d=c-(b-c)=2c-b=2(a-b)-b=2a-3b$$

$$d=b-c=b-(a-b)=2b-a \text{가 되고} \left(\text{양쪽을 } \frac{1}{b} \text{로 곱하면}\right)$$

$$x=\frac{e}{d}=\frac{2a-3b}{2b-a}=\frac{2x-3}{2-x} \Leftrightarrow (2-x)x=2x-3 \Leftrightarrow x^2=3$$

이다. 테오도로스는 그의 제자가 플라톤의 〈대화〉 편에 시인하였듯이 이 작도를

하면서 2~17까지에 있는 모든 소수의 제곱근이 전부 무리수라는 것을 증명하였다(변의 길이가 단위 측정으로는 비율 측정이 불가능하다는 것으로). 뿐만 아니라 자신의 작도법이 제곱근 값의 근사치를 얼마든지 작은 오차로 구할 수 있는 사슬분수 전개 과정을 포함하고 있다는 것을 알게 되었다. 왜냐하면 전개 과정을 반복할수록 실제값에 근접하기 때문이다. 이것은 그가 예상한 것보다 훨씬 더 중요한 결론이었다. 앞의 경우 $\frac{a}{b} = \sqrt{3}$ 에서 보면,

(2.1) $\qquad \frac{a}{b} = 1 + \frac{c}{b}, \ \frac{b}{c} = 1 + \frac{d}{c}, \ \frac{c}{d} = 1 + \frac{e}{d} = 1 + \frac{a}{b}$

가 성립하고, 이로부터

$$\sqrt{3} = \frac{a}{b} = 1 + \cfrac{1}{1 + \cfrac{1}{1 + \cfrac{a}{b}}} = 1 + \cfrac{1}{1 + \cfrac{1}{1 + \sqrt{3}}}$$

$$= 1 + \cfrac{1}{1 + \cfrac{1}{1 + 1 + \cfrac{1}{1 + \cfrac{1}{1 + \sqrt{3}}}}} = [1; \overline{1, 2}]$$

(여기서 $= [1; \overline{1, 2}] = [1; 1, 2, 1, 2, 1, 2, \cdots]$)로 나타난다. 같은 방법으로 $\sqrt{2}$ 의 작도를 보면,

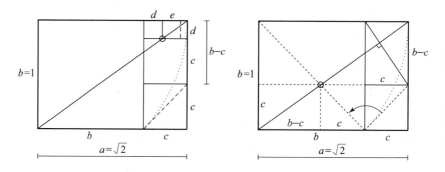

여기서도 마찬가지로 먼저 반지름이 1인 단위원을 위로 그리면서 $\sqrt{2}$ 를 작도한다. 위 왼쪽 그림에서 보면 $c = a - b$ 가 좀 더 작아서 변의 길이가 c 인 정사각

형 두 개가 오른쪽 직사각형 안에 들어간다는 것을 제외하고는 $\sqrt{3}$ 의 경우와 아주 비슷하다는 것을 한눈에 볼 수 있다. 그러나 내용적 차이도 보이는데 왼쪽 그림에서 보면 오른쪽 끝에 있는 변의 길이 e와 d를 가진 사각형과 원래의 사각형이 닮은꼴이다 $\left(\dfrac{b}{b+c}=\dfrac{d}{e}\right)$. 또한 원래의 사각형은 변의 길이가 $b-c$와 c인 사각형과도 닮았다 $\left(\dfrac{b}{b+c}=\dfrac{c}{b-c}\right)$. 이것은 $90°$로 돌려 보면 잘 알 수 있는데(오른쪽 그림) 두 사각형의 대각선이 같은 방향이기 때문이다. 따라서 변끼리의 비율이 원래 사각형과 같다 $\left(\dfrac{d}{e}=\dfrac{b}{b+c}=\dfrac{c}{b-c}\right)$. 실제로 $x=\dfrac{a}{b}$ 를 계산해 보면

$$b-c=b-(a-b)=2b-a$$

로부터

$$\frac{b-c}{c}=\frac{2b-a}{a-b}=\frac{2-x}{x-1}$$

가 성립하고

따라서 $x=\dfrac{b-c}{c}=\dfrac{2-x}{x-1} \Leftrightarrow (x-1)x=2-x \Leftrightarrow x^2=2$ 가 성립한다.

이제

$$\frac{a}{b}=\frac{b+c}{b}=1+\frac{c}{b}, \ \ \frac{b}{c}=1+\frac{b-c}{c}=1+\frac{a}{b}$$

와 더불어 $\sqrt{2}$ 값을 사슬분수계산으로 나타내면

$$\sqrt{2}=\frac{a}{b}=1+\frac{c}{b}=1+\frac{1}{1+\dfrac{a}{b}}=1+\frac{1}{1+\sqrt{2}}$$

$$=1+\frac{1}{1+1+\dfrac{1}{1+\sqrt{2}}}=[1;\overline{2}]$$

가 된다. 다음 그림들은 $\sqrt{5}$, $\sqrt{7}$, $\sqrt{11}$ 그리고 $\sqrt{17}$ 에 대한 작도를 나타낸 것이다.

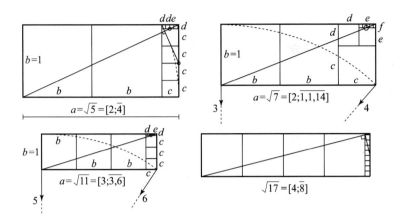

$\sqrt{13}$ 의 경우에는 사슬분수계산[7] $[3;\overline{1,1,1,1,6}]$의 모양이 조금 다르다. 긴 주기와 끝에 있는 큰 수 6 때문에 $\sqrt{7}$ 보다 좀 더 복잡하게 보인다. 그렇지만 이 경우에는 약간의 트릭을 이용하여 일반적인 2차 등식을 적용하면 보다 간단하게 계산할 수 있는 방법이 있다.

가장 간단한 사슬분수계산은 주기가 1인 것이므로 $x = k + \cfrac{1}{k + \cfrac{1}{k...}} = k + \cfrac{1}{x}$ 의 모양이 되고 등식 $x = k + \cfrac{1}{x}$ 은 $x^2 = kx + 1$ 이므로 근 $x = \cfrac{1}{2}(k + \sqrt{4 + k^2})$ 을 구할 수 있다. 여기에 $k = 1$ 을 대입하면 황금비율 $x = \cfrac{1}{2}(1 + \sqrt{5})$ 가 되고 $k = 3$ 이면 $x = \cfrac{1}{2}(3 + \sqrt{13})$ 이다.

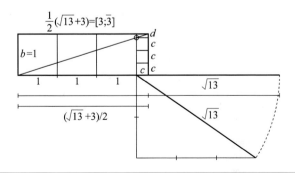

7　http://mathworld.wolfram.com/PeriodicContinuedFraction.html

왜 테오도로스는 $\sqrt{17}$ 까지만 하였을까?

$\sqrt{19}$ 가 되면 사슬분수계산 $[4;\overline{2,1,3,1,2,8}]$의 모양에서 마지막 8개의 아주 작은 도형을 작도할 수 없기 때문이다. 그렇다면 모든 제곱근에는 주기적인 사슬분수계산이 있는가? 이 물음에 대한 증명을 한 사람은 2000년이나 지난 후의 라그랑주[8]였다. 오늘날 이 증명은 변수와 대입[9]을 통해서 쉽게 할 수 있다. 그럼 $\sqrt{3}$ 의 경우를 '느린 동작'으로 계산해 보자.

$$x_1 = \frac{a}{b},\; x_2 = \frac{c}{b},\; x_3 = \frac{b}{c},\; x_4 = \frac{d}{c},\; x_5 = \frac{c}{d},\; x_6 = \frac{e}{d}$$

로 놓으면 (2.1)과 더불어

(2.2)　　$x_1 = x_2 + 1,\; x_2 = \frac{1}{x_3},\; x_3 = x_4 + 1,\; x_4 = \frac{1}{x_5},\; x_5 = x_6 + 1$

이 성립한다. 초기값 $x_1^2 = 3$이면 대입을 통해 순차적으로 $x_2, x_3, ..., x_6$를 구할 수 있다. 역수를 계산할 때에는 $\overline{x} = \frac{1}{x}$로 넘어갈 때 a와 c의 역할이 뒤바뀌는 것에 유의해야 한다.

(2.3)　　　　$ax^2 - bx = c \Leftrightarrow \frac{a}{\overline{x}^2} - \frac{b}{\overline{x}} = c \Leftrightarrow a - b\overline{x} = c\overline{x}^2$

이와 함께

$$x_1^2 = 3$$

$$\overset{(2.2)}{\Rightarrow}\quad (x_2 + 1)^2 = 3$$

$$\Rightarrow\quad x_2^2 + 2x_2 = 2$$

$$\overset{(2.3)}{\Rightarrow}\quad 1 + 2x_3 = 2x_3^2$$

$$\overset{(2.2)}{\Rightarrow}\quad 1 + 2(x_4 + 1) = 2(x_4 + 1)^2$$

8　　Joseph-Louis Lagrange, 1736(Turin)~1813(Paris): Addition au memoir sur la resolution des equations numeriques(1770)

9　　대입이라는 것은 등식에 있는 변수 x를 새로운 변수 $\overline{x}$를 가지고 표현하는 것이다. 즉, $x = f(\overline{x})$. 그러면 등식에 있는 모든 x들이 $f(\overline{x})$로 바뀌고 변수를 $\overline{x}$로 하는 새로운 등식이 생긴다.

$$\Rightarrow \quad 1 - 2x_4 = 2x_4^2$$

$$\stackrel{(2.3)}{\Rightarrow} \quad x_5^2 - 2x_5 = 2$$

$$\stackrel{(2.2)}{\Rightarrow} \quad (x_6 + 1)^2 - 2(x_6 + 1) = 2$$

$$\Rightarrow \quad x_6^2 = 3$$

마지막 비율 $x_6 = \dfrac{e}{d}$ 는 $x_1 = \dfrac{a}{b}$ 처럼 같은 2차 방정식의 양의 근이므로 24쪽에서 본 바와 같이 $x_6 = x_1 = \sqrt{3}$ 이 된다. 다음부터는 모든 것이 반복이다. 이 모든 과정을 제대로 이해하기 위해서는 방정식 $x^2 = c$의 제곱근뿐만 아니라 일반적인 2차 방정식

$$(2.4) \qquad\qquad ax^2 - bx = c$$

의 근을 고찰해야 한다. 두 개의 근[10]

$$(2.5) \qquad\qquad x_\pm = \frac{1}{2a}\left(b \pm \sqrt{b^2 + 4ac}\,\right)$$

가 서로 다른 기호[11]가 되기 위한 필요충분조건은 $ac > 0$이다. 앞으로는 이 조건을 가정할 것이다. 변수 x에 다음의 두 가지 사항을 번갈아 사용하겠다.[12]

(A) 이동: $x = \overline{x} + k,\ k = [x_+]$[13]

(B) 역수: $x = \dfrac{1}{\overline{x}}$

---

10 $ax^2 - bx = c \Leftrightarrow x^2 - \dfrac{b}{a}x = \dfrac{c}{a} \Leftrightarrow x^2 - \dfrac{b}{a}x + \left(\dfrac{b}{2a}\right)^2 = \dfrac{c}{a} + \dfrac{b^2}{4a^2}$
$\Leftrightarrow \left(x - \dfrac{b}{2a}\right)^2 = \dfrac{1}{4a^2}(b^2 + 4ac)$

11 $x_+ > 0,\ x_- < 0$ 또는 $x_+ < 0,\ x_- > 0$

12 broken-linear transformation(Moebius Transformation)에 관한 문제이다. 이 이름은 뫼비우스(August Ferdinand Moebius, 1790~1868(Leipzig))가 붙였다. 이 변환들은 함수들의 합성을 통하여 군이 된다.

13 모든 실수 x에 대해서 $[x]$는 가장 큰 정수 $\leq x$를 의미한다.

새로운 변수 $\bar{x}$는 다음의 새 방정식을 만족한다.

$$\bar{a}\bar{x}^2 - \bar{b}\bar{x} = \bar{c}$$

새로운 계수 $\bar{a}$, $\bar{b}$, $\bar{c}$는 다시 정수들이고 두 개의 근 $\bar{x}_{\pm}$ 역시 서로 다른 부호를 갖는다. 중요한 것은 판별식

(2.6) $d = b^2 + 4ac$

가 두 경우 모두 변하지 않으므로 $\bar{d} = d$가 성립한다는 것이다. 왜냐하면 이동 (A)의 경우에서는 $\bar{a} = a$ 그리고 근들의 차이가 변하지 않으므로 판별식 역시 $d \overset{(2.5)}{=} (a(x_+ - x_-))^2$이기 때문이다. 따라서 이동 (A)는 아무런 문제가 없다(연습문제 2.9). 역수 (B)의 경우도 $\bar{a} = c$, $\bar{c} = a$ 그리고 $\bar{b} = -b$가 성립하여 다시 (2.6)에 의해 $\bar{d} = d$가 된다. 주어진 d에는 b^2만이 아니고 $4ac$가 0과 d 사이에 있으므로 $ac > 0$, $d = b^2 + 4ac$를 만족하는 정수들의 세 쌍 (a, b, c)의 개수는 유한할 수밖에 없다. 위에 있는 변환사슬 A-B-A-B-A-B는 유한한 단계를 거친 후 이미 한 번 사슬에 나타났던 방정식으로 나타난다. 그리고 그 다음부터 다시 반복된다. 따라서 정수계수 a, b, c, $ac > 0$를 가진 방정식 (2.4)의 근 x는 주기적인 교차제거방법 또는 사슬분수계산을 가지고 있다. 이것을 정사각형을 채우는 방법을 통하여 도형으로 표현하면 닮은꼴 도형이 생겨난다. 결론적으로 테오도로스의 방법은 제곱근만이 아니고 그것을 넘어서는 분야에도 잘 작동되는 일반적인 과정에 그 바탕을 두고 있다.

연습문제

2.1 제곱근의 작도: 모든 홀수는 두 개의 연속적인 숫자들의 제곱들의 차이로(예를 들어, $7 = 4^2 - 3^2$) 나타나는 것을 보이시오. 이를 위해 $a^2 - b^2 = (a-b)(a+b)$를 이용하여 $(k+1)^2 - k^2$을 계산해 보시오. 그렇다면 왜 모든 자연수 n에 대해서 $\sqrt{n}$은 작도가능한가? (**힌트** 피타고라스 정리 이용)

2.2 직사각형 황금비 (1): 다음과 같은 방법으로 황금비율 $\dfrac{a}{b} = \tau := \dfrac{1}{2}(1+\sqrt{5})$가 성립하는 직사각형을 작도하시오. 예를 들어 황금비율을 만드는 작도는 다음과 같이 할 수 있다.

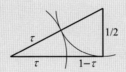

2.3 직사각형 황금비 (2): 다음의 그림에서 $\dfrac{(a+b)}{a} = \dfrac{a}{b}$가 성립하는 황금비율 $\dfrac{a}{b}$가 $\dfrac{a}{b} = \dfrac{b}{c} = \dfrac{c}{d}$(세 개의 사각형이 공동의 대각선을 공유하는)의 관계 속에서 나타난다는 것을 보이시오.

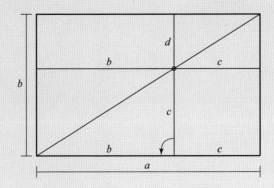

2.4 사라진 사각형: 다음 그림을 보면 왜 혼란스러울까? 무엇이 문제인지 파악하시오.

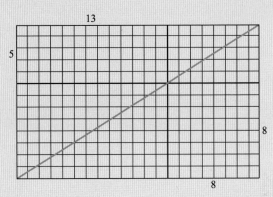

2.5 종이 규격: A–규격 종이(A3, A4, A5, ...)는 다음과 같이 정의된다.

1) 모든 자연수 k에 대해서 Ak는 변의 길이가 $a > b$인 직사각형이다.

2) A$(k+1)$은 Ak의 긴 변 a를 반으로 접어 만든다.

3) A$(k+1)$은 Ak와 닮은꼴이다. 즉, 변 Ak와 A$(k+1)$의 비율이 $\dfrac{a}{b} = \dfrac{b}{\left(\dfrac{a}{2}\right)}$

4) 직사각형 A0의 넓이는 1m^2

a) $\dfrac{a}{b} = \sqrt{2}$ 를 계산으로 밝히시오. 이 결과를 아래 왼쪽 도형을 보고서 읽어내시오.

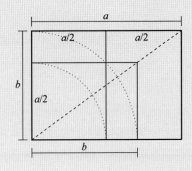
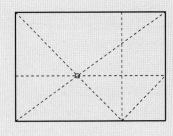

b) A4 종이를 접어서 $\sqrt{2}$ 의 값을 사슬분수전개로 확인하시오.

2·6 자기유사성의 증명: $\sqrt{3}$ 에 관해서 직사각형의 자기유사성(self-similar)의 증명을 숙지하시고 $\sqrt{5}$, $\sqrt{11}$ 에 관한 증명에 적용하시오.

2·7 $\sqrt{3}$, 살짝 눈속임: 23쪽에 있는 $\sqrt{3}$ 에 관한 그림에서 $e=2d$로 살짝 바꾸면 다음에 있는 그림이 생긴다.

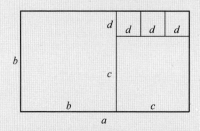
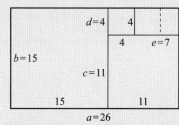

a) 왼쪽 그림에서 왜 $\dfrac{7}{4}$이 $\sqrt{3}$ 의 훌륭한 근사값이 되는지 설명하시오$\left(\text{실제로}\right.$

$$\left(\frac{7}{4}\right)^2 = \frac{49}{16} = 3 + \frac{1}{16}\left.\right).$$

b) 이런 식으로 반복하면 점점 더 좋은 근사값을 구할 수 있다. 오른쪽 그림에서 $\dfrac{e}{d}=\dfrac{7}{4}$로 대치하였다(23쪽의 그림과 같은 도형). 그러면 $\dfrac{a}{b}=\dfrac{26}{15}\Big(\text{실제로}$

$$\left(\frac{26}{15}\right)^2 = \frac{676}{225} = 3 + \frac{1}{225}\Big)$$

c) 오른쪽 그림에서 7과 4를 $p^2 - 3q^2 = 1\left(\text{또는 }\left(\dfrac{p}{q}\right)^2 = 3 + \dfrac{1}{q^2}\right)$이 성립하는 p와 q로 대입하면, $\bar{p}=2p+3q$, $\bar{q}=p+2q$와 $\dfrac{a}{b}=\dfrac{\bar{p}}{\bar{q}}$가 성립함을 보이시오. 또한 $\bar{p}^2 - 3\bar{q}^2 = 1$과 이에 의해서 $\left(\dfrac{\bar{p}}{\bar{q}}\right)^2 = 3 + \dfrac{1}{\bar{q}^2}$이 따른다는 것을 보이시오.

2·8 변수이동: 임의의 정수 k에 대해서 $x = \bar{x}+k$로 대입한 등식 (2.4)의 계수들을 계산하고 판별식 값 d가 변하지 않는다는 것을 보이시오. $\bar{a}$, $\bar{b}$, $\bar{c}$가 $\bar{x}$방정식의 계수이면 $b^2 + 4ac = \bar{b}^2 + 4\bar{a}\bar{c}$가 성립한다.

2.9 트리플 (a, b, c)의 개수: 등식 $x^2 = 3$에서는 $a_0 = 1$, $b_0 = 0$ 그리고 $c_0 = 3$이고 따라서 $d = b_0{}^2 + 4a_0c_0 = 12$가 된다. $a, c > 0$, $b^2 + 4ac = 12$를 만족하는 정수 트리플 (a, b, c), $a, c > 0$의 개수를 계산하시오. 이 트리플 중 어떤 것이 앞서 설명한 과정에 나타나는가?

2.10 같은 판별식이지만 서로 다른 주기: 판별식이 d인 2차 방정식들이 사슬분수 주기가 같을지라도 항상 같은 근을 가지는 것은 아니다. 다음의 보기를 보면, $x^2 = 15$와 $3x^2 = 5$의 판별식은 같은 $d = 60$이다. 그러나 근들은 서로 다른 $\overline{[1,6]}$과 $\overline{[2,3]}$ [14]인 사슬분수 주기를 가진다. 이 사실을 이 두 개의 방정식에서 x의 사슬분수전개를 시도하면서 확인하시오.

> **실마리** $x > 1$이면, 우선 근의 공식에서 x의 정수 부분 $k = [x]$을 결정하고 다음에 $x_1 = x - k$로 놓은 다음에 $x = x_1 + k$를 대입하면 x_1에 관한 방정식이 생긴다. $x_1 < 1$이면, $x_2 = \dfrac{1}{x_1} > 1$로 놓고 보면 (2.3)으로부터 x_2에 관한 방정식이 생긴다. 이제 앞에서 x에서 했던 방식 그대로 x_2에 관한 과정을 만드시오. 그러면 생기는 수열 x, x_1, x_2, ...의 주기가 나타난다. x_k에 관한 방정식에는 이미 그 앞의 x_{k-p}에 나타나는 가장 작은 k가 있다. 이 숫자 다음부터 p의 주기로 반복한다.

---

[14] 이 보기는 안드레아스 슈타들러(Andreas Stadler)의 학위논문 ⟨Kettenbruchentwicklungen reell-quadratischer Irrationalensahlen(실수 제곱근의 사슬분수전개)⟩ Augusburg, 2013에서 발췌한 것이다. 같은 d를 가진 사슬분수 주기의 숫자는 d의 동등류 숫자(class number)이다. http://de.wikipedia.org/wiki/Binaere_quadratische_Form도 참조

03

아르키메데스: 무한대 계산(-212)

요약 아르키메데스의 업적은 고대 그리스 수학의 정점을 이룬다. 그는 무리수가 수학에 자리를 잡은 이래 나타난 무한대의 개념을 원, 구, 나선 등 휘어진 도형들의 넓이, 부피 등을 정확하게 구하는 데 적극 이용하였다. 구의 표면적은 같은 반지름을 가진 원 넓이의 4배라든가, 아르키메데스의 나선이 외접원 넓이의 3분의 1이 된다는 것 등은 그의 덕분에 알려지게 되었다. 그는 아주 정확한 원주율 값의 범위를 계산하였는데 이것이 가능했던 것은 아르키메데스가 면적이나 부피 문제를 생각할 때 크기나 모양이 서로 상관이 없다는 물리적 사고를 하였기 때문이다. 예를 들면 부피는 같더라도 모양은 아주 다를 수 있다는 것 등이다. 그 모양은 다시 여러 개의 조각으로, 심지어는 무한히 잘게 분할될 수 있는데 이런 성질을 계산하는 데 잘 이용하였다. 이런 면에서 보면 그는 확실히 무한대 계산 분야를 천 년도 앞서 연구한 위대한 선구자임에 분명하다.

플라톤은 기하학(수학)이 이상적 세계(idea)로 나아가게 하는 아주 중요한 도구라고 믿었다. 그렇기 때문에 수학을 돈 버는 도구로 쓰거나 공학적으로 이용하는 것은 학문의 품위를 떨어뜨리는 행위라고 생각하여 수학의 응용성을 극도로 경계하였다. 심지어 플라톤은 오이독소스(Eudoxos)와 같은 학자들이 수학을 도구로 사용하여 공학 문제를 해결하는 것을 보고 "그들이 영적이고 지적인 대상을 저급한 것으로 만들어 기하학의 신성함을 망가뜨렸다"고 격분하였다고 한다. 그러나 아르키메데스(Arechimedes)는 이에 아랑곳하지 않고 수학은 물론 역학, 천문학, 공학 등 각 분야에서 고대 그리스 수학의 정점을 찍은 인물이었다. 그는 오늘날까지도 최고의 과학자 중 하나로 추앙받고 있으며 또한 현대 공학의 아버지라고 불린다.

아르키메데스의 일생에 대해서 자세히 알려진 것은 거의 없다. 그럼에도 그리스 역사학자 플루타르크(Plutarch) 또는 헤라클레이데스(Herakleides)와 같은 사람들이 언급한 것들을 종합해 본 그의 일생은 다음과 같다.

아르키메데스는 아마도 기원전 287년에 천문학자 페이디아스(Pheidias)의 아들로 시라큐스에서 태어난 것 같다. 당시는 로마가 새로운 정치세력으로 등장하여 지중해 일대의 패권을 잡기 위하여 호시탐탐하던 시기였다. 당시 시라큐스의 왕이었던 히에론 2세는 오랜 숙적이었던 마메르티너(Mamertiner)와의 전투에서 승리하여 평화를 누리고 있었으나 신흥강국 로마의 부상으로 시라큐스에는 또다시 전운이 감돌기 시작하였다. 실제로 로마가 시라큐스를 공격할 기미가 보이자 히에론 2세 측은 곧바로 로마로 건너가 평화협정을 맺어 시라큐스를 로마의 연합국으로 만든다. 그리고 로마로부터의 위협이 사라지자 시라큐스는 문화의 꽃을 피우게 되었다.

아르키메데스는 시라큐스의 상류층에 속해 있었던 것 같은데 아마도 히에론 2세와 친척 관계였던 것으로 보인다. 추측컨데 아르키메데스는 일찍이 알렉산드리아로 긴 여행을 떠난 것 같다. 그리고 그곳에 있던 뮤제온[1]에서 활동하고 있던 유클리드의 제자들로부터 교육을 받았고 또한 천문학자이자 수학자였던 도시테오스(Dositheos)와 코논(Conon) 같은 인물들과는 오랫동안 학문적 유대관계를 유지하였다. 그리고 뮤제온의 책임자였던 에라토스테네스(Eratosthenes)와는 오랫동안의 서신 교환을 통하여 학문적 의견을 주고받았다.

고향으로 돌아온 아르키메데스는 기하, 연산, 천문학, 역학, 공학 등을 두루 연구하였다. 그리스의 문호 플루타르크는 아르키메데스가 마치 사이렌 소리에 의해서 자신 속으로 빠져들어가는 마법에 걸린 사람 같았다고 하였다. 아르키메데스는 종종 식사와 자는 것을 잊을 정도로 생각만 하고 살았는데 때로는 그런 그가 너무 더러워서 사람들이 강제로 목욕을 시키고 기름을 발라주었다고 한다. 그는

---

[1] Museon: B.C. 3세기경 이집트의 알렉산드리아에 있던 고대 최고의 도서관. 현재의 대학과 같은 역할을 하였고 수십만 권의 파피루스 장서를 소유하고 있었다. 유클리드를 포함한 각 분야의 학자들이 약 1,000명가량 머물면서 연구하였으나 A.D. 5세기에 기독교 세력에 의해 완전히 파괴되어 없어졌다.

Museon(상상도)

수학의 여신에게 사로잡힌 엄청난 행복감을 주체하지 못해 때로 아궁이의 재 위에도, 심지어는 기름을 바른 자기 몸 위에도 도형을 그렸다고 한다.

　그는 천문학, 물리학 등에도 많은 연구를 하였으나 그중에서도 수학에 관한 위대한 업적은 무한대의 개념을 이용하여 적분 문제를 해결하는 데 있었다. 여기서 잠깐 이 문제에 대한 역사적 배경을 살펴보자. 무한대에 관한 아주 오래된 문헌으로는 기원전 5세기 중반에 있었던 제논(Zenon)과 아낙사고라스(Anaxagoras)의 것이 유명하다. 제논은 오늘날 무한대의 가정과 같은 논리를 남겼는데 "무한히 커질 정도로 크고 동시에 없다고 할 정도로 작은 것들이 존재한다면…"이라고 말하였다. 아낙사고라스는 "작은 것 중에서 가장 작은 것이 없고 항상 더 작은 것이 있다면 마찬가지로 큰 것 중에도 항상 더 큰 것이 있다면…"이라는 의견을 피력하였다. 또한 같은 시기에 궤변학자 안티폰(Antiphon) 역시 비슷한 생각을 하였는데 그는 원의 구적법 문제를 생각하다가 무한대의 문제에 도달하였다. 구적법이란 곡선으로 이루어진 도형의 넓이와 같은 넓이를 갖는 정사각형을 자와 컴퍼스로 작도하는 방법을 말한다. 안티폰은 "원 안에 내접하는 다각형의 변의 길이를 점점 길게 만들면서 원에 내접시키면 그 다각형의 넓이는 원의 넓이에 접근할 것이며 언젠가는 같게 될 것이다"라는 이론을 폈는데 이것은 상당히 선구적인 발상이었다. 더구나 그는 다각형과 같은 넓이를 갖는 정사각형을 그릴 수 있다면 이는 곧 원의 구적법을 찾은 것이나 마찬가지라고 하였다. 후대에 가서는 원에 외접하는 정사각형과 내접하는 정사각형이 존재하기 때문에 원의 넓이와 같은 넓이를 가지는 정사각형은 존재할 수밖에 없다는 추론이 성립하게 된다. 이 이론을 17세기에 와서는 '실진법(exhaustion)'이라고 부르게 된다.

그 후 오이독소스는 안티폰의 생각을 구체화하여 곡선으로 이루어진 도형이나 물체의 부피를 계산하였는데 주로 무한대의 문제를 수학적 형식논리의 도움으로 해결하였다. 그 방법은 대부분 모순론을 이용한 것이었다. 예를 들면 사면체 부피 V가 같은 넓이의 밑면과 높이를 가지는 다면체 부피 V'의 $\frac{1}{3}$이라는 것을 증명할 때 $V > \frac{1}{3} V'$도 모순이고 그 반대도 모순이니 결국 $V = \frac{1}{3} V'$이다. 그러나 이 방법은 사전에 미리 결론을 알고 있어야 한다는 불편함이 있다.

아르키메데스는 적분 계산을 할 때 오이독소스의 실진법을 사용하였는데 그가 어떻게 이런 예술적인 이론들을 알아냈는지에 대해서는 아직도 모른다. 왜냐하면 그 정리들의 증명방법을 어떻게 생각해내었는지 분명히 밝히지 않았기 때문이다. 그러나 그가 에라토스테네스에게 보낸 편지를 보면[2] 아르키메데스는 정리들을 기계적으로 이끌어 내는 방법에 대해서 쓰고 있다는 것을 알 수 있다. 이는 그가 물리적이고 통계적인 방법을 통해서 아무런 증명 없이도 이론적 결론에 도달한 것으로 추정할 수 있다. 아르키메데스는 〈방법론〉이라는 논문을 남겼는데 그곳에서 저울의 비를 이용한 인식론적인 통계적 수법을 사용한 것을 보아도 알 수 있다.

그 외에도 그는 '모래계산'이란 이론을 소개하였는데 거기서 지구만큼 큰 공에 들어가는 모래의 수를 증명을 통해 보여주었을 뿐 아니라 그보다 훨씬 더 큰 우주를 채우는 모래의 수도 계산할 수 있다고 주장하였다. 또한 수리물리학 분야에서도 아주 중요한 연구를 하였다. 예를 들면 지렛대 법칙을 발견하였고, 양수기의 일종인 아르키메데스의 나사는 강가에서 물을 퍼올리는 데 대단히 유용하게 사용되었다. 그리고 기초역학 분야에서 무게중심 구하는 법, 지렛대 법칙에 관한 엄격한 증명 등이 유명하다. 덧붙여서 유체역학에 관한 논문 〈물에서 유영하는 물체에 관하여〉는 부력에 관한 유체역학 연구로 유명하다.

---

2 1906년 덴마크 역사학자 하이베르그(Heiberg)가 발견

이렇듯 눈부신 수학적 성과를 이어가던 아르키메데스에게도 시련의 시기가 다가오고 있었다. 그것은 기원전 212년 2차 포에니 전쟁이 한창 벌어지던 때였다. 이 전쟁은 지중해의 패권을 두고 카르타고와 로마가 서로 충돌하면서 생겼다. 당시에 비록 시라큐스는 로마와 평화협정을 맺고는 있었지만 그 대가로 늘 신흥강국 로마에 짓눌려 있었다. 그러자 이때를 로마로부터 독립할 수 있는 기회라고 생각하고 카르타고의 편에 서서 로마와 대치하게 되었다. 그러나 불행히도 카르타고는 로마에게 패배하였고 그에 따라 시라큐스 역시 로마의 보복을 피할 수는 없었다. 로마 입장에서는 시라큐스에게 배반을 당한 꼴이었기에 시라큐스를 침공하여 가혹한 응징을 가하게 되었다. 그런데 처음에 로마는 쉽게 시라큐스를 점령할 것으로 생각했으나 뜻밖에도 시라큐스의 저항은 2년이나 계속되었다. 시라큐스가 이렇듯 오래 저항할 수 있었던 배경에는 아르키메데스의 공이 컸다고 한다. 그는 전투에 아주 효과적인 전쟁기계를 만들어 로마군을 매우 괴롭혔다고 한다. 그러나 결국에는 시라큐스가 점령되자 로마군인들이 아르키메데스의 집에도 쳐들어왔다. 그런데 이런 급한 와중에도 아르키메데스는 자기 집 마당에 앉아 흙 위에 어떤 도형을 그리면서 곰곰히 수학을 연구하였다고 한다. 그때 한 로마 병사가 마당에 뛰어들어 왔는데 전언에 의하면 아르키메데스는 그 병사를 향해 "Noli turban circulos meos!(내 원을 망가뜨리지 말게나!)"라고 말했다고 한다. 그러자 그 군인은 그 즉시 그를 살해하였다고 한다. 그의 죽음에 관한 또 다른 소문은, 로마군의 대장이 로마군을 괴롭혔던 아르키메데스를 궁금하게 여겨 그를

잡아오라고 부하에게 명령을 내렸다고 한다. 부하가 아르키메데스를 데려가려고 하자 그는 그 부하에게 "갈 때는 가더라도 일단 생각하던 것을 마저 끝내고 가겠다"고 했고, 아르키메데스에 대해서 아무것도 모르고 있던 이 부하는 격분하여 그 자리에서 그를 죽였다고 한다. 앞의 모자이크 그림은 그의 마지막 순간을 묘사하고 있는데 '이성과 폭력'을 비유적으로 잘 나타내고 있다.

이제 아르키메데스에 관한 또 다른 일화로 유명한 '가짜 금관' 이야기를 통해서 그의 수학적 사고를 따라가 보자. 어느날 히에론 왕이 자신이 쓸 금관을 만들기 위해 금 세공사에게 일정한 무게의 순금을 주었다. 그러나 금 세공사는 금의 일부분을 빼돌리고 그만큼의 은으로 금과 합금하여 왕에게 금관을 만들어 바쳤다. 이때 금관을 이상하게 여긴 왕은 세공사의 속임을 밝히려고 하였으나 눈으로 보아서는 전혀 알 수가 없었던 터라 이 문제를 아르키메데스에게 부탁하였다. 아르키메데스는 똑같은 무게의 관이라면 무게가 가벼운 은의 부피가 그만큼 더 늘어나 커졌을 것이라고 생각하였고, 그 사실을 물에 담가 넘치는 물의 양을 보아 알아내었다('유레카'에 얽힌 목욕탕 이야기). 금 세공사는 자기의 속임수가 이렇게 들통나리라고는 상상도 못했을 것이다.

이 에피소드를 보면 아르키메데스는 공간이나 평면적을 기하학적이라기보다는 분명히 물리적으로 파악했던 것 같다.[3] 그의 '유레카' 이야기에 나오는 넘치는 물 이야기를 보면 같은 부피는 얼마든지 다른 형태로 바뀔 수 있다는 것을 알고 있었다는 것이고, 다시 말하면 크기와 생김새는 아무런 상관이 없다는 것이다. 물리적 사고방식으로 보면 그는 어떤 특별한 무게(부피당 무게)를 수영할 때 나타나는 부력 현상으로 파악하였다. 수학적으로는 모든 부피나 면적의 계산에도 그대로 적용되는데 부피나 면적은 아주 작은 조각들로 나누어 생각할 수 있고 또 그 조각들의 위치를 바꾸어도 결과에는 변함이 없다는 것이었다.[4] 예컨대, 그는 원의 넓이를 $F = \frac{1}{2}ur$로 계산하였는데(u는 원의 둘레, r은 반지름), 이때 그는 원을 밑변이 s, 높이가 r인 아주 작은 똑같은 삼각형들로 분할한 다음 이 결과를 도출했다(다음 왼쪽 그림).

---

[3] http://www.iazd.uni-hannover.de/~erne/griechen/Archimedes.html 참조
[4] 아래에 소개하는 논문은 아르키메데스가 진지하게 생각했던 것을 부분적으로는 아주 간단하게 만든 결과이다. 이 논문은 영어로 번역되어 있고 누구나 무료로 내려받을 수 있다.
http://www.aproged.pt/biblioteca/worksofarchimede.pdf

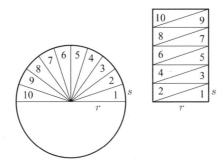

모든 삼각형들은 높이가 r, 밑변이 s이므로[5] 넓이는 $\frac{1}{2}rs$이고, 이 삼각형들의 넓이를 합친 원의 넓이 $F=\frac{1}{2}ru$가 나온다. 삼각형들을 쌓아 올리면 높이가 $\frac{1}{2}u$, 밑변이 r인 사각형으로 만들어 원의 넓이를 구할 수 있다(위 오른쪽 그림).[6]

원의 둘레와 지름의 비(원주율)를 π로 표시하고 원의 지름을 $2r$로 하면[7] 원의 넓이는 $F=\pi r^2$이고, 아니면 아르키메데스가 했던 것처럼 π는 원주율일 뿐만 아니라 원의 넓이 F와 외접하는 사각형의 넓이 S와의 비의 4배, 즉 $4\cdot\frac{F}{S}=\pi$가 된다.

이 사실을 알아내기 위하여 아르키메데스는 원을 수많은 작은 삼각형들로 분할하기 시작하였다. 그리고 이 삼각형들 넓이의 전체 합과 원의 넓이는 항상 오차가 있었음에도 불구하고 그 오차의 범위를 원하는 만큼 얼마든지 작게 만들 수 있다는 것에 착안하였다. 아르키메데스는 소위 '무한대 계산'을 시작한 것이었고 이는 한참 후에 뉴턴과 라이브니츠[8]에 의해서 수학의 새로운 시대가 열리는 시발점이 되었다. 이 두 사람보다 조금 앞선 1635년에 카발리에리는 유명한 '카발리에리의 원칙'[9]

---

5 이 말이 반드시 맞는 것은 아니지만 전체적인 오차는 삼각형들을 얇게 만들면 얼마든지 줄일 수 있다.

6 이 아이디어는 레오나르도 다빈치(Leonardo da Vinci, 1452~1519)도 이미 알고 있었다.

7 이 비는 모든 원에 동일하다. 왜냐하면 모든 두 개의 원들은 크기에 상관없이 닮은꼴이므로 길이의 비율도 동일하기 때문이다.

8 Sir Isaac Newton, 1643(Lincolnshire)~1727(Kensington, London), Gottfried Wilhelm Leibniz, 1646(Leibzig)~1716(Hannover)

9 Bonaventura Francesco Cavalieri, 1598(Mailand)~1647(Bologna)

'두 물체를 평행한 평면으로 잘랐을 때 생기는 모든 단면들의 넓이가 같으면 두 물체의 부피는 같다'

를 만들었는데 이는 아르키메데스의 무한대 계산법을 제대로 이용한 것이었다. 왜냐하면 부피는 실제로 무한히 많은 잘게 잘린 평면들의 모임이라고 생각할 수 있기 때문이다. 그런데 아르키메데스 역시 이 원리에 대해서 알고 있지 않았을까 하는 의문이 생긴다. 추측컨대 아마도 그랬을 것이라고 생각되는데 이는 1906년에 발견된 〈역학의 방법론〉[10]이라는 그의 논문 때문이다. 그가 비슷한 원리를 사용하는 근사법을 통하여 계산한 많은 다면체의 값들이 이 사실을 대변해 주고 있다.

다음으로 아르키메데스가 증명한 구의 부피에 관한 멋진 보기를 보기로 하자. 반지름이 r인 반구의 부피는 반지름이 r이고 높이가 r인 원기둥에서 같은 반지름과 높이를 가지고 꼭짓점을 밑으로 하고 서있는 내접한 원뿔을 제거한 나머지의 부피와 같다.

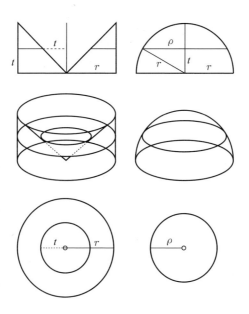

---

10 http://isites.harvard.edu/fs/docs/icb.topic540514.files/Schiefsky_Method.pdf

그 이유는 다음과 같다. 반구와 원기둥을 높이 t의 위치에서 밑면과 평행하게 동시에 자르면 원기둥의 단면은 영역의 가운데가 반지 모양이 된다. 한편 반구의 단면에서는 피타고라스 정리를 이용하면 반지름이 $\rho = \sqrt{r^2 - t^2}$이 되는 원이 나타난다. 그러면 원기둥 안에 있는 반지 모양 영역의 넓이는 $\pi r^2 - \pi t^2$이고 반구에서의 원의 넓이는 $\pi \rho^2 = \pi(r^2 - t^2)$이 되므로 두 개의 넓이는 같다는 것을 알게된다. 이제 카발리에리의 원칙을 적용하면 반구의 부피와 원기둥에서 내접하는 원뿔을 제거한 나머지의 부피와 같다.[11] 그런데 원뿔의 부피는 원기둥 부피 $\left(= \dfrac{1}{3}\pi r^3 \right)$의 $\dfrac{1}{3}$이므로 반구의 부피는 $\dfrac{2}{3}\pi r^3$이고 이에 따라 구 전체의 부피는 $\dfrac{4}{3}\pi r^3$이 된다.

원의 둘레와 넓이의 관계를 알아낸 아르키메데스는 같은 방법으로 구의 부피와 표면적의 관계도 알아낸다.[12]

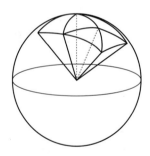

구의 표면이 거의 삼각형이 될 정도의 작은 조각들로 이루어졌다고 생각하면 구 전체는 높이가 r인 사면체들이 구 표면 전반에 걸쳐 이루어졌다고 생각할 수

---

11 아르키메데스의 실제 논증은 조금 다르다.
http://www.cut-the-knot.com/pythaoras/Archimedes.shtml 참조
12 "구의 부피가 구에 있는 가장 큰 원을 밑면으로 가지고 있고 높이는 구의 반지름과 같은 원뿔 부피의 4배가 된다는 결론을 얻고 나서 나는 구의 표면적이 구와 같은 반지름을 가진 원 4개의 넓이와 같다는 생각을 하게 되었다. 이 아이디어는 원의 둘레가 밑변의 길이와 같고, 높이는 원의 반지름과 같은 삼각형의 넓이가 그 원의 넓이와 같다는 사실, 마찬가지로 구의 부피가 구의 표면적과 같은 넓이의 바닥원 그리고 같은 높이를 가지는 원뿔의 부피와 같다는 생각으로부터 나온 것이다."(아르키메데스의 〈방법론〉 중 역학론 부분에서(마르쿠스 루퍼트(Markus Ruppert)의 'mathematik lehren(수학교육)'에서 따옴. 165(2011) p.48)

있다. 그러면 사면체의 부피 공식과 구의 부피 V 사이에는 $V = \frac{1}{3} \cdot F \cdot r$의 등식이 성립하는데 여기서 F는 구의 표면적을 의미한다. 따라서 $\frac{4}{3}\pi r^3 = \frac{1}{3}Fr$이 되고 결국 $F = 4\pi r^2$이 된다. 구의 표면적은 같은 반지름의 원 4개의 넓이와 같다!

그 다음 문제는 밑면이 G이고 높이가 h인 원뿔이나 사면체의 부피를 구하는 것이다. 이 문제는 두 개를 붙여서 평행사변형이나 정사각형을 만들 수 있는 삼각형의 넓이를 구하는 것보다는 좀 더 어려운 문제이다. 그럼에도 같은 방법을 통하여 답을 구할 수 있는데 아르키메데스는 오이독소스의 이론에 근거하여 구하였다. 여기서는 보다 일반적인 증명을 시도해 보기로 하자.

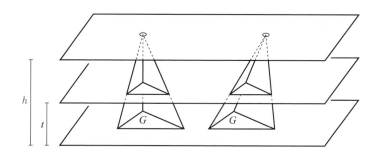

우선 부피는 오로지 높이 h와 밑바탕 G의 넓이에 의해서 결정된다는 것을 볼 수 있다. 같은 밑바탕과 높이를 가진 두 개의 사면체가 있다면 밑면에 평행하게 잘린 두 사면체의 단면은 같은 넓이를 가진다.[13] 다시 카발리에리의 원칙에 의해서 두 개의 부피는 같다. 이제 사면체의 부피를 구해 보자. 이를 위해 밑면이 삼각형이고 기둥의 길이가 h인 프리즘 G를 고찰해 보자. 밑면에 있는 세 개의 꼭짓점을 각각 a, b, c, 윗면의 것을 A, B, C라고 하자. 그리고 프리즘을 각각 4개의 꼭짓점 $(abcC)$, $(abBC)$ 그리고 $(aABC)$을 가지고 있는 세 개의 사면체로 나누어 보자.

---

13 높이가 t인 평면과의 절단은 바닥면적 G에 대해서 $\dfrac{(h-t)^2}{h^2}$ 만큼 작아진다. 모든 길이들이 $\dfrac{(h-t)}{h}$ 만큼 작아지기 때문이다.

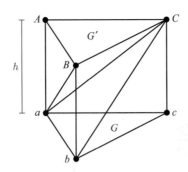

먼저 모든 사면체의 부피는 같다는 것을 알아보자. 사면체 $(abcC)$와 $(aABC)$는 서로 합동이므로 같은 부피를 가지고 있다. 그리고 사면체 $(abBC)$와 $(aABC)$는 각각 밑면을 삼각형 (abB)와 (aAB) 그리고 공동의 꼭짓점 C를 가지고 있는 사면체로 볼 수 있다. 이 두 개의 삼각형은 사각형 $(abBA)$의 대각선을 중심으로 두 개로 나누기 때문에 같은 넓이를 가지고 있고 또한 같은 평면 위에 있기 때문에 $(abBC)$와 $(aABC)$의 높이 역시 같다. 따라서 사면체들의 부피도 같다.

결론적으로 세 개의 사면체 부피는 똑같고 각 사면체는 프리즘 부피 Gh의 $\frac{1}{3}$이 된다. 따라서 밑면의 넓이 G와 높이 h를 가진 사면체 $(abcC)$의 부피는 $\frac{1}{3}Gh$가 되고, 모든 면적은 삼각형들로 분할할 수 있기 때문에 임의의 밑면 위에 세워진 사면체의 부피에 같은 공식을 적용할 수 있다.

아르키메데스는 원의 넓이만 구한 것이 아니고 직선에 의해서 분할된 포물선 안의 넓이도 계산하였는데 이때 삼각형들이 계속해서 넓이를 채워 나가는 오이독소스의 실진법을 적용하였다. 모든 포물선은 서로 닮아 있기 때문에 모든 좌표들이 $y = x^2$으로 나타나는 '표준 포물선'으로 한정 짓는다. 분할선이 포물선과 만나는 점을 각각 A와 B(좌표는 (a, a^2), (b, b^2))라고 하자. 그리고 M을 포물선 위의 한 점으로서 x-좌표값 m이 a와 b의 중간, 즉 $m = \frac{1}{2}(a+b)$가 된다고 하자. 그러면 삼각형 AMB의 넓이 F_o는?

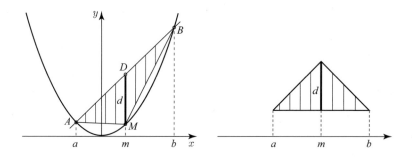

그 넓이 F_o는 다시금 카발리에리 원리를 가지고 해결하는데 이번에는 부피가 아니고 넓이, 그리고 평행이 아닌 수직으로 응용되었다. x-축과 평행하게 서있는 오른쪽 삼각형의 넓이는 삼각형 AMB의 넓이와 같은 $F_o = \frac{1}{2}(b-a)d$인데, 여기서 d는 직선 DM의 길이다. 분할선 위의 점 D는 점 A와 점 B의 가운데 있고 M 위에 수직으로 서있으며 y-축 좌표로는 $\frac{1}{2}(a^2+b^2)$이 된다. 따라서 $d = \frac{1}{2}(a^2+b^2) - m^2 = \frac{1}{2}(a^2+b^2) - \frac{1}{4}(a^2+b^2+2ab) = \frac{1}{4}(a-b)^2$가 성립하고 $F_o = \frac{1}{8}(b-a)^3$이다. 이 공식에서 보다시피 F_o는 길이 $b-a$에 종속적이다. 이제 직선에 의해서 분할된 포물선 안의 넓이를 구간 $[a, b]$를 계속 반으로 잘라가면서 생기는 삼각형들을 만들어가면서 구해보도록 하자.

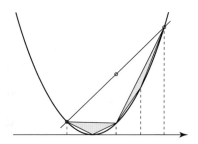

위의 두 개의 삼각형들의 넓이는 밑변의 길이 $b-a$에 $\frac{1}{2}(b-a)$를 대입하면 각각 $\left(\frac{1}{2}\right)^3 F_o$이 된다. 따라서 전체 넓이 $F_1 = 2 \cdot \left(\frac{1}{2}\right)^3 F_o = \left(\frac{1}{2}\right)^2 F_o = \frac{1}{4}F_o$가 된다. 그 다음 단계에서는 4개의 새로운 삼각형이 생기는데 각 삼각형의 넓이가

$\left(\dfrac{1}{4}\right)^3 F_o$이니 전체 넓이는 $\left(\dfrac{1}{4}\right)^2 F_o$이 된다. 이런 식으로 한 단계씩 나아갈 때마다 밑변의 길이는 반으로 줄어들고 삼각형의 개수는 2배로 늘어난다. 예를 들면 3단계에서는 늘어난 전체 넓이가 $8 \cdot \left(\dfrac{1}{8}\right)^3 F_o = \left(\dfrac{1}{8}\right)^2 F_o = \left(\dfrac{1}{4}\right)^3 F_o \cdots$이 된다. 따라서 전체 넓이는

$$F = F_o\left(1 + \frac{1}{4} + \left(\frac{1}{4}\right)^2 + \left(\frac{1}{4}\right)^3 + \cdots\right)$$

이다. 그렇다면 이 무한한 합의 값은 (소위 무한급수) 무엇일까?

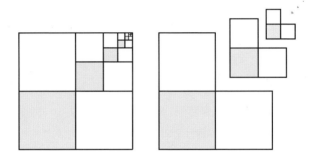

전체 사각형에서 어둡게 칠해진 사각형들의 합은 $\dfrac{1}{4} + \left(\dfrac{1}{4}\right)^2 + \left(\dfrac{1}{4}\right)^3 + \cdots$인데 칠해진 사각형의 넓이는 각 단계별로 나타나는 $L-$모양의 부분 넓이의 $\dfrac{1}{3}$이 된다. 따라서 $\dfrac{1}{4} + \left(\dfrac{1}{4}\right)^2 + \left(\dfrac{1}{4}\right)^3 + \cdots = \dfrac{1}{3}$이고 $1 + \dfrac{1}{4} + \left(\dfrac{1}{4}\right)^2 + \left(\dfrac{1}{4}\right)^3 + \cdots = \dfrac{4}{3}$ 이다. 아르키메데스의 증명은 이보다 더 일반적이다(연습문제 3.2). 결론적으로 직선에 의해서 분할된 포물선 안의 넓이는

$$F = \frac{4}{3} F_o = \frac{4}{3} \cdot \frac{1}{8}(b-a)^3 = \frac{1}{6}(b-a)^3$$

이다.

보기 $a = -1$, $b = 1$이면 $F = \dfrac{4}{3}$

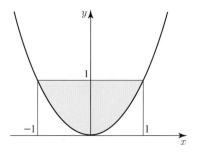

아르키메데스가 계산한 또 다른 넓이는 소위 '아르키메데스의 나선'이라는 것
이다. 이것은 한 빛이 중심에서 일정한 속도로 돌고 있고 동시에 이 빛에 있는
한 점이 일정한 속도로 바깥으로 움직이는 궤적을 나타낸 것이다.

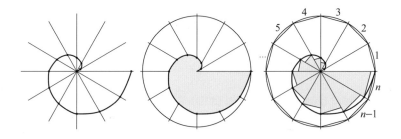

이 점의 궤적이 만든 넓이(위 가운데 그림 참조)는 무엇일까? 먼저 각이 $\dfrac{360°}{n}$
인 n개의 똑같은 이등변삼각형들을 위 오른쪽 그림처럼 원 안에 접하도록 작도
한다. 그 다음 각 삼각형에 포함되는 빗금 친 이등변삼각형을 작도한다. 빗금 친
삼각형들의 변의 길이는 숫자 k에 비례하여 일정하게 커지는데 마지막에는 자기
를 포함하고 있는 이등변삼각형들의 길이에 가깝게 커진다. 이제 임의의 이등변
삼각형과 그 안에 들어 있는 빗금친 이등변삼각형의 넓이의 비를 계산해 보면
$\left(\dfrac{k}{n}\right)^2$이 된다. 그리고 빗금 친 이등변삼각형들의 전체 넓이의 합과 그것들을 포
함하고 있는 이등변삼각형들의 전체 넓이의 비는

$$\frac{\left(\dfrac{1}{n}\right)^2+\left(\dfrac{2}{n}\right)^2+\cdots+\left(\dfrac{n-1}{n}\right)^2}{n}$$

이 된다. 따라서 n이 커질수록 나선의 넓이와 원의 넓이의 비가 이 식의 수렴값에 근접하게 된다. 이 값은 임의의 큰 숫자 n에 대해서 포물선 아래의 넓이에 근사하는데, 그 이유는 $k = 1, \ldots, n-1$에 대해서 포물선 아래에 있는 직사각형들이 밑변이 $\dfrac{1}{n}$이고 높이가 $\left(\dfrac{k}{n}\right)^2$이기 때문이다(아래 그림 참조).

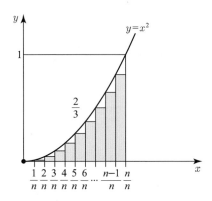

46쪽에서 보다시피 포물선 위의 넓이가 $\dfrac{2}{3}\left(\dfrac{4}{3}\text{의 반}\right)$이므로 포물선 아래의 넓이는 $1 - \dfrac{2}{3} = \dfrac{1}{3}$이다. 따라서 아르키메데스의 나선 넓이는 그 나선을 외접하는 원 넓이의 $\dfrac{1}{3}$임을 알 수 있다.

연습문제

3.1 구 위의 모자(sphere cap): 아르키메데스에 의해 구 전체 또는 반구의 부피들 계산이 가능해졌을 뿐만 아니라 평면으로 절단된 구의 부분인 구 위의 모자 부피 계산도 가능해졌다. 반지름이 r인 구의 머리에 있는 높이가 $h \leq r$인 모자의 부피 공식이 $V = \dfrac{\pi}{3}(3rh^2 - h^3)$인 것을 카발리에리의 원칙을 가지고 밝히시오.

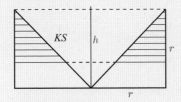 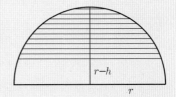

실마리 반지름이 r인 바닥원 K_r의 원통에 거꾸로 들어 있는 높이가 r인 원뿔이 있다고 하자. 위 왼쪽 그림은 원뿔에서 남은 높이가 h가 될 만큼 꼭지를 잘라내고 남은 잘린 원뿔 KS를 제거한 단면의 모습이다.

잘린 원뿔의 부피 $V_{KS} = \dfrac{\pi}{3}(r^3 - (r-h)^3)$이 된다. 왜냐하면 KS는 바닥원 K_r, 높이가 r인 원뿔에서 바닥원이 K_{r-h}이고 높이가 $r-h$인 원뿔을 제거한 것이기 때문이다.

$(r-h)^3 = r^3 - 3r^2h + 3rh^2 - h^3$에 의해서 $V_{KS} = \dfrac{\pi}{3}(3r^2h - 3rh^2 + h^3)$이 되고

$$V_{Cyl} - V_{KS} = \pi r^2 h - V_{KS} = \frac{\pi}{3}(3rh^2 - h^3)$$

이 된다. 여기서 V_{Cyl}은 원통의 부피이다.

3.2 기하급수: 아르키메데스는 기하급수(46쪽 참조)

$$g = 1 + \frac{1}{4} + \left(\frac{1}{4}\right)^2 + \left(\frac{1}{4}\right)^3 + \cdots = 1 + \frac{1}{4}\left(1 + \frac{1}{4} + \left(\frac{1}{4}\right)^2 + \left(\frac{1}{4}\right)^3 + \cdots\right) = 1 + \frac{1}{4}g$$

를 다음과 같이 계산하였다.[14] $g = 1 + \frac{1}{4}g$로 부터 $g = \frac{4}{3}$가 성립한다. 유한한 합

$$g_n = 1 + \frac{1}{4} + \left(\frac{1}{4}\right)^2 + \left(\frac{1}{4}\right)^3 + \cdots + \left(\frac{1}{4}\right)^n$$

에 대해서는 $g_n = 1 + \frac{1}{4}g_n - \left(\frac{1}{4}\right)^{n+1}$ 또는 $g_n\left(1 - \frac{1}{4}\right) = 1 - \left(\frac{1}{4}\right)^{n+1}$이 성립하는데, 여기서 $n \to \infty$이면 $\left(\frac{1}{4}\right)^{n+1} \to 0$으로부터 수렴값 $\frac{4}{3}$를 얻는다.

같은 방법으로 임의의 $0 < q < 1$에 대해서 $g = 1 + q + q^2 + \cdots$를 계산하시오. $g = 1 + qg$임을 보여 $g = \frac{1}{1-q}$이 되고, $g_n := 1 + q + \cdots + q^n = 1 + qg_n - q^{n+1}$에 의해서 $g_n = \frac{1 - q^{n+1}}{1 - q}$이 성립함을 보여 같은 결과를 유도하시오(기하급수 공식).

3.3 원의 계산(circle calculation) (1): 아르키메데스는 단위원의 둘레 2π의 값을 원을 외접 및 내접하는 정다각형들을 가지고 계산하였다. 그러면서 $\pi < \frac{22}{7}$인 결과를 얻었다.

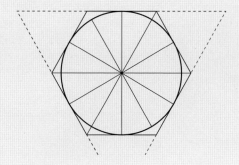

---

14 http://www.math.ubc.ca/~cass/archimedes/parabola/para250.html

처음에는 정삼각형으로부터 시작하여 계속 변의 길이를 두 배씩 늘려갔다. 첫 단계에서 원을 외접하는 정6각형, n번째 단계에서는 정$(3 \cdot 2^n)$각형이 된다. 구체적인 계산을 하면 어떻게 될까?

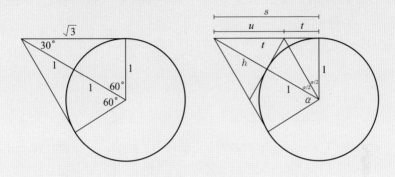

n번째 변의 길이의 반을 t_n이라고 하면 처음에는

(3.1) $$t_0 = \sqrt{3}$$

이 되는데(위 왼쪽 그림 참조) 그 이유는 각이 30°, 60°, 90°가 되는 삼각형은 변의 길이가 2인 이등변삼각형의 반이기 때문이다. 위 오른쪽 그림은 다음의 점화식 (recursion formula)[15]을 보여주고 있다.

(3.2) $$t_{n+1} = \frac{\sqrt{t_n^2 + 1} - 1}{t_n}$$

여기서 $t_n = s$ 그리고 $t_{n+1} = t$의 등식이 성립하는 것을 아래와 같이 보이시오. h에 대해서 다음의 관계가 성립한다.

(3.3) $$h^2 = u^2 - t^2 = (u+t)(u-t) = s(u-t)$$

마찬가지로

(3.4) $$(h+1)^2 = s^2 + 1$$

---

15 $\sqrt{1 + t_n^2} < 1 + \frac{1}{2} t_n^2$에 의해서 $t_{n+1} < \frac{1}{2} t_n$이 성립한다. 매 단계마다 외접하는 다각형 변수의 개수가 두 배로 늘어나므로 2π 값에 대한 오차가 점점 작아진다. 즉, 실제값에 가까워진다. 내접하는 다각형에서도 같은 방법으로 따져 줄어드는 오차를 감안하여 아르키메데스는 2π의 근사값을 원하는 만큼의 오차범위 내로 구할 수 있었다.

그리고 (3.4)로부터 한편으로는 $h = \sqrt{s^2+1} - 1$, 다른 한편으로는 $h^2 = s^2 - 2h$ 가 된다. 마지막 등식과 더불어 (3.3)으로부터 $u - t = \dfrac{h^2}{s} = s - \dfrac{2h}{s}$ 가 된다. 또한 $u + t = s$ 그리고 $2t = (u+t) - (u-t) = \dfrac{2h}{s}$ 이다. $h = \sqrt{s^2+1} - 1$을 대입하면 결론인

(3.5) $$ t = \frac{\sqrt{s^2+1} - 1}{s} = \sqrt{1 + \left(\frac{1}{s}\right)^2} - \frac{1}{s} $$

가 나온다.

3.4 원의 계산(Circle calculation) (2): 점화식 (3.2)를 s와 t의 역수들로 다시 계산 하면 많이 간단해진다. (3.5)에서 $r = \dfrac{1}{s}$로 하면 $t = \sqrt{1+r^2} - r$이 되는데,

$$ (\sqrt{1+r^2} - r)(\sqrt{1+r^2} + r) = 1 + r^2 - r^2 = 1 $$

에 의해서 $\sqrt{1+r^2} + r$이 $t = \sqrt{1+r^2} - r$의 역수임을 알 수 있다. 따라서 $\dfrac{1}{t} = \sqrt{1+r^2} + r$보다 일반적으로 모든 n에 대해 $r_n = \dfrac{1}{t_n}$로 놓으면 (3.2)로부터 보다 간단한 되풀이 공식

(3.6) $$ r_{n+1} \doteq \sqrt{1+r_n^2} + r_n $$

을 얻는다.

아르키메데스가 사용한 점화식이 바로 (3.6)이다.[16] 그렇다면 그는 이렇게 반복되는 제곱근을 어떻게 효과적으로 계산했을까?

그의 출발점은 근사값 $r_1 = \sqrt{3} > \dfrac{265}{153}$였다. 실제로 $265^2 = 70225$ 그리고 $3 \cdot 153^2 = 70227$이다. 그가 한 계산은 아래와 같다(오늘날에는 계산기로 쉽게 할 수 있으나 아르키메데스는 일일이 손으로 하였다).

$$ n153r_n \geq 153\sqrt{1+r_n{}^2} \geq \cdots \geq \cdots 153\sqrt{1+r_n{}^2} + 153r_n \geq \cdots $$

---

16 Archimedes: 〈Measurement of a circle〉, 93~96
http://archive.org/details/worksofarchimede029517mbp

1	265	$153 \cdot 2$		$=306$	$265 + 306 = 571$
2	571	$\sqrt{153^2 + 571^2}$		$> 591 + \dfrac{1}{8}$	$1162 + \dfrac{1}{8}$
3	$1162 + \dfrac{1}{8}$	$\sqrt{153^2 + \left(1162 + \dfrac{1}{8}\right)^2}$		$> 1172 + \dfrac{1}{8}$	$2334 + \dfrac{1}{4}$
4	$2334 + \dfrac{1}{4}$	$\sqrt{153^2 + \left(2334 + \dfrac{1}{4}\right)^2}$		$> 2339 + \dfrac{1}{4}$	$4673 + \dfrac{1}{2}$

96각형의 반의 길이 π_5는 $96 \cdot t_5$ 이고 따라서

$$\pi < \pi_5 = \frac{96}{r_5} < \frac{96 \cdot 153}{4673 + \dfrac{1}{2}} = \frac{14688}{4673 + \dfrac{1}{2}} = 3 + \frac{667 + \dfrac{1}{2}}{4673 + \dfrac{1}{2}} < 3 + \frac{667 + \dfrac{1}{2}}{4672 + \dfrac{1}{2}} = 3 + \frac{1}{7}$$

04

브루넬레스키: 평행선들은 어디서 만날까?(1420)

요약 1420년경에 필립포 브루넬레스키는 플로렌스에 있는 대성당의 둥근 탑을 건축하던 중 중심투시법을 연구하였는데 이는 수학사의 여명기에 해당하는 시기에 나타난 분야라고 말할 수 있다. 이때부터 사람들은 사물을 볼 때 관찰자의 시각으로 보게 되었는데, 그 영향은 건축과 미술 분야를 훨씬 뛰어넘는 것이었다. 기하학의 새분야인 사영기하학이 탄생하게 된 것이다. 여기서는 알브렉히트 뒤러가 시각적으로 잘 묘사한 중심투시법에서 파생된 원근법과 데자르그나 파스칼이 세운 사영기하학의 공간 개념을 통해 보다 발전된 사영기하학의 이론들을 소개하겠다.

이제 서기 1600년으로 뛰어넘어가 보자. 이전의 시기는 중세시대로서 수학사에서는 암흑의 시기라고 볼 수 있다. 뒤에 가서 알아보겠지만 이 시대의 수학과 자연과학은 유럽 바깥에서 발전하고 있었다. 그러나 중세시대 말기에 이탈리아에서 나타난 초기 르네상스는 이런 상황을 매우 빨리 바꾸기 시작한다. 이 시기의 최초의 수학적 업적은 바로 중심투시(perspective center)법[1]으로서 이 분야는 자연과학사에서 대단히 중요한 위치에 있게 된다. 그 이유는 이 분야에서 사영기하학이라는 수학에서 아주 새로운 분야가 나타났기 때문이다. 그리고 이 학문은 19세기에 절정을 이루었다. 또 다른 이유로는 만일 원근법에 절대적 요소인 관찰자의

---

1 대상의 중심에서 사물을 보는 방법

시각이 없었다면 인간이 중심이 되어 우주를 관찰하는 새로운 세계관은 탄생하지 못했을 것이기 때문이다. 다시 말하면 코페르니쿠스[2]나 케플러[3] 등은 행성의 궤도를 계산해 내지 못했을 것이다. 그런데 그 중심투시법을 발견한 사람이 바로 플로렌스에 있는 대성당의 둥근 탑을 건축한 필립포 브루넬레스키(Filippo Brunelleschi, 1377~1440)였다.

비록 거의 모든 수학자들이 이 학문의 중요성을 알고 있었음에도 불구하고 이 분야를 개척한 사람이 누구인지는 잘 몰랐다. 그 이유는 이 화법이 비밀리에 관련된 사람들에게만 전수되는 일종의 비밀 예술행위였기 때문이었다. 왜냐하면 당시에 이러한 새로운 화법이 신의 관점을 떠나 인간의 관점으로 자연을 본다는 것으로 인식되어 종교적으로 환영받지 못했던 것에 있었기 때문이었다.

알다시피 평행선들은 결코 만나지 않는다. 그러나 원근법으로 보면 그들은 평행선 저너머 수평선에 공동의 교차점을 가지고 있는 것처럼 보인다. 따라서 보다 엄밀한 중심투시법을 세우기 위해서는 다음의 세 가지 규칙을 지켜야 한다.

(1) 직선은 오로지 직선으로만 표현된다.
(2) 여러 개의 평행한 직선들의 다발은 다시 평행하거나 공동의 교차점을 가진다.
(3) 한 특정 공간에서의 평행선들은 한 개의 공동 직선인 수평선 위에서 만난다.

원근법을 나타내는 가장 간단한 방법은 수평선을 향해서 일정한 간격으로 목침이 놓여 있는 기차 철로를 그리는 것이다. 그 다음 그림 안에 먼저 수평선을 위에 긋고 두 개의 철로와 처음 두 개의 목침을 그려 넣는다. 그리고는 두 목침들이 만든 사각형의 대각선들이 수평선과 만나는 한 점을 정하고 철로와 처음 두 개의 목침들이 만드는 나머지 사각형들은 대각선들을 직선으로 연장하였을 때 그 수평선 위의 점에서 만날 수 있도록 그려 넣는다.

---

2 Nikolaus Kopernikus, Niklas Koppernigk, 1473(Thorn, Torun, Polen)~1543(Frauenburg, Frombork, Polen)

3 Johannes Kepler, 1571(Weil der Stadt)~1630(Regensburg)

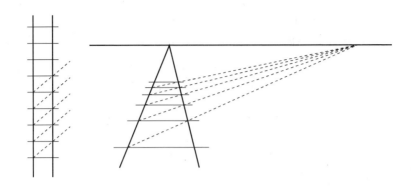

그러면 각 사각형들은 볼록사변형이 될 것이고 각 꼭짓점들이 결정된다. 같은 방법을 직육면체와 같은 공간의 물체들에게 적용할 수 있다. 아래 그림에서 수직 변들은 평행하게 그려져 있다. 면에 수직인 전면의 그림만 결정되면 나머지는 저절로 결정된다.

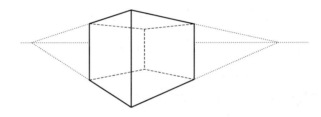

다음 그림은 삼각형 지붕을 얹은 집의 모습이다. 삼각지붕의 높이를 부여해야 한다(연습문제 4.2).

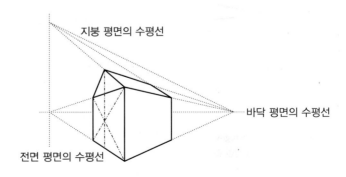

지붕 평면의 수평선

바닥 평면의 수평선

전면 평면의 수평선

오늘날에는 사진에 원근법이 잘 나타나지만 일세기 전만 해도 그런 기구는 별로 없었다. 인간의 뇌는 두 개의 눈과 수정체를 통하여 거리의 정보를 얻는다. 물체를 원근으로 본다는 것은 사람이 그 물체에 다가가면 더 크게 보인다는 의미인데 실제로는 가까운 거리에서는 모든 물체가 항상 같은 크기로 보인다.[4] 따라서 원근법의 표현에는 자연적 관찰을 추상화해야 하는 조건이 따른다. 고대에도 대각선이나 수렴하는 직선 등을 가지고 입체적으로 표현하여 원근법을 시도한 적은 있지만 그 자세한 내막은 감춰져 있다. 원근법은 1410년과 1420년에 플로렌스의 대성당 건축가였던 필리포 브루넬레스키에 의해서 처음으로 나타나지만 그의 설계도는 오로지 전언의 형태로만 남아 있다. 원근법에 관해 전해져 오는 첫 번째 작품은 브루넬레스키의 친구였던 화가 마사초(본명은 토마소 디 세르 조바니 모네 카사이(Tommaso di ser Giovanni di Mone Cassai, 1401~1428))에 관한 것으로서 플로렌스의 산타 마리아 노벨라(Santa Maria Novella) 교회에 그린 삼위일체 프레스코가 유명하다. 이 그림이 전하는 메시지를 표현하는 데 가장 중요한 역할을 하는 것이 관찰자의 위치와 관련되어 있는 원근법이었기 때문이다.[5] 원근법에 관한 최초의 서적은 1435년에 제노바의 석학이었던 레온 바티스타 알베르티(Leon Battista Alberti, 1404~1472)가 저술하였다.[6]

원근법의 그림은 일종의 중심사영(central projection)법이다. 화폭에 맺힌 점(픽셀)은 원점에서 출발한 특정 점(중심사영)으로부터 뻗어 나오는 직선(사영직선)이 화폭과 만나서 생기는 점이다.

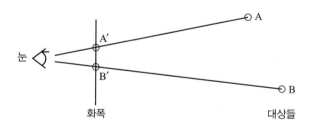

---

4 J.-H. Eschenburg: 〈Is binocular visual space constantly curved?〉, J. Math. Biology 9(1980), 3~22

5 http://de.wikipedia.org/wiki/Dreifaltigkeit_(Masaccio)

6 몇 가지 예술사에 관한 조언을 해준 바바라 에쉔부르그(Barbara Eschenburg) 여사에게 감사드린다.

원근법으로 본다는 것은 눈이 사영의 중심이 되고 물체로부터 나와 눈에 도달하는 빛이 사영직선, 그리고 픽셀은 눈과 물체 사이에 있는 화폭과 만나는 점이다.

알브렉히트 뒤러(Albrecht Duerer, 1471~1528(Nuernberg))는 1525년에 저술한 교과서 〈측정의 지침서(Underweysung der Messung)〉 180~181[7]쪽에서 눈과 물체 사이에 있는 유리창에 픽셀을 어떻게 고정 프레임의 구멍을 통해 물체를 조준하면서 결정하는지 설명해 놓았다. 그는 글과 그림을 통해서 원근법의 그림을 그리는 이 과정을 아주 자세하게 묘사하였다(현대 언어로 표현함).

"커다란 홀에 들어가서 바늘귀가 넓은 못을 한쪽 벽에 박아라. 그리고 바늘귀에 질긴 실을 통과시키고 벽에 있는 실 끝에는 납덩어리를 매어 달아라. 그 다음 책상이나 칠판 같은 것을 실이 걸려 있는 못으로부터 가능한 한 멀리 가져다 놓아라. 그 위에 한 틀을 똑바로 세워라. 그리고 그 틀 옆에는 열고 닫을 수 있는 쪽문을 하나 붙여라. 이 쪽문이 당신이 작업을 할 판이 되는 것이다. 그리고 길이가 틀의 세로와 같은 실을 틀의 맨 위에 붙이고 틀의 가로 길이와 같은 다른 하나는 틀의 중간에 붙이고 늘어뜨려라. 그 다음에 끝에 바늘귀가 달린 가는 막대기를 준비해라. 그리고는 벽에 있는 못의 바늘구멍을 통해 나온 기다란 실을 틀을 지나 다른 사람 손에 쥐어 주어라. 그리고 라우테[8]를 틀로부터 멀리 떨어지게 놓고 단단히 고정시켜라. 그 다음엔 막대기를 실로 팽팽하게 엮은 다음 그 사람에게 들게 하고 라우테의 이곳저곳을 찔러 보라고 해라. 그때마다 틀에 붙인 두 개의 실을 그 긴 줄이 지나가는 곳에 서로 엇갈리게 묶어라. 그 다음 그곳을 왁스 같은 것으로 붙여 놓고 쪽문을 끌고 그 엇갈린 자리에 표시해 놓아라. 그렇게 반복하면 라우테의 모양이 쪽문에 점으로 나타날 것이고, 그 점들을 선으로 연결하면 축소된 라우테 모양이 나오게 된다."

---

7 http://de.wikisource.org/wiki/에서 볼 수 있다.
8 Laute. 중세시대 현악기의 일종

뒤러는 이 시기에 활약한 가장 뛰어난 화가 중 하나인데 그는 무엇보다 그림의 대상을 엄격한 기하학적 원근법에 맞추어 그렸던 사람으로 유명하다. 덕분에 동시대의 많은 동료나 학자들은 그를 화가가 아닌 기하학자로 생각할 정도였다. 다음의 평론은 뒤러와 동시대에 살았던 유명한 레오나르도 다빈치(Leonardo da Vinci, 1452~1519)를 비교하는 것이다.

"뒤러는 자신의 회화이론을 3부나 남겨 놓았다. 이 작품들은 오늘날까지도 계속 재판이 되어 나올 정도로 많은 화가들의 귀감이 되고 있다. 반면에 다빈치가 써 놓은 많은 문서나 이론들은 그가 죽고 나자 사방으로 흩어져서 사라지게 되었다. 오늘날에 와서야 겨우 그의 유품들을 재발견하게 되었지만 대부분은 가짜였고 오류 투성이의 것들이라 믿을 만한 것은 거의 없다… 뒤러에게는 이론적이고 연역적 그리고 조직적인 성향이 짙다면 다빈치는 돌발적이고 수학의 법칙 등과는 거리가 멀었다. 더구나 그가 시도했던 연역적 방법들도 오류가 심한 편이다. 그러나 그의 강점은 기술적인 원칙이나 경험칙을 뛰어넘어 자연의 미묘한 세계를 누구보다 깊이 간파했다는 데에 있다."[9]

---

9 Scriba/Schreiber, 2. Aufl. 2005, S274

카메라의 초기 모델인 소위 '구멍카메라'는 위의 방법과는 약간 다르다. 투영중심이 렌즈의 한 가운데 있거나 아니면 구멍이었다. 그리고 대상이 찍히는 면(피사면)은 카메라 안에 있는 벽면이었다. 따라서 피사면이 찍는 대상과 투영중심 사이에 있는 것이 아니라 투영 중심의 뒤에 있는 것이다. 차이점은 피사면을 평행으로 이동하는 것이 그림의 확장비에 영향을 준다는 것뿐이다. 위에서와 같은 방법으로 피사면이 가운데 있게 되면 확장비는 마이너스가 되어 카메라 안의 피사체는 180° 돌린 거꾸로 된 모양으로 나타난다.

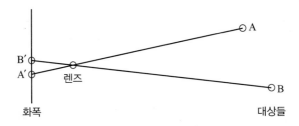

프랑스 출신의 축성전문가였던 데자르그[10]는 1639년에 아주 유용한 다음과 같은 아이디어를 생각해 내었는데, 이 아이디어는 곧바로 아주 광범위하게 사용되었다.

"평면 위에 그린 원근법의 그림에는 평행한 직선들이 한곳에서 만나게 되는 소위 '지평선'이라는 것이 있다. 이 지평선은 원래의 평면 위에 있는 직선들과는 상관이 없다. 그러니 원래의 평면을 '먼 점(far point)' 또는 '추상적인 점'으로 불리는 '무한히 멀리 있는' 그 점들을 중심으로 확장하면 안 될까? 그리고 이 먼 점들을 지평선 점들의 원상(preimage)으로 생각하면 안 될까?"

그의 생각대로라면 이 '먼 점'들은 지평선과 같은 역할을 하는 또 하나의 '먼 직선'으로 늘릴 수 있을 것이다. 그렇다면 두 개의 직선이 교차하지 않고 서로 평행할 수 있다는 기하학에서의 번거로운 예외적 경우로부터 해방될 것이다. 이 평행선들은 새로 생긴 '먼 점'에서 만난다. 그리고 이렇게 태어난 '먼 점'이 이런

---

10 Gerard Desargues, 1591~1661(Liyon)

평행선들이 모여 있는 집합에 해당하는 단 하나의 점이 된다. 마찬가지로 확장된 '먼 평면'을 포함하는 공간에 대해서도 생각할 수 있는데 이 공간은 여러 평행한 직선들의 다발들이 만나는 '먼 점'들과 공간 안에 있는 모든 평면들의 '먼 직선'을 포함하여야 한다. 이런 '먼 점'들이 실제로 존재하지 않는다는 것이 수학에서 큰 반칙이 되는 것은 아니다. 오히려 직선과 평행선에 관한 아핀 기하학[11]의 확장된 공간 같은 것인데 예컨대 수의 공간에 무한대 같은 것을 추가하는 것과 같은 것이다.

이런 기하학을 '사영기하학(projective geometry)'이라고 한다. 프랑스 수학자 퐁슐레(Jean Victor Poncelet, 1788~1867)는 이 '사영기하학'에 관한 많은 이론들을 조직적으로 연구하였다. 그는 1812년에 나폴레옹의 러시아 침공에 참전하였는데 전장에서 여가 시간은 많았으나 책이 없는 관계로 스스로 이 분야를 개척한 것이다. 이제 데자르그가 발견한 사영기하학에 관한 간단한 정리를 보기로 하자.

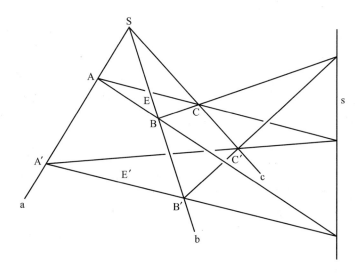

---

11 Affine Geometry. 직선과 평행선에 관한 기하학. 거리나 각도 등은 이 기하학에서 큰 역할을 하지 못한다.

데자르그 정리

사영평면에 한 점 S를 공유하고 있는 세 개의 직선 a, b c가 있다고 하자. 또한 삼각형 ABC와 $A'B'C'$가 있고 각 꼭짓점들은 각 직선 위 A, $A' \in a$ 그리고 B, $B' \in b$, C, $C' \in c$에 있다고 하자. 그러면 각 면의 교차점 $AB \wedge A'B'$, $AC \wedge A'C'$, 그리고 $BC \wedge B'C'$들은 공동의 직선 s 위에 놓여 있다.

증명 1(공간기하학 관점에서) 데자르그의 그림을 공간에서 바라본 것이라고 상상해 보자. 예를 들면 가운데 있는 선 b가 직선들 a와 c보다 훨씬 더 앞에 있다고 상상해 보자. 두 개의 삼각형 ABC와 $A'B'C'$는 공간 안에서 각각 평면 E와 E'를 결정하게 되고 이들은 직선 s에서 교차한다. 이 두 삼각형의 변들은 각각의 평면에 놓여 있는데 이들의 교차점들은 모두 교차선 s 위에 놓여 있다. 즉, $s = E \cap E'$. 그런데 두 개의 직선이 교차할 때는 당연히 그들이 공동의 평면에 놓여 있을 때이다. 바로 이 경우가 두 삼각형의 변에 해당하는 경우이다. 예를 들면 AB와 $A'B'$는 점 S를 지나가는 직선들 a, b에 의해서 확장된 평면 위에 놓여 있다. 이로써 증명은 끝난다.

증명 2(원근법적 관점에서) 이 그림을 원근법적 관점에서 보는 다른 평면의 그림으로 해석할 수 있는데 여기서 직선 s는 점들 $AB \wedge A'B'$ 그리고 $AC \wedge A'C'$이 지나가는 수평선으로 생각할 수 있다(이를 위해 그림을 왼쪽으로 90° 돌린다). 즉 '먼 직선'이다. 처음 그림에서 직선들 AB와 $A'B'$ 그리고 AC와 $A'C'$들은 수평선 위의 '먼 직선'에서 서로 만나기 때문에 평행이다. 그래서 삼각형 $A'B'C'$는 삼각형 ABC로부터 중심을 S로 하는 확장을 통해서 생기고 결과적으로 세 번째 직선들인 BC와 $B'C'$는 평행하다. 다시 말하면 직선 BC와 $B'C'$는 '먼 직선'에서 교차한다. 역전환을 하면 '먼 직선'은 다시 s에 그려지고 따라서 증명은 끝난다.

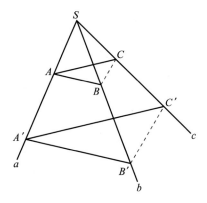

그렇다면 '먼 점'은 무엇일까? 그 점은 실제적인 의미가 있는 것일까? 거기다 원근법적 묘사들, 즉 중심사영들은 해결책을 제공하는 것일까? 이것을 다시 한 번 공간기하학의 개념으로 살펴보자.

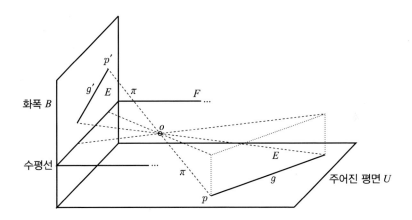

원래의 평면 U 위에 있는 각 점 p는 p와 사영원점 o를 지나가는 단 하나의 직선 $\pi = op$를 결정하고 맺힌 점 p'는 π와 피사면 B의 교차점이다. 사실 점 p와 p'는 없어도 상관은 없는 게 π와 U 그리고 B와의 교점들이기 때문에 사영 직선 π만 있어도 충분하기 때문이다. 그리고 투영선을 포함하는 또 다른 많은 평면들을 볼 수 있지만 항상 같은 사영직선 π의 이미지를 보기로 하자. 직선 $g = E \cap U$와 $g' = E \cap B$는 o를 지나는 공동의 평면 E에 들어 있는 사영직선들이 U와 B에서 교차하면서 생긴 것이다. 이제 점 p를 사영직선 $\pi = op$로 대체하고 이 직선을 사영평면의 점으로 생각한다면 o를 지나는 평면 E를 사영평면에 있는 사영직선으로 간주해야 할 것이다.

o를 지나는 몇 개의 '사영직선'들은 원래의 평면인 U를 만나지 않는 소위 수평선과 평행인 직선들이며 U의 어떤 점에도 해당되지 않는다.

그들은 U의 '이상적' 점들(먼 점)을 제시한다. 모든 '먼 점'들은 공동의 사영직선들 위('먼 직선')에 놓여 있는데 o를 지나는 수평선 직선들은 U에 평행하면서 o를 포함하는 평면 F에 들어 있기 때문이다. 그들은 U와 교차하지는 않지만 사영평면 B는 만난다. 그래서 B 안에 있는 수평선을 '먼 직선'들의 영상으로 보는 것이다.

따라서 평면 사영기하학을 공간 안에 있는 고정점 o를 지나는 직선들의 다발로 이루어진 기하로 간주하게 된다. 여기서 새로운 명칭이 생기는데, o를 지나는 직선을 '점', 그리고 o를 지나는 평면을 '직선'이라고 한다. 직선다발은 '먼 점'을 중심으로 확장된 '사영평면'에 해당한다.

그렇다면 이 기하학은 공간적인 평면기하학과 어떤 관계일까? 여기서도 '먼 평면'에 모두 모여 있는 '먼 점'에 대해서 말할 수 있다. '먼 평면(far plane)'을 중심으로 확장된 공간인 '사영공간'을 다시 직선들의 다발로 묘사하기 위해 차원을 하나 더 올릴 수밖에 없다. 이 아이디어가 한 번 나타나자 바로 3차원보다 높은 공간 개념이 나타나기 시작하였다. 이에 관한 내용은 그라스만[12]이 1844년에 저술한 〈선형평창론〉에 바탕을 두고 있다.

이 책에서 그는 매 m번의 변환방식이 가능한 'm-차 순서' 개념을 도입하였는데, 이는 m-차원 공간의 개념을 도입한 것이었다. 데카르트 이래로 평면 위의 점들은 순서쌍 $(x,\ y)$, 그리고 공간 위의 점들은 $(x,\ y,\ z)$로 묘사하였다. 숫자들 $x,\ y$ 내지 $x,\ y,\ z$들은 점들의 카르테시안 좌표들이라고 하였다(89쪽의 각주 8참조).

---

12 Hermann Guenter Grassmann, 1809~1877(Stettin)

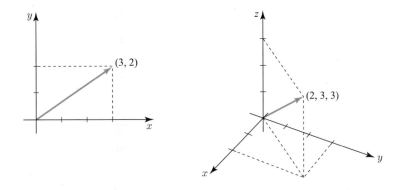

4차원 공간의 기하학적 상상은 쉽지 않다. 그러나 순서쌍 $(x,\ y) \in \mathbb{R} \times \mathbb{R}$ $= \mathbb{R}^2$ 또는 삼중쌍 $(x,\ y,\ z) \in \mathbb{R} \times \mathbb{R} \times \mathbb{R} = \mathbb{R}^3$들의 집합 대신에 4중쌍 $(x,\ y,$ $z,\ w) \in \mathbb{R} \times \mathbb{R} \times \mathbb{R} \times \mathbb{R} = \mathbb{R}^4$으로 고찰하는 것에는 아무런 문제가 없다. 기하학은 평면과 공간의 잘 알려진 경우처럼 $\mathbb{R}^4$에도 적용할 수 있는데, $0 = (0,\ 0,\ 0,\ 0)$을 지나는 직선들은 4중쌍의 t-배수 $(tx,\ ty,\ tz,\ tw)$, 평면은 두 개의 4중쌍의 $(sx + tx',\ sy + ty',\ sz + tz',\ sw + tw')$ 합들로 이루어져 있다. 마찬가지로 임의의 n-차원 공간을 정의할 수 있다(연습문제 4.7).

임의의 n-차원 공간에서는 직선다발 대신에 한 점을 지나가는 평면다발을 고찰할 수 있고 보다 고차원에서도 유사하게 생각할 수 있다. 이것이 고차원 기하학에서의 기본적 개념들이고 그라스만을 기념하기 위해 그라스만 다양체(grassmann manifolds)라고 부른다. 임의의 사영공간 공간에도 일반화할 수 있다.

연습문제

4 .1 원근법: 삼각형 지붕을 가진 집의 조감도를 원근법을 살려서 그려 보시오. 직각선은 직각으로 남아 있어야 하며, 삼각지붕 전면의 오른쪽 모서리는 그림 전면에 나오고 지붕 전체는 직사각형이 되어야 한다. 지붕 경사는 45°의 각을 유지해야 한다. 그리고 그림에서 모든 부분(바닥, 벽, 지붕경사 등)의 지평선이 나타나야 한다.

4 .2 사영함수(photographic fuction): (x, y, z)를 좌표로 하는 3차원 공간에서 정의역이 xy-평면이고 치역이 xz-평면이 되는 사영 중심 $(0, 1, 1)$인 중심사영을 정의하시오. 즉, 함수의 관계식 $(x, y) \rightarrow (\overline{x}, \overline{y})$을 계산하시오. xz-평면에서의 지평선을 결정하고 xy-평면에 있는 평행한 직선들이 지평선 위에서 교차점(평행선에 평행한 직선들은 제외)을 가지고 있다는 것을 보이시오.

4 .3 뒤러의 성 히로니무스(St. Hieronymus): 뒤러가 목판[13] 위에 새긴 작품 '방안에 있는 성 히로니무스'를 유심히 보면 그 안에 뒤러가 얼마나 많은 기하학적 아이디어를 새겨 놓았는지 알 수 있다. 몇 개의 각들(책상, 등받이 없는 의자 등)은 현실적으로 직각이라는 것을 추가적으로 생각해 보면 원근법을 사용하여 방의 스케치를 정확하게 해낼 수 있다.

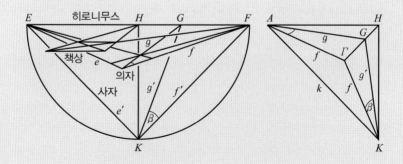

13 http://de.wikipedia.org/wiki/Der_heilige_Hieronymus_im_Gehaeus, Hieronymus, 347~414, 신약성서를 그리스어에서 라틴어(vulgata)로 번역하였다. 이 성인의 동물 사랑이 남달랐다는 말이 있다. 그는 사자의 발톱에서 가시를 뽑아준 적이 있고 그래서인지 사자와 함께 있는 그림이 많다고 한다.

위에 있는 스케치를 이해하려고 노력해 보고 왜 직선 f'와 g' 사이의 각 β가 대각선 f와 의자의 가장자리 g 사이에 있는 진짜 각도인지를 설명하시오.

실마리 앞 오른쪽 그림은 공간적으로 맞는 그림이다. 57쪽의 그림에 해당한다. 여기서 A는 눈에 해당되고 평면 AFH는 수평이며, KFH(위 오른쪽 그림의 반)는 직각이다. 직선 k는 두 평면을 45°의 각도로 만나고 있다. 그 이유는? k의 중간수직의 거울대칭을 생각하면 그것은 k를 정중앙에서 직각으로 자르는 평면이다. 그리고 그것은 직선 FH를 포함한다. 왜일까? 그 다음으로 A와 K에서 표시된 두 개의 각 들이 같다는 것을 보이시오.

4.4 파스칼의 정리: 파스칼의 정리는 다음과 같다. 원뿔(원이나 타원도 가능)의 단면 안에 접해 있는 6각형들의 변을 늘리면 전부 공동의 직선 위에서 만난다(아래 왼쪽 그림). 여기서 점 6개의 순서는 임의이다. 이 증명은 투시도(사영기하)를 이용한 보기이다.

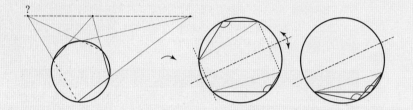

왼쪽 그림을 가운데 그림의 투시도로 해석할 수 있다. 지평선은 세 개 변의 교착점 중 오른쪽 두 개로 결정된다. 가운데 그림을 보면 두 개의 해당되는 변들이 평행이다.[14] 따라서 두 직선 사이에 표시된 각들은 같다. 원주각 정리에 의하면(오른쪽 그림이나 다음 연습문제 참조) 두 개의 점선으로 된 현들은 같은 중심각을 가진다. 따라서 그들은 원점을 지나는 대칭축을 가진 거울대칭이다(가운데 그림의 선−점−직선). 아직 빠져 있는 점선으로 그려진 두 개의 육각형 변들은 거울대칭에 대해서도 불변이다. 왜냐하면 그들의 끝점이 교환되기 때문이다. 그래서 그들은 대칭축에 직선이고 따라서 평행이다. 원에 있는 6개의 꼭짓점 순서가 바뀌면 어떻게 될지에 대해서 따져 보시오.

4.5 원주각 정리[15]: 다음의 오른쪽 그림에서 $\gamma_1 = 180° - 2\alpha_1$ 그리고 $\gamma_2 = 180° - 2\alpha_2$ 임을 보이고 계속해서 원주각과 중심각의 관계가 $\gamma = 360° - 2\alpha$임을 보이시오.

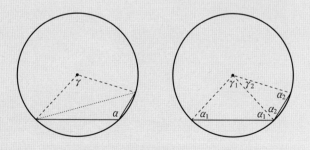

---

14 원은 원근법 변환을 하면 가끔 타원으로 일그러지기도 한다. 그러나 긴 타원축 방향으로 누르면 다시 원으로 변한다. 평행한 직선쌍은 여전히 평행하다.

15 특별한 경우로서 '탈레스의 정리'를 참고하시오.

4.6 사영평면 위의 위상: 사영평면은 $\mathbb{R}^3 = \{(x, y, z) \mid x, y, z \in \mathbb{R}\}$의 원점을 지나가는 모든 직선들의 다발이다. 모든 직선은 단위구 $\mathbb{S}^2 \subseteq \mathbb{R}^3$의 대척점 $\pm(x, y, z)$를 통과한다. 그래서 사영평면은 대척점들이 합쳐진 $S^2/\pm$로 간주된다. 아래 왼쪽 그림은 D_+, D_- 그리고 적도를 따라 그려진 원 M으로 나누어진다. 여기서 대척점들을 부치면 M은 길이가 반인 뫼비우스 띠로서 180°로 비튼 닫힌 띠이고 가로를 따라 잘라도 나누어지지 않는 것을 보이시오.

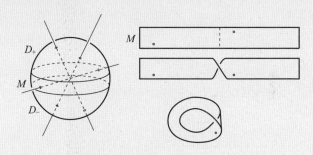

이때 띠를 오른쪽 그림에서처럼 대척점들이(작은 원으로 표시된) 겹쳐지게 붙이시오. 그러기 위해서는 180°로 비틀어야 하는데 그러면 길이를 따라 가위로 잘라도 나누어지지 않는다. 사영평면은 가장자리가 원반의 D_+와 D_-를 붙여서 생긴 것이다. 여기서 원반은 아핀평면이고 뫼비우스 띠는 먼 직선의 근방이다. 이 공간 안에서 이 구조를 만들기 위한 필요충분조건은 평면을 그 안에서 자를 것이 허용되는 것이다(보이평면, boy plane).[16]

결론적으로 사영평면은 $\mathbb{S}^2/\pm = \{\{\pm v\} \mid v \in \mathbb{S}^2\}$으로 나타낼 수 있고, 당연히 사영공간은 $\mathbb{S}^3/\pm$으로 이해할 수 있다는 것을 밝히시오.

4.7 사영공간: n-차원의 사영공간 $\mathbb{RP}^n$은 $\mathbb{R}^{n+1}$의 원점을 지나가는 모든 직선들의 다발이다. 한 점 $x = (x_1, ..., x_n) \in \mathbb{R}^{n+1}$, $x \neq 0$을 지나는 직선은 집합 $[x] = \{(tx_1, ..., tx_n) \mid t \in \mathbb{R}\} \subseteq \mathbb{R}^{n+1}$, 즉

$$\mathbb{RP}^n = \{[x] \mid x \in \mathbb{R}^{n+1} \setminus \{0\}\}$$

이다. 직선 $[x]$는 벡터 x의 동질벡터(homogen vector)라고 한다. 그 외에도 $\mathbb{R}$을 복소수 집합 $\mathbb{C}$로 대치해도 된다. 그러면 그에 해당하는 복소공간 $\mathbb{CP}^n$을 얻는다.

---

16 보다 멋진 보기로는 http://commons.wikimedia.org/wiki/File:Boyflaeche.JPG 참조

05

카르다노:
3차, 4차 방정식(1545)

요약 단어 '대수(algebra)'는 아랍어로부터 유래한다. 아랍과 무슬림 문화권에서는 중세 시대에 들어와서, 특히 700~1100년까지 고대 그리스와 인도로부터 유입된 지식이 넘쳐났고 또한 계속 발전하고 있었다. 이 지역에서 생겨난 대수학은 기하학과 나란히 독립된 학문으로서 방정식과 변수를 다루는 새로운 방법을 제시하고 있었다. 이러한 상황에서 2차만이 아니고 3차 방정식들도 연구하였는데 주로 기하학에서 그 방법론을 찾아내었다. 방정식의 근들은 원과 포물선의 교차점으로 표현된다(오마르 카얌, Omar Kahayyam). 유럽에서는 16세기경에 대수학의 발전에 힘입어 3차, 4차 방정식의 근의 공식을 발견하여 수학 발전에 커다란 기여를 하게 되는데 주로 북부 이탈리아 출신 수학자들의 역할이 컸다. 이에 관한 우정과 반목 그리고 경쟁이 난무하는 흥미진진한 이야기는 1545년에 카르다노가 저술한 〈대수적 법칙의 위대한 예술〉에 잘 나타나 있다.

다음에 '수학의 위대한 순간'으로 소개하는 것은 한 권의 책이다. 이 책의 제목은 〈대수적 법칙의 위대한 예술(Ars magma, sive de regulis algebraics)〉인데 1545년에 카르다노(Gerolamo Cardano)가 저술한 명저이다.[1] 이 책 〈대수적 법칙의 위대한 예술〉의 내용은 그 발견 전의 역사와 연결되어 있고 또 후세에도 영향을 끼치는 것들인데 이 경우에는 그전의 역사가 훨씬 더 흥미롭다.

수학사적으로 볼 때 유럽의 중세시대는 수학을 포함한 모든 과학의 발전이 멈추어 있던 시기였다. 당시의 수학은 유럽 외의 지역, 특히 이슬람 세계에서 활발

---

[1] http://www.filosofia.unimi.it/cardano/testi/operaomnia/vol_4_s_4.pdf

히 연구되었는데 이곳에서는 고대 그리스 수학을 넘겨받고 인도 수학과 연계하면서 계속 발전하였다. 단어 '기하학(geometry)'은 그리스어로서 지구-측량(geometrie＝earth-measurement)을 의미하고 반대로 단어 '대수학(algebra)'은 이슬람 문화권의 공동언어인 아랍어가 어원인데 아랍어 동사인 'jabr'＝채우다(complete)에서 유래한다.[2] 대수학이 수학적으로 의미가 있게 된 것은 서기 825년에 처음으로 페르시아-아랍의 수학자 알 콰리즈미(Al Chwarizmi)[3]가 〈채우고 맞추는 계산방법(Hisab al-jabr-l-muqabala)〉이라는 제목으로 저술한 책이 나오면서인데 '알고리즘(algorithm)'[4]이란 말은 이 수학자의 이름에서 유래한 것이다. 이 두 개의 단어 '채우고(al-jabr)'와 '맞추는(muqabala)'[5]은 등식의 결과를 쉽게 얻는 방편을 의미한다. '채움'으로 '차이'를 없애고 마찬가지로 양변에 있는 양의 항들을 맞추어 양변에 있는 항을 줄인다.

알 콰리즈미는 다음의 보기를 제시하였다.[6]

$$x^2 = 40x - 4x^2 \mid + 4x^2$$

$$\underset{\Rightarrow}{al\text{-}jabr} \quad 5x^2 = 40x$$

그리고

$$50 + 3x + x^2 = 29 + 10x \mid -29 - 3x$$

$$\underset{\Rightarrow}{al\text{-}muqabalar} \quad 21 + x^2 = 7x$$

'대수학'이란 단어는 그후 전 분야에 걸쳐 빠르게 전파되었는데, 페르시아의 석학 오마르 카얌(Omar Khayyam, 1048～1131, Naishapur, Persien)은 자신의 저서 〈대수학과 맞춤(Murhabala)〉에서 다음과 같이 말하였다.

---

2 이 단어는 '관절을 제자리에 놓다'라는 의미로 의학 용어로도 쓰이고 스페인어에도 영향을 미쳐서 algebrista는 '뼈를 맞추는 사람'을 의미하였다. 사이트 http://dle.rae.es/에 키워드 algebrista를 입력해 보자(그러나 오늘날에는 더이상 그런 의미로 쓰이지 않는다).

3 Abu Dscha'far Muhammad Musa Ibn al-Chwarizmi, A.D. 780～850?, 페르시아 혈통 같지만 주로 바그다드에서 살았고 그곳에 있는 '현인의 집'에서 가르치고 연구하였다.

4 http://de.wikipedia.org/wiki/Algorithmus

5 이것은 보다 세계화(인터넷 등으로)된 앵글로작센(anglosachsen)식 표현인데 독일어로는 'al-dschabr' 그리고 'al-murhabala'로 표기된다.

6 http://www-history.mcs.st-and.ac.uk/Biographies/Al-Khwarizmi.html

"이 예술의 목표는 주어진 문제와 미지의 변수의 관계를 찾는 것이다. 대수
학의 기본은 수학적 방법을 가지고 묘사되어 있는 미지수를 연산이나 기하
학을 가지고 알아내는 데 있다."

이 말은 미지수의 개념이 아직 없는 고대그리스 수학과 비교해 볼 때 새로운 차원의 발상이었다. 물론 고대 선각자 중에는 서기 300년경에 활동했던 알렉산드리아의 디오판토스(Diophantos)가 있었는데 그는 저서 〈연산(Arithmetica)〉에서 방정식과 미지수 그리고 미지수의 멱들을 다루는 문제를 소개하였다. 이는 아마도 바빌로니아로 수학으로부터 영향을 받은 것 같다. 현재도 수학자들이 연구하고 있는 정수해를 가지고 있는 정수방정식을 다루는 '디오판토스 방정식'은 그의 업적에 기인한다. 그리고 그의 저서 〈연산〉은 당시에도 아랍어로 번역되어 잘 알려져 있었다.

다시 오마르 카얌으로 돌아가면 그는 학문 전반에 능통한 석학 '하킴(hakim, 의사)'이었다. 수학적 업적 외에도 그는 그레고리안 달력이 나오기(1582) 훨씬 전에 일 년의 날짜를 365.24219858156으로 계산하였다. 그리고 한 해가 시작되는 봄의 시작을 3월 21로 정한 페르시아 캘린더를 만들었는데, 이 달력은 오늘날에도 사용되고 있다. 또한 이스파한(Isfahan)에 있는 웅장한 금요대사원의 건축에도 참여한 것으로 보인다(이에 관해서는 연습문제 5.2에 제시된 참고를 보기 바란다). 이 밖에도 다수의 시도 남겼는데 다음과 같은 사행시도 있다.

내가 아는 모든 사람들 중
딱 두 사람만 행복했는데,
하나는 세상의 비밀을 깊이 연구한 사람이고,
다른 하나는 세상에 관한 것은 아무 것도 모르는 사람이다.

또는

열정을 모르는 마음이여, 슬퍼할지니…
사랑의 태양, 그 불꽃을 모르는도다.

하루를 사랑 없이 보낸 사람은
그날을 잃어버린 날이라고 말해도 당연하도다.

심지어는

삶을 창조한 당신은 죽음도 만들었습니다.
당신은 당신의 작품으로 멸망의 축복을 내리셨습니다.
그 작품이 실패작이라면 누구의 책임입니까?
실패가 아니고 성공한 것이라면, 왜 그것을 조각내시나요?

그가 말년에 메카로 순례 여행을 다녀오면서 커다란 종교적 모순을 접하였고 그것에 대해서 왜 분노하였는지 이해할 수 있다. 그럼에도 그는 18년 동안(1074 ~1092)이나 그의 학문을 존중하고 보호해준 지배자 말리크-샤(Malik-Shah) 덕분에 이스파한에서 조용히 연구할 수 있었다.

그리고 이 시기에 그의 수학적 업적이 나오는데 바로 3차 방정식(a, b, c, d는 상수, x는 미지수)

$$ax^3 + bx^2 + cx + d = 0$$

에 관한 연구였다. 왜 하필 이 방정식일까? 그건 아마도 아르키메데스가 제시한 다음의 문제가 동기부여가 되었을 것이다.

주어진 반지름이 r 인 구에서 평면으로 잘린 반구의 부피 V_h 와 전체 구 부
피의 비가 주어진 α 가 되도록 높이 h 를 결정하시오.

이것을 식으로 나타내면 다음과 같다. $V_h = \dfrac{\pi}{3}(3rh^2 - h^3)$ 이므로(49쪽 연습문제 3.1) $\alpha = \dfrac{V_h}{\dfrac{4}{3}\pi r^3} = \dfrac{1}{4r^3}(3rh^2 - h^3)$ 이고, 따라서

$$h^3 - 3rh^2 + 4r^3\alpha = 0$$

이 성립하는 h에 관한 3차 방정식이 나타난다. 아르키메데스는 이 방정식의 해가 있다고는 하였으나 발표한 적은 없다. 아르키메데스는 또 다른 기하학 문제를 3차 방정식의 문제로 만들었는데 예를 들면 정7각형의 작도법이 있다. 당시 이슬람 수학자들은 이 문제를 대수학의 새로운 방법으로 해결하려고 하였다. 오마르 카얌은 자신이 쓴 논문 〈제1사분면 안에 있는 원의 분할〉에서 원의 기하학에서 유래한 또 다른 문제를 새로운 연구제목으로 내놓았다(연습문제 5.1). 그리고 그는 아르키메데스가 연구한 구의 절단 문제를 언급하는 것도 잊지 않았다. 그의 3차 방정식의 해결책은 원과 원뿔곡선 같은 것들의 절단면[7]을 통해 찾는 것이었다(참고문헌 [14], 249쪽).

아래의 그림에서 보다시피 원과 포물선의 교차점 p의 좌표 (x, y)는 두 개의 방정식 $y = \dfrac{x^2}{a}$과 $x^2 + y^2 = bx$, 즉 $x^2 + \dfrac{x^4}{a^2} = bx$를 만족한다. 이것을 x로 나누고 a^2을 곱하면 3차 방정식 (5.1)이 된다.

(5.1) $$x^3 + a^2 x = a^2 b$$

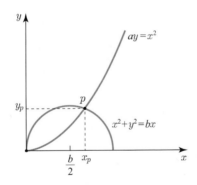

위 그림과 같은 그래프는 결코 3차 방정식의 대수적 해법은 아니다. 그럼에도 많은 도형들과의 교차점들은 계속 작도하면서 만들어진다.

---

7 원뿔들의 절단면은 경계선이 직선이 아닌 가장 단순한 형태의 평면적 그림이다. 이런 것들은 원뿔을 평면, 원, 타원, 포물선 또는 쌍곡면 등과 절단할 때 생긴다.

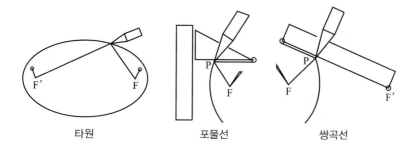

| 타원 | 포물선 | 쌍곡선 |

이런 식으로 교차점들이 작도로 만들어질 수 있다. 이런 작도를 하는 가운데 오마르 카얌은 다음과 같은 주목할 만한 말을 한다.

"자기 만족이라는 것은 저급한 사람들만의 착각이다. 왜냐하면 그들의 영혼은 과학으로부터 아주 작은 것만 이해할 수 있기 때문이다. 그들은 이 작은 것을 이해하면 그것이 과학 전체를 아우른다고 믿고 그것으로 완성시킨다. 진정한 구원을 찾고 진실을 찾는 것을 방해하고 못된 길로 인도하는 이런 생각으로부터 신께서 우리를 보호해 주시길⋯."

유럽인들은 중세 후반에 가서야 점차 이슬람 문화의 세계에서 발전하는 과학을 인식하게 되었다. 그러면서 이슬람과 문화적 교류가 있었던 스페인과 남부 이태리에서는 이슬람 과학문헌들의 번역 유행이 활발하게 일어나게 되었다. 그 결과 전에 아랍어로 번역된 많은 고대 그리스 문헌들이 다시 유럽의 언어로 역번역되었고, 이는 고대 유럽 과학의 '재탄생(르네상스)'으로 나아가게 되는 계기가 되었다.

아메리카의 발견과 인도 항로의 개척 이전에는 북부 이태리가 경제의 중심지였다. 그곳에는 많은 은행이 생겨났고 음수(−)가 발견되었으며[8] 오래전에 설립된 대학들에서는 상인들에게 계산법을 가르치기 위해 계산전문가들을 고용하였다.

---

8   유럽에서 음수는 피사의 레오나르도(Leonardo von Pisa), 일명 피보나치(Fibonacci, 1170〜1250)가 저서 〈계산판의 책(Liber Abaci)〉에 소개하였는데(피사 1202년과 1228년), 이 책 안에서 아랍식 숫자도 처음으로 사용하였다. 음수는 최초로 인도의 수학자 브라마굽타(Brahmagupta, 598〜665, A.D.)가 사용한 것으로 보이는데 고대에선 몰랐던 0도 마찬가지다. 양과 음의 실수들은 0과 더불어 전체 실수들의 집합 $\mathbb{R}$을 만든다.

유럽 수학에서 대수학에 관한 가장 큰 첫 번째 문제는 1520년경에서야 발견된 3차 방정식의 근의 공식에 관한 것이었다.[9] 그리고 이 식의 근의 공식을 발견한 사람 중 가장 중요한 인물인 카르다노에 대해서 알아보자.

이미 오래전에 사라진 고대의 작품들, 특히 수학의 귀중한 자료들이 원천적이고도 조직적인 발굴작업을 통해서 세상에 나왔던 르네상스 시대는 모든 것이 경이와 환호로 뒤덮였던 시기였다. 당시의 이러한 사회적 요구에 의해서 많은 새로운 직업들이 생겨났는데 그중에서도 계산가, 수공업자, 상인, 임업가, 예술가, 항해사 등의 직업을 가진 사람들은 전부 수학을 기본 지식으로 가지고 있어야 했다. 따라서 수학의 기초와 계산에 관한 책의 수요가 넘쳐나게 되었고 인쇄술의 발달은 이런 수요를 감당하여 문화의 발달이 급속하게 늘게 되었다.

그러던 중 1545년 초에 독일의 뉴른베르그에서 〈대수적 법칙의 위대한 예술〉이라는 책이 세상에 나오는데 이 책의 저자가 이 장의 주인공인 카르다노였다. 제롤라모 카르다노는 1501년 9월 24일 이태리의 파비아(Pavia)에서 출생하였다. 철학자, 의사 그리고 수학자였으며, 아버지는 유명한 법학자였다고 한다. 그는 1504~1519년까지 부모님과 같이 밀라노에서 살았는데 엄격한 교육지침을 가졌던 아버지 밑에서 지나치게 많은 것을 배우도록 강요받았다. 대학에 진학하여 수학과 의학을 배웠는데 학생 신분으로 학장에 선출된다. 이 시기에 그는 수학에 관한 연구를 구체적으로 하였다. 한편 주사위 놀이를 연구하여 〈주사위 게임에 관한 책(Liber de loco ale)〉을 쓰기도 했는데 이는 좋은 평을 얻었다. 그 외 유럽의 이곳저곳을 여행하며 강의도 하고 많은 학자들과 교류를 통해 명성을 쌓아 갔다. 특히 수학에 관해 많은 책을 저술하기도 하는 등 당대 최고의 학자였다. 그러나 그의 사생활은 그리 행복하지 않았다. 아들 부부가 살인죄로 몰려 사형을 당했고 자기 자신도 사기죄로 몰려 감옥에 갇힌 적도 있었다. 또한 그가 저술한 책들의 철학적 내용들이 당시의 종교적 입장에 반한다는 이유로 종교재판을 받고 유죄판결 마저 받았으나 그를 잘 아는 추기경들의 적극적인 탄원으로 형 집행만은 간신히 면하는 일도 있었다. 마지막 5년을 손자에게 얹혀 살던 그는 조용

---

9 일반적인 3차 방정식은 $x^3 + ax^2 + bx = c$가 된다. 이 식은 x에 $\dfrac{\overline{x} - a}{3}$를 대입하면 쉽게 (5.2)의 형태로 전환될 수 있다. 그러면 변수 $\overline{x}$의 식에 있는 $\overline{x}^2$ 항이 사라진다.

히 연구에만 몰두하였다. 그동안 자서전도 발간하였는데 그곳에 자신이 죽는 날
짜를 예언하였으나 그날에 죽지 않자 다시 두 번째 수정된 자서전을 발간하기도
하였다. 소문에는 그가 두 번째 자서전에서 예언한 날에 또 죽을 수 없을 것 같자
일부러 그날에 맞추어 굶어 죽었다는 말도 있지만 물론 확인할 수는 없었다.

이제 그의 명저 〈대수적 법칙의 위대한 예술〉에 의존하여 그가 어떻게 3차 방
정식의 근의 공식을 발견하게 되었는지 자세히 알아보자. 이 문제는 타탈리아와
누가 먼저 발견하였는가의 우선 순위 싸움으로 두고두고 말이 많았던 것이었다.

(5.2)
$$x^3 + ax = b$$

이 식의 해를 어떻게 찾았을까? 이 문제를 해결하는 데 공헌한 사람들은 문제
의 해결방법에 대해서는 어떤 정보도 남기지 않았기에 추측만 할 수 있을 뿐이다.
그렇다고 이 방정식의 해가 공중에서 그냥 떨어질리는 없으니 결국 문제의 해결
책은 예나 지금이나 오로지 문제 해결에 관한 숙고만이 유일한 방법이다.[10] 방정
식 (5.2)는 어려워 보이지만 좀 더 쉬운 또 다른 방정식을 통해 알아보자.

(5.3)
$$(x+u)^3 = v^3$$

의 해는

(5.4)
$$x = v - u$$

가 된다. 이제 간단한 방정식 (5.3)을 어려운 (5.2)의 형태로 바꾸는 것이다. 일단
은 다음이 성립한다.

$$(x+u)^3 = x^3 + 3x^2u + 3xu^2 + u^3 = x^3 + 3xu(x+u) + u^3$$

(5.4)에서처럼 $x+u$를 v로 대치하면(여기에 트릭이 있다!) 방정식 (5.3)은

(5.5)
$$x^3 + 3uvx = v^3 - u^3$$

으로 변한다. 이 식은

---

10 다음에 나오는 식은 우르스 키르히그라버(Urs Kirchgraber, Zuerich) 덕분에 완성되었다.

$$(5.6) \qquad\qquad a = 3uv, \ b = v^3 - u^3$$

으로 대치하면 실제로 방정식 (5.2)의 형태이다. 그러니까 어려운 방정식 (5.2)의 계수가 (5.6)의 형태로 변하면 $x = v - u$가 해가 된다. 임의로 주어진 계수 a, b에 대해서 그에 해당하는 u, v를 찾기 위해서는 식 (5.6)을 u와 v의 변수로 다시 써야 한다.

$$u = \frac{a}{3v}, \ v^3 = b + u^3 = b + \left(\frac{a}{3v}\right)^3$$

마지막 등식에 v^3를 곱하면 v^3에 관한 2차 방정식을 얻는다. $v^6 = bv^3 + \left(\frac{a}{3}\right)^3$.
이 2차 방정식의 해를 구하면 $v^3 = \frac{b}{2} \pm \sqrt{D}$, $D: = \left(\frac{a}{3}\right)^3 + \left(\frac{b}{2}\right)^2$ 이고 따라서
$-u^3 = b - v^3 = \frac{b}{2} \mp \sqrt{D}$. 구하려고 하는 근은 $x = v - u$로서

$$(5.7) \qquad x = \sqrt[3]{\frac{b}{2} + \sqrt{D}} + \sqrt[3]{\frac{b}{2} - \sqrt{D}}, \ D = \left(\frac{a}{3}\right)^3 + \left(\frac{b}{2}\right)^2$$

이 공식은 1515년에 이탈리아의 볼로냐 출신 수학자 델 페로[11]가 발견하였는데 그는 이 공식을 제자였던 안토니오 마리아 델 피요레(Antonio Maria del Fiore)에게 임종하는 순간에 알려주었다. 추측컨데 델 피요레는 스승의 임종 자리에 혼자만 있었던 것 같다. 왜냐하면 그는 1535년에 베네치아의 유명한 계산가 니콜로 타탈리아[12]에게 방정식 문제를 걸고 '결투'를 신청하였는데 이때 타탈리아에게 낸 문제가 죄다 3차 방정식 문제였기 때문이다. 그러나 결투 직전인 1535년 2월 12일에 타탈리아는 스스로 이 공식을 알아내어 델 피오레는 지고 만다. 그 후 1539년에 수학자 카르다노[13]는 타탈리아에게 그 공식을 알려달라고 끊임없이 애걸하였다. 처음에는 반대하던 타탈리아는 결국 카르다노에게 절대적 비밀 준수의 조건으로 공식을 시의 형태로 넘겨주게 된다.

---

[11] Scipione del Ferro, 1465~1526(Bologna)
[12] Nicolo Tartaglia, 1499~1557(Brescia, Venedig)
[13] Gerolamo Cardano, 1501~1576(Mailand, Pavia)

Quando chel cubo con le cose appreso($x^3 + ax$)

Se agguaglia a qualche numero discreto($= b$)

Trovan dui altri differenti in esso($u - v = b$)

Dapoi terrai questo per consueto

Che'llor produtto sempre sia equale($uv =$)

Al terzo cubo delle cose neto$\left(\left(\dfrac{a}{3}\right)^3\right)$

El residuo poi suo generale

Delli lor lati cubi, ben sottratti($\sqrt[3]{u} - \sqrt[3]{v}$)

Varra la tua cosa principale($= x$).**14**

번역하면,

3차 방정식의 문제가 있는데($x^3 + ax$)

그 값이 어떤 값과 같다면($= b$),

서로 다른 두 개의 수가 있다($u - v = b$).

이제 이 수를 가지고

그 곱이 항상 같도록($uv =$)

a를 3으로 나눈 것의 3승에$\left(\left(\dfrac{a}{3}\right)^3\right)$

보통은 나머지를 숫자들의 3제곱근으로부터 빼면($\sqrt[3]{u} - \sqrt[3]{v}$)

미지수의 값이 결정된다($= x$).

카르다노는 '신성한 개신교도 그리고 진정한 귀족으로서' 이 공식의 비밀을 지키겠다고 맹세하였다.**15** 그러나 카르다노에게는 아주 어렸을 때부터 데리고 있었던 친구이자 조수인 페라리**16**가 있었는데 그는 아주 영특한 사람으로 유명하였다. 페라리는 후에 카르다노의 집사이자 동료가 되었는데 1540년에 4차 방정식

---

14 http://utenti.quipo.it/base5/poetico/tartagliac.htm
http://www.math.toronto.edu/alfonso/347/Tartagliaspoem.pdf
여기에 나오는 식들은 현대적으로 다시 쓰인 것이다.

15 http://de.wikipedia.org/wiki/Niccolo-Tartaglia

16 Ludovico Ferrari, 1522~1565(Bologna)

의 근을 다음과 같이 구한 인물이었다.[17]

(5.8)
$$x^4 + ax^2 + bx + c = 0$$

그는 이 과정에서 다시 한 번 쉽게 풀리는 방정식과 비교하였다.

(5.9)
$$(x^2 + ux + v)(x^2 - ux + w) = 0$$

(5.9)의 두 항 중 하나가 0이면 등식이 성립하므로 이 두 개의 2차 방정식의 근만 구하면 된다. 다시 한 번 간단한 방정식 (5.9)를 진곱셈[18]을 통하여 어려운 (5.8)에 적용하는 아이디어를 이용한다.

$$(x^2 + ux + v)(x^2 - ux + w) = x^4 + (w + v - u^2)x^2 + u(w - v)x + vw;$$

(5.9)=(5.8)이 성립하려면

(5.10)
$$\begin{cases} w + v = a + u^2 \\ w - v = \dfrac{b}{u} \\ vw = c \end{cases}$$

가 성립하여야 한다. 처음 두 개의 등식에서 빼고 더하면

$$2w = a + u^2 + \frac{b}{u}$$

$$2v = a + u^2 - \frac{b}{u}$$

가 되고 그로부터 $4vw = (a + u^2)^2 - \left(\dfrac{b}{u}\right)^2$ 이 성립한다. 한편 $4vw = 4c$((5.10)의 세 번째 등식)이므로 $t = u^2$으로 놓으면 $(a + t)^2 - \dfrac{b^2}{t} = 4c$이고 여기에 t를 곱하면 3차 방정식인

---

17 여기에서도 일반적인 4차 다항식 $x^4 + a_1 x^3 + a_2 x^2 + a_3 x + a_4 = 0$에서 $x = \overline{x} - \dfrac{a_1}{4}$로 대치하여 (5.8)의 방정식에서 $\overline{x}^3$을 없앨 수 있게 한다.

18 진곱셈은 분배법칙 $a(b + c) = ab + ac$와 그를 이용한, 예컨대 $(a + b)(c + d) = (a + b)c + (a + b)d = ac + bc + ad + bd$를 통하여 더하기의 곱을 곱의 더하기로 바꾸는 계산을 의미한다.

(5.11) $$t^3 + 2at^2 + (a^2 - 4c)t = b^2$$

이 나온다. 이 방정식의 근 t는 $u = \sqrt{t}$, $w = \dfrac{1}{2}\left(a + u^2 + \dfrac{b}{u}\right)$ 그리고 $v = \dfrac{1}{2}$ $\left(a + u^2 - \dfrac{b}{u}\right)$를 만든다. 이로써 2차 방정식을 3차 방정식으로 그리고 2차 방정식으로 다시 변환시켜서 해결하였는데 이것이 바로 페라리의 방법이었다.

　카르다노는 이 결과를 자신의 저서에 바로 공개하고 싶었으나 3차 방정식의 근의 공식을 배제하면 아무 의미가 없었다. 그리고 타탈리아는 여전히 자신의 공식을 공개하는 것에 반대하였다. 그러다가 1543년에 카르다노와 페라리는 볼로냐 출신의 친구인 안니발레 델라 나베(Annibale della Nave)를 만났는데 그는 시피오네 델 페로(Scipione del Ferro)의 사위이자 후계자였다. 나베는 카르다노와 페라리에게 장인인 델 페로가 타탈리아보다 훨씬 먼저 이미 3차 방정식의 근의 공식을 알고 있었다고 말해 주었다. 그리고 나베로부터 받은 델 페로의 공식이 타탈리아의 똑같은 것을 보고 카르다노는 크게 놀랐다. 그제서야 카르다노는 타탈리아에게 했던 비밀서약으로부터 해방되었음을 알았고, 1545년에 페라리의 결과를 증명과 함께 저서 〈대수적 법칙의 위대한 예술〉에 발표하였다. 비록 카르다노가 이 책의 서문에서 이슬람 문화권의 수학자들까지 아우르는 공식의 생성과정을 설명하였지만 오늘날에도 '카르다노의 공식'이라고 불린다. 발표 후 카르다노와 타탈리아는 앙숙이 되었고 심지어 이 두 사람은 1548년에 마이란드에 있는 커다란 광장에서 공개토론까지 벌이게 된다. 그런데 이 자리에 카르다노는 나타나지 않고 대신 언변에 능한 페라리를 보냈는데, 타탈리아는 페라리의 상대가 될 수 없었다. 왜냐하면 타탈리아는 심하게 말을 더듬었기 때문이다.[19]

---

19 타탈리아는 어린 시절인 1512년에(13세) 프랑스 군인들이 자기의 고향 마을인 브레샤(Brescia)에 쳐들어와 무시무시한 피바다를 만들 때 크게 놀랐다고 한다.

연습문제

5.**1** 오마르 카얌의 원의 제1사분면 분할: 오마르 카얌이 쓴 책 〈원의 제1사분면 분할〉은 다음과 같은 기하학적 문제를 내포하고 있다. 구하려는 것은 1/4 원 안에서 축과 평행한 현인데, 그 현의 길이(x)와 원의 반지름의 길이(1)의 비가 반지름과 높이(y)의 차이($1-y$)와 현의 높이(y)의 비와 같게 된다.

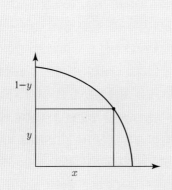
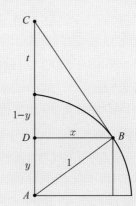

반지름을 1이라고 하면 이 문제는 다음의 등식과 같다(위 왼쪽 그림).

(5.12)
$$\frac{x}{1} = \frac{1-y}{y}$$

이 식에서 양변을 제곱하고 $x^2 + y^2 = 1$을 이용하면

(5.13)
$$y^3 + y^2 + y = 1$$

이 되어 y에 관한 3차 방정식이 된다. 만일 x에 관한 방정식을 만들면 어떤 식이 될까? (5.12)를 y에 관해 풀고 그 값을 (5.13)에 대입하시오.

5.**2** 오마르 카얌의 삼각형: 원의 제1사분면 위에 있는 점 $B = (x, y)$에 접선을 그리면 (위 오른쪽 그림) 직각삼각형 ABC가 생기는데 오마르 카얌이 말한대로 이 삼각형은 특별한 성질을 갖는다. 그것은 바로 빗변의 길이가 ABC의 직각을 끼고 있는 작은 변의 길이와 ABC의 높이를 합한 것과 같다는 것이다. 그림에서 보면

작은 변의 길이는 1이고 (원의 반지름) 높이는 x이다. 따라서 $1+t=1+x$, 즉 $t=x$를 보이면 된다.

이를 위해 등식 (5.12)로부터 $x=\dfrac{1-y}{y}=\dfrac{1}{y}-1$이 성립함을 보이시오. 여기서 삼각형 ABD와 BCD는 닮았음을 이용하고(이 두 삼각형은 큰 삼각형 ABC와 닮은 꼴) 그로부터 $x^2=(t+1-y)y$, 즉 $1=x^2+y^2=(t+1)y$가 따르고, 결국 $t=\dfrac{1}{y}-1=x$가 성립함을 보이시오.

> **참고** 오마르 카얌의 삼각형은 1088∼1089년 사이에 지어진 이스파한(Isfahan)에 있는 금요사원(Friday mosque)의 북쪽 돔을 건축하는 것으로 실현되었다. 이때 오마르 카얌이 그 건축에 관여했다는 정황증거가 존재한다.[20]

5.3 카르다노 공식

a) 카르다노 공식 (5.7)에서 다음 3차 방정식의 근 x를 구하시오.

$$x^3 - 18x = 35$$

b) 카르다노 공식의 근들이 정수가 되는 모든 3차 방정식은 어떻게 구할까? 이를 위해서는 먼저 (5.7)에 있는 식 $\dfrac{b}{2}\pm\sqrt{D}$가 정수의 3제곱수가 되어야 한다. 먼저 $n>m$인 임의의 정수 3제곱수 m^3과 n^3으로 시작해 보자. b와 $\sqrt{D}$를 등식 $n^3=\dfrac{b}{2}+\sqrt{D}$ 그리고 $m^3=\dfrac{b}{2}-\sqrt{D}$로부터 계산하면 $b=n^3+m^3$ 그리고 $\sqrt{D}=\dfrac{1}{2}(n^3-m^3)(*)$이다.

$x=n+m$에 대해서 $x^3=n^3+m^3+3mn(n+m)=b+3nmx$가 성립한다. 따라서 x가 $x^3+ax=b$, $a=-3nm$의 근이다.

이 등식에 대해서

$$D=\left(\dfrac{a}{3}\right)^3+\left(\dfrac{b}{2}\right)^2=-n^3m^3+\dfrac{1}{4}(n^3+m^3)^2=\dfrac{1}{4}(n^3-m^3)^2$$가 성립하고 (*)에서도 성립한다.

---

[20] Alpay Oezdural: 〈A Mathematical Sonata for Architecture. Omar Khayyam and the Friday Mosque of Isfahan, technology and culture〉, 39(1998), 699∼715, 특히 그림 6, 710쪽 참조 그리고 〈Omar Khayyam and the Friday mosque of Isfahan〉
http://www.ensani.ir/storage/Files/20120427103533-5207-449.pdf, 특히 그림 5, 146쪽 참조

정수 3제곱수 $3^3 = 27$과 $2^3 = 8$에 대해서 테스트해 보고 문제 (a)와도 비교해 보시오.

5.4 5차 방정식의 근: 다음의 5차 방정식

(A) $$x^5 + ax + b = 0$$

을 아래의 3차와 2차 방정식[21]의 곱과 비교하고 계수 u, v, w, t를 a, b로 계산하면서 페라리의 방법을 이용하여 해결하시오.

(B) $$(x^3 + ux^2 + vx + w)(x^2 - ux + t) = 0$$

(B)의 근들은 3차 방정식과 2차 방정식의 근들이 되겠지만 이 방법은 일반적으로 10차 방정식에서는 적용될 수 없고 따라서 무용지물이다.

실마리 방정식 (B)의 곱을 풀어서 (A)의 형태로 바꾼 후 (A)와 (B)의 각 계수들을 비교해 보시오. 그러면 4개의 등식이 생길텐데 먼저 (A)에 있는 x^3과 x^2의 계수가 사라지면서 $v + t = u^2$ 그리고 $v - t = \dfrac{w}{u}$가 된다. 그러면 v와 t를 계산할 수 있다. 그 다음 u를 변수로 하는 계수를 가지는 2차 등식의 w에 t, v를 대입한다. 분모에 곱하기를 한 후에 w^2 항을 없앤다. 그러면 w를 u에 관한 함수로 바꿀 수 있고, 이로써 찾고자 하는 u의 10차 방정식이 나온다. 그리고 u로부터 w, v, t가 쉽게 결정된다.

---

21 다항식은 변수의 n제곱과 그것들의 합으로 이루어져 있다. 다항식의 차수(grad)는 n제곱의 최고 값이다.

06

봄벨리:
존재하지 않는 숫자
(1572)

요약 카르다노가 해결한 3차 방정식의 근의 공식은 제곱근(square root)을 포함하는 3제곱근을 보여준다. 문제는 제곱근 안의 숫자가 마이너스가 되는 경우인데, 이 경우 카르다노의 공식은 비록 근의 공식은 있으나 근의 값을 나타내진 못한다. 볼로냐 출신의 봄벨리는 비록 수학자가 아닌 운하건설 기술자였지만 1579년경에 용기와 신념을 가지고 제곱근 안이 마이너스가 되는 카르다노의 공식을 연구하기로 하였다. 그러면서 검증 가능한 아주 훌륭한 결과를 얻었다. 먼저 그는 이런 '불가능한 수'들을 제대로 계산할 수 있는 방법을 연구하였다. 그 방법이 처음에는 단순한 계산 트릭 같이 보였으나 결과적으로 수학사에서 혁명적인 사건으로 나타났는데 바로 허수의 발견이었다.

앞 장에서 보았듯이 3차 방정식

$$x^3 + ax = b$$

의 근의 공식은 타탈리아와 카르다노의 공식에 따르면

$$x = \sqrt[3]{\frac{b}{2} + \sqrt{D}} + \sqrt[3]{\frac{b}{2} - \sqrt{D}}, \ D = \left(\frac{a}{3}\right)^3 + \left(\frac{b}{2}\right)^2$$

이다. 이에 관한 두 개의 보기를 보기로 하자.

보기 1 $x^3 - 6x = 9$. 그러면

$$\frac{a}{3} = -2, \quad \frac{b}{2} = \frac{9}{2}, \quad D = -8 + \frac{81}{4} = \frac{81-32}{4} = \frac{49}{4}$$

이에 따라 $\sqrt{D} = \frac{7}{2}$, $\frac{b}{2} + \sqrt{D} = \frac{9+7}{2} = 8$ 그리고 $\frac{b}{2} - \sqrt{D} = \frac{9-7}{2} = 1$이다. 따라서 $x = \sqrt[3]{8} + \sqrt[3]{1} = 2 + 1 = 3$이 성립한다. 검산하면 $3^3 - 6 \cdot 3 = 27 - 18 = 9$가 되어 성공적으로 해결하였다. 그런데 다음의 보기를 보자.

보기 2 $x^3 - 6x = 4$. 그러면

$$\frac{a}{3} = -2, \quad \frac{b}{2} = 2, \quad D = -8 + 4 = -4$$

가 되어, D가 마이너스라는 문제가 생긴다. 제곱근 $\sqrt{D}$를 계산할 수 없기 때문이다. 타탈리아도 이 문제를 알고 있었기 때문에 자신이 발견한 근의 공식을 발표하지 못한 것이었다. 카르다노 역시 마찬가지였으므로 이런 경우를 '해결할 수 없는(casus irreducibilis) 것'이라고 명명하였다. 그런데 어처구니없는 것은 방정식 $x^3 - 6x = 4$의 근은 당연히 $x = -2$인데 카르다노는 자신의 공식을 가지고 이 해를 어떻게 구하는지 모르고 있었다는 것이다. 그러다가 카르다노의 〈대수적 법칙의 위대한 예술〉이 출간된 지 족히 20년은 지나서야 봄벨리[1]는 이 문제를 해결하기 위한 새로운 시도를 하였고 마침내 성공하였다. 봄벨리 자신은 한 번도 대학을 가본적이 없었지만 그의 곁에는 공학과 건축에 매우 뛰어난 개인교사 피에르 프란세스코 콜레멘테(Pier Francesco Clemente)가 있었다. 클레멘테는 1548년경 키아나(Chiana) 계곡의 수로사업에 고용되었던 일이 있었는데 그때 봄벨리는 그의 뒤를 따라 1551~1560년까지 그곳 배수사업에서 같이 일을 하였다. 이곳은 움브리아(Umbrien)와 토스카나(Toscana) 사이에 있는 그림 같이 아름다운 곳인데 당시에는 봄벨리의 고향 볼로냐와 마찬가지로 교황청이 소유하고 있었다. 오늘날의 여행 안내 책자에 보면 '로마시대에는 곡식창고였으나 습지로 변한 것을 물길을 돌리는 수로공사를 하여 다시 땅이 마르고 비옥하게 되었다. 무엇보다도 유럽 전체에서 가장 오래되고 큰 소의 품종인 라자 치아니나(Razza Chianina)

---

1 Rafael Bombelli, 1526~1572(Bologna)

의 고향이다'라고 소개하고 있다. 그러니 봄벨리도 이곳에서 한 역할을 한 것이다.

봄벨리는 이때 이미 대수학에 큰 관심을 가지고 있었는데 클레멘테가 그의 학구열을 부추겼는지는 알 수 없다. 대수학은 당시 수학자들에게는 초미의 관심사였고 특히나 볼로냐가 대수학의 중심지였기 때문이다. 봄벨리 역시 이 사실을 잘알고 있었다. 그는 카르다노의 저서를 탐독하였고 그 책을 높이 평가하였으나, 한편으론 책의 내용을 훨씬 쉽게 쓸 수 있었을 것이라는 생각을 가지고 있었다. 결국 그는 스스로 이태리어로 〈대수학(l'Algebra)〉이라는 책을 한 권 집필했는데그 안에 델 페로, 타탈리아, 카르다노 그리고 페라리의 업적을 소개하였다. 그러면서 카르다노의 '해결할 수 없는' 문제에 부딪혔다. 그럼에도 봄벨리는 카르다노가 포기한 것에 대해 만족하지 않고 그들이 해결할 수 없었던 것을 마침내 해결하였던 것이다.

보기 2처럼 봄벨리는 −4같은 음수의 제곱근은 존재하지 않는다는 것을 알고있었다. 왜냐하면 음수나 양수나 제곱하면 항상 양수이기 때문이다. 음수 곱하기음수는 양수이다.[2] 그런데 마치 그런 숫자가 존재한다고 가정을 해보자(이런 수는 나중에 허수(imaginary number)라고 하였는데 우리의 상상에서만 존재하기때문이다). 그리고 평소처럼 계산을 해보자. 이때 단지 하나의 수만 가지고 계산해도 충분한데 그것이 바로 $i := \sqrt{-1}$ 이다.

왜냐하면 $i^2 = -1$이면 $(2i)^2 = 4i^2 = -4$이므로 $\sqrt{-4} = 2i$에서 보다시피 모든 허수를 표현할 때 i만 있으면 가능하기 때문이다. 카르다노의 근의 공식에 이것을 적용하면

(6.1)
$$x = \sqrt[3]{2+2i} + \sqrt[3]{2-2i}$$

가 된다. 그런데 이 결과를 가지고 무엇을 할 수 있을까? $2+2i$의 3제곱근을 어떻게 계산할 수 있을까? 봄벨리 자신도 몰랐다.[3] 그러나 그는 계속해서 계산했는데, 예를 들면

---

2 이 생각이 그렇게 오래된 것은 아니다. 음수 계산을 할 수 있게 된 것은 얼마 안 되었기 때문이다. 북부 이태리에 나타나기 시작한 은행과 같은 신용기관들이 실수들을 찾아나서기 시작하였고 그러면서 실수들을 직선 위에 나열하게 되었다.

3 물론 나중에는 문제없이 할 수 있었다(이 책 8장 118쪽 참조).

$$(-1+i)^3 = -1+3i-3i^2+i^3$$
$$= -1+3i+3-i$$
$$= -1+3+(3-i)$$
$$= 2+2i$$

가 성립하고 같은 방식으로 $(-1-i)^3 = 2-2i$라는 결론을 얻었는데 이 계산을 통해 그는 아주 운이 좋게 $-1+i$와 $-1-i$가 그가 찾던 3제곱근들이라는 것을 알아내었다. 이것이 바로 보기 1의 숫자 1, 8처럼 어떤 수의 3제곱이 되는 '3제곱수'였다. 따라서 $x = \sqrt[3]{2 \pm 2i} = -1 \pm i$이고 (6.1)로부터

$$x = (-1+i) + (-1-i) = -2$$

가 된다. 마치 요술처럼 허수의 3제곱근이 사라지고 근 $x = -2$만 나타나게 된 것이다. 이 결과에 대해서 많은 수학자들이 "말도 안 되는 소리"라고 하였고 봄벨리 자신도 오랫동안 그렇게 생각하였다.[4] 그러면서 "이 결과는 진실이라기보다는 궤변에 가깝게 보였지만 나는 끈질기게 연구한 결과 증명을 찾아낸 것이다"라고 말하였다.

봄벨리가 쓴 대수학 교재는 그가 죽던 해인 1572년 출간되었다. 그야말로 수학의 위대한 순간이었다. 봄벨리는 '음수의 제곱근은 있을 수 없다'라는 그때까지의 관념을 깨고 수학의 경계선을 과감히 넘어 마침내 옳바른 결론을 얻은 것이다. 그는 고대시대에 무리수를 발견한 이래 두 번째로 수의 개념을 드라마틱하게 넓히는 데 성공하였다. 그럼에도 수학자들이 허수의 신비함을 벗기고 수학적 대상으로 완전히 받아들이기까지는 200년이나 걸렸다.

실수와 허수들의 더하기로 나타나는 이 숫자들을 '복소수(complex number = 합쳐져 있는 수)'라고 한다. 복소수를 계산할 때는 기존의 계산법을 잊어야 한다. 예컨대 복소수들의 크기는 더한다고 커지는 것이 아니다. 이런 현상은 음의 실수에서도 마찬가지인데 이런 현상은 '간섭(interference)'이라는 이름으로 20세기 물리학의 이론적 단초가 되었고 바로 이런 이유로 더욱이 복소수를 포기할 수 없

---

4 모리츠 칸토(Moritz Cantor)의 글에서 인용. 〈Vorlesung ueber Geschichte der Mathematik(수학사 강의)〉, Berlin 1900∼1908, Band 2, S. 625. 역시 J. Bewersdorff, 〈Algebra fuer Einsteiger (초보자를 위한 대수학)〉, DOI 10.1007/978-3-658-02262-4_2,9783658022617-c1.pdf, 12쪽 참조

었다(연습문제 6.2 그리고 참고문헌 [10]).

그 외에도 복소수의 기하학적 구조도 새롭게 생각해야 했다. 그러면서 숫자들의 분포나 위치를 나타내는 반직선이나 직선들은 숫자평면으로 대체되었다. 1797년에 이 과정을 처음으로 시행한 사람은 베셀[5]이었는데 그는 수학자가 아닌 측량기사였다. 그러나 덴마크어로 쓰인 그의 논문은 오랫동안 빛을 보지 못하였다. 한편 베셀과는 독립적으로 회계사이자 아마추어 수학자인 장-로베르 아강드[6] 역시 비슷한 결과를 내놓았는데 프랑스의 수학자 자크-프랑세[7]의 중재로 전문가들 사이에서 알려지게 되었다.

새로운 수 $i := \sqrt{-1}$ 은 숫자들의 선 위 어디에 자리를 잡을까? 0의 오른쪽에 설 수는 없다. 그곳은 제곱해도 다시 양이 되는 전부 양의 숫자들만 있고 그에 반해 $\sqrt{-1}$ 의 제곱은 -1이기 때문이다. 그렇다고 0의 왼쪽에도 설 수가 없다. 그곳의 음수들의 제곱 역시 양수이기 때문이다. 0도 아니다. 왜냐하면 0의 제곱은 0이지 -1이 아니기 때문이다. 다시 말하면 $i := \sqrt{-1}$ 이 숫자들의 선 위에 자리 잡을 곳은 없고 결국 2차원의 평면을 생각할 수밖에 없다.

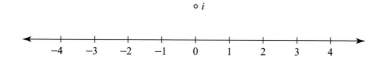

새로운 수 i를 가지고 i의 배수라던가 실수와의 더하기 등 수많은 숫자들을 만들 수 있는데 이것들은 평면 위에 나타낼 수 있다. $x+yi(x, y$는 실수)는 카르테시안 좌표 x와 y로 결정되는 점 (x, y)로 보낼 수 있다.[8]

---

5 Caspar Wessel, 1745(Vestby, Norwegen)~1818(Kopenhagen)

6 Jean-Robert Argand, 1768(Genf)~1822(Paris). 가우스가 증명한 대수학의 기본정리에 관한 원천척인 증명은 그에게서 영향을 받았다.

7 Jacques Frederic Francais, 1775(Saverne)~1833(Metz)

8 카르테시안 좌표는 르네 데카르트(Rene Descartes(Catesius), 1596(Touraine)~1650(Stockholm))가 만들었는데 임의의 두 집합 A와 B에 대해서 유도된 카르테시안 곱(Cartesian product) $A \times B$는 쌍들의 집합 $A \times B = \{(a, b) \mid a \in A, b \in B\}$이다. 평면 위의 모든 점들은 좌표인 실수의 쌍으로 유일하게 나타낼 수 있으니 평면을 실수들의 쌍으로 이루어진 집합 $\mathbb{R} \times \mathbb{R} = \mathbb{R}^2 = \{(x, y) \mid x, y \in \mathbb{R}\}$과 동일시할 수 있다. 따라서 복소수 집합 $\mathbb{C}$를 평면 $\mathbb{R}^2$으로 이해할 수 있다.

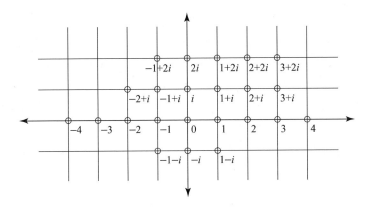

이 모든 숫자들은 전부 복소수의 집합을 만드는 데 $\mathbb{C}$로 표시한다.

$$\mathbb{C} := \{x + yi \mid x,\, y \in \mathbb{R}\}$$

그리고 함수 $x + yi \mapsto (x,\, y)$를 통해서 $\mathbb{C}$와 $\mathbb{R}^2$을 동일시(identifying)할 수 있다. 이들의 연산방식은 앞에서 이미 보았지만 등식 $i^2 = -1$에 의해서 다음의 연산법칙이 만들어진다.

(6.2) $$(x + yi) \pm (u + vi) = (x \pm u) + (y \pm v)i$$

(6.3) $$(x + yi)(u + vi) = (xu - yv) + (xv + yu)i$$

(6.4) $$\frac{1}{x + yi} = \frac{x - yi}{x^2 + y^2} = \frac{x}{x^2 + y^2} - \frac{y}{x^2 + y^2} i$$

마지막 등식은

$$(x + yi)(x - yi) = x^2 + y^2$$

을 이용하여 분수 양변에 $x - yi$를 곱해서 나왔다. 이 등식들을 통해서 복소수에서도 4개의 계산법칙을 만들고 그것들이 보통의 계산법칙을 만족한다는 것도 볼 수 있다. 이러한 수의 체계를 수학자들은 체(field)라고 하는데 유리수들과 실수들의 집합도 체가 된다. 체의 개념은 데데킨트[9]가 도입하였다.

---

9 Julius Wilhelm Richard Dedekind, 1831~1916(Braunschweig)

복소수 변수 역시 z, w 등 알파벳으로(나중에는 x도 썼는데 최근에는 x, y를 실수로 주로 표기한다) 나타낸다. 복소수 $z = x + yi$에서 x는 실수부분, y는 허수부분을 나타내는데

$$x = \mathrm{Re}\ z,\ y = \mathrm{Im}\ z$$

로 쓴다. 복소수의 합도 실수들처럼 기하학도형으로 나타내는데 실수에서는 같은 방향을 가진 두 개의 화살표로 나타내지만 복소수의 경우엔 서로 다른 방향을 가진 화살표로 나타낸다.

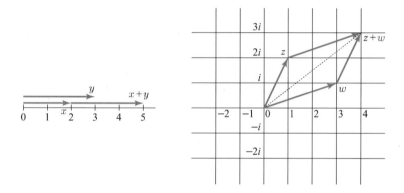

위 그림은 길이와 방향을 가진(물리학에서는 상, 위상(phase)이라고 함) 두 개의 크기를 합한 것인데 물리학에도 이런 크기가 있다(연습문제 6.2, 95쪽).[10] 곱의 기하학적 의미는 나중에 배우게 된다(8장 118쪽).

복소수에는 실수들에서 볼 수 없는 새로운 연산이 있다. 그것은 바로 켤레복소수에서 나오는 계산법이다. 복소수는 $x + yi$의 켤레복소수는 $x - yi$가 된다. 그래프로는 x축을 대칭으로 서있는 복소수가 된다. 복소수 z 위에 작대기를 그어 $\bar{z}$로 나타낸다.

$$z = x + yi \ \mapsto \ \bar{z} = x - yi$$

---

10 혹자는 어떤 공간적인 방향을 가지는 크기가 있지 않는 가라고 물어볼 수 있다. 이러한 크기는 19세기에 들어와서 벡터의 개념으로 도입되었다. 그러나 벡터들은 더하기와 빼기만 가능하고 곱하기나 나누기는 할 수 없다. 이 약점을 제거하기 위해 확장된 차원의 개념을 도입하였다(10 장 참조).

이 표기법은 계산하는 데 어려움도 없을 뿐더러 계산을 아주 간단하게 만드는 새로운 특징을 보인다. 예를 들면

$$(6.5) \qquad \overline{z \pm w} = \bar{z} \pm \bar{w}, \quad \overline{z \cdot w} = \bar{z} \cdot \bar{w}, \quad \overline{\left(\frac{z}{w}\right)} = \frac{\bar{z}}{\bar{w}}$$

이 성립함을 알 수 있다. 간단하게 계산되는 복소수 $z = x + yi$의 또 다른 예로는 절댓값 복소수가 있는데 이것의 크기는 복소수들의 방향과는 상관없다.

$$(6.6) \qquad |z| = \sqrt{x^2 + y^2} = \sqrt{z\bar{z}}$$

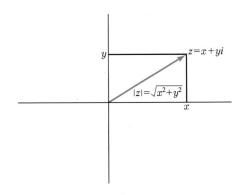

피타고라스 정리에 의하면(연습문제 1.10) $|z|$는 xy-평면에서 바로 0부터 z까지의 직선 길이를 의미한다. 이 말은 복소수들과 평면기하학이 밀접한 관계에 있다는 뜻이다. 즉 평면기하학의 모든 이론들을 복소수 이론으로서 나타낼 수 있고 그 반대도 마찬가지이다.[11] 복소수 절댓값끼리의 계산적 성격은 실수의 절댓값 계산의 성격과 같다.

정리 모든 복소수 z, w에 대해서 다음이 성립한다.

$$(6.7) \qquad |z + w| \le |z| + |w|$$
$$(6.8) \qquad |z| \cdot |w| = |zw|$$

---

11 보기로서는 연습문제 6.3을 보시오.

증명 부등식 (6.7)은 시각적으로 분명해 보이지만 두 번째 등식 (6.8)의 증명이 보다 간단하다. 왜냐하면 (6.5)와 더불어

$$|z|^2|w|^2 = z\bar{z}w\bar{w} = zw\overline{zw} = |zw|^2$$

이 성립하기 때문이다. 부등식 (6.7)은 모든 복소수 z에 대해서

$$|z| = \sqrt{x^2+y^2} \geq \sqrt{x^2} = |x| \geq x = \mathrm{Re}\ z$$

가 성립하는데 그 이유는 $\mathrm{Re}\ z \leq |z|$, 그리고

$$(*) \qquad \mathrm{Re}(z\bar{w}) \leq |z\bar{w}| = |z||\bar{w}| = |z||w|$$

이기 때문이다. 한편[12]

$$(**) \qquad 2\mathrm{Re}(z\bar{w}) = z\bar{w} + \overline{z\bar{w}} = z\bar{w} + \bar{z}w$$

가 성립하는데, 그 이유는 소수 $w = u + vi$에 대해서 $\overline{\bar{w}} = \overline{u-vi} = u+vi = w$이기 때문이다. 따라서

$$
\begin{aligned}
|z+w|^2 &= (z+w)(\bar{z}+\bar{w}) \\
&= z\bar{z} + z\bar{w} + w\bar{z} + w\bar{w} \\
&\overset{(**)}{=} |z|^2 + 2\mathrm{Re}(z\bar{w}) + |w|^2 \\
&\overset{(*)}{\leq} |z|^2 + 2|z\|w| + |w|^2 \\
&= (|z|+|w|)^2
\end{aligned}
$$

이 성립한다.

---

12 모든 복소수 $z \in \mathbb{C}$에서 $\mathrm{Re}\ z = \dfrac{1}{2}(z+\bar{z})$이고 $\mathrm{Im}\ z = \dfrac{1}{2i}(z-\bar{z})$이다.

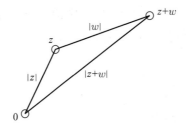

　　부등식 (6.7)은 삼각부등식이라고 하는데 삼각형 $(0, z, z+w)$에서 한 변의 길이가 다른 두 변의 길이의 합보다 항상 작기 때문이다. 즉, 0에서 $z+w$의 길이가 z를 거쳐 가는 길보다 더 짧다.

연습문제

6.1 봄벨리의 보기: $(2+3i)^3$을 계산하고 이를 가지고 3차 방정식 $x^3 - 15x = 4$의 근을 구하시오.

6.2 첨가한다고 늘어나는 것은 아니다! 빛을 좁은 틈을 통해서 보내면 스크린 위로 밝기의 차이가 나타나는데 가운데가 가장 넓게 밝다. 또 다른 틈을 옆에 바짝 붙여 다시 만들면 밝기는 어디에서도 늘어나지 않는다. 왜냐하면 빛파장의 정상이 다른 빛파장의 골짜기로 떨어져서 사라지기 때문이다. 양자역학에 의하면 이런 현상은 빛에서만이 아니고 다른 물질에도 나타나는데 물질들도 파장 성격을 가지고 있기 때문이다.[13] (다음 그림 참조)

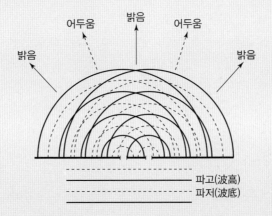

6.3 i와 곱하기 그리고 짐 크노프(Jim Knopf)의 건망증[14]: 짐 크노프는 자신의 크리스마스 선물을 들짐승들로부터 보호하기 위해 땅에 묻고 새해에 꺼내기로 하였다. 묻은 곳을 잊지 않기 위하여 땅 위에 다음과 같이 표시하였다. "눈사람 S로부터 크리스마스 트리 W가 있는 곳으로 가라. 거기서부터 직각으로 꺾어서 같은 수의

---

13 www.quantenphysik-schule.de, www.didaktik.uni-erlangen.de/quantumlab
14 이 문제는 박사 과정에 있는 제자 로버트 복(Robert Bock)이 만든 것이다.

걸음만큼 오른쪽으로 가라. 그리고 거기서 촛불 $K1$에 점화하라. 그 다음 눈사람으로부터 글루바인[15] 창고 G까지 가라. 거기서부터 다시 직각으로 같은 걸음을 오른쪽으로 꺾어서 걸어라. 거기서 촛불 $K2$에 점화하라. 그러면 선물 X는 정확히 두 개의 촛불 사이에 있다." 선물을 찾으러 가는 길에 그는 크리스마스 트리와 글루바인 창고는 발견하였으나 눈사람은 녹아 없어졌고 기억이 헷갈렸다. 그럼에도 즉시 선물을 발견할 수 있었는데 그 이유는?

힌트 평면=$\mathbb{C}$, 90°로 꺾는 것=i와의 곱하기. 예를 들면 $K1 = W + i(W - S)$

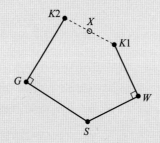

---

15 glühwein, 몇 가지 과일을 섞어 따뜻하게 데운 포도주

07

파스칼: 신은 주사위 놀이를 하지 않는다(1654)

요약 블레즈 파스칼은 범우주적인 천재였다. 그는 일생 동안 철학과 신학뿐 아니라 사영기하학, 확률론, 계산기 발명, 공기압의 계산 등의 연구에 매진하였다. 그중 가장 유명한 것은 자신의 신학에도 큰 영향을 미친 기초 확률론에 관한 연구일 것이다. 그 이유는 오직 게이머만 관심을 가지고 있는 질문 때문이었다. '지금 게임을 중단하면 저 판돈 중에서 내 몫은 얼마일까?', '그것을 지금까지의 도박 경험에 비추어서 내 몫을 미리 알 수 있을까?' 파스칼은 이 질문에 대한 답을 정확히 구할 수 있었다. 그가 풀어야 했던 문제들은 (예컨대, 0과 1로 구성되고 정확히 k개의 1을 가지고 있는 길이가 n인 수열) 아주 수학적인 기본이 되어 다른 수학 문제에도 응용할 수 있는 것이었다. 예를 들면 $(a+b)^n$ (비노미알 급수)를 계산하는 것 등이다.

"신은 주사위 놀이를 하지 않는다." 이것은 아인슈타인[1]이 한 말이다.[2] 아인슈타인은 어떤 현상이 물리적 원리에 따라 확실하게 예견되는 것이 아니고 오로지 확률분포로만 결정된다는 양자역학에 도무지 동의를 할 수 없었다. 왜냐하면 확률

---

[1] Albert Einstein, 1879(Ulm)~1955(Princeton)

[2] "양자역학이 대단히 훌륭한 분야이긴 합니다만 내 마음 속에서는 그것이 진정한 야곱(Jacob, 성경 속의 인물로 하느님과 씨름하여 이겼다는 사람)은 아니라고 말하고 있습니다. 그 이론이 많은 것을 보여주기는 하지만 고대로부터 내려오는 비밀을 이해하기에는 별로 도움이 안 됩니다. 어찌 되었던 '신은 주사위 놀이를 하지 않는다'는 것을 확인하게 되었습니다."(1926년 12월 4일에 막스 본(Max Born)에게 보낸 편지 중에서)

론이 양자역학에서 가장 기본적인 개념이 되었기 때문이었다. 확률론의 수학적 이론의 창시자는 파스칼[3]이었다. 그의 신에 대한 관념은 아인슈타인의 그것과는 완전히 달랐다. 유명한 파스칼의 내기 문제에서 그는 신을 확률론의 범주로 끌어 들였다. 이에 관해서는 이 장의 끝에 제시된다(110쪽).

블레즈 파스칼의 아버지 이티엔느 파스칼(Etienne Pascal)은 클레르몽 페랑에 있는 최고 조세국의 판정관이었다. 나중에 그는 이 기관을 자기 동생에게 팔고 파리로 이사를 갔다. 병약한 블레즈는 아버지와 가정교사로부터 주로 언어 교육에 중점을 두는 교육을 받았다. 그러나 수학 공부만은 금지하였다. 파스칼의 아버지는 소위 파스칼의 달팽이라고 하는 4차 곡선에 관한 이론을 발견하여 그 분야에 이름을 남긴 사람이었다. 아마도 수학자였던 아버지는 아들이 수학을 공부하게 되면 온 정신을 수학에만 쏟아 다른 공부를 소홀히 하게 될 것을 원치 않았던 것 같다.

여기에 관하여 파스칼보다 두 살 위인 누나 질베르트가 한 말을 직접 들어 보기로 하자.

"아버지는 아들이 수학을 알게 될까 봐 걱정을 많이 하신 나머지 모든 것을 감추셨습니다. 그러자 동생은 자기가 발견한 도형에 마음대로 이름을 붙였는데 원은 '동그란 것', 선은 '막대기' 등으로 하였습니다. 이름을 붙인 후에는 공식을 세웠고 그것들을 차례로 증명해 나가기 시작했습니다. 그러면서 동생의 수학은 점점 더 나아가 마침내는 유클리드의 32번째 공리까지 스스로 알아내었습니다. 하루는 연구에 너무나 집중한 나머지 아버지가 방에 들어오신 것도 오랫동안 모르고 있었습니다. 그러다가 눈을 마주친 부자는 누가 더 놀랐을까요? 아버지가 금지한 수학 공부를 몰래 하다가 들킨 아들이었을까요? 아니면 아들이 연구하는 내용을 본 아버지였을까요? 아버지는 아들에게 무엇을 하는 중이냐고 물으셨지요. 그러자 동생은 자기가 방금 연구한 내용을 설명했는데 그것이 유클리드의 32번째 정리임을 안 아버지가 더욱 놀라셨습니다. 아버지는 동생의 엄청난 천재성과 능력에 놀라신 나머지 아무 말 없이 방을 나가셨습니다."

---

3 Blaise Pascal, 1623(Clermont-Ferrand)~1662(Paris)

그 후 아버지는 어쩔 수 없이 아들의 수학 공부 금지령을 해제하였고 파스칼에게 유클리드의 책 〈원론〉을 주었는데 파스칼은 이 책을 별 어려움 없이 완전히 이해하였다.

파스칼이 14세가 되자 아버지는 아들을 신학자이자 수학자인 메르센느[4]의 사교모임에 소개하였는데 이 모임은 당대 파리에서 최고였던 지성인들의 모임이었다. 파스칼은 그곳에서 데자르그(Desargues)를 알게 되었고 그에게 심취하게 되었다. 여기에서 파스칼은 아버지와 로베르발이 페르마의 편에 서서 데카르트의 저서 〈방법서설〉을 신랄하게 비난하는 것을 경험하였다. 또한 파스칼은 다른 사람들이 발견 못한 논문들의 오류를 발견하여 사람들을 놀라게 하였다. 16세가 되자 파스칼은 아폴로니우스(Apollonius)의 '코니카(Conica)'와 관련 있는 사영기하학에 관한 논문을 썼는데 이를 읽은 라이브니츠는 파스칼의 사촌에게 쓴 편지에서 그를 대단히 칭찬하였다고 한다.

1639년에는 아버지 이티엔느 파스칼이 노르망디의 세무공무원으로 발령이 나서 온 가족이 루엥(Rouen)으로 이사를 가게 되었다. 그런데 그곳의 주지사가 시민봉기를 무자비하게 탄압하는 동시에 세금을 많이 걷어들였는데 이 일을 아버지가 도와야만 하였다. 그런데 당시에는 통일된 동전 시스템이 없어 돈 계산하는 일이 보통 복잡한 것이 아니었다. 뿐만 아니라 복잡한 마차의 설계 등에 필요한 엄청난 계산도 했어야 하는데, 이에 파스칼은 아버지의 업무를 도와주고자 1642~1645년까지 계산기(pascaline)[5]를 만드는 데 몰두하였다. 이 계산기는 1652년까지 50개가 만들어졌고 오늘날에는 9개가 남아 있다.[6] 사업적으로 보면 그의 기계는 겨우 몇 개만 팔렸기 때문에 별로 성공적이지 못했다.

4　Martin Mersenne, 1588~1648(Paris). 메르센느의 소수로 유명한 사람. $2^p - 1$ 형태의 수가 소수이면 p 역시 소수이다. 왜냐하면 $(2^m)^n - 1$이 $2^m - 1$로 나누어지기 때문이다. 그러나 이 명제의 역은 성립하지 않는데 $2^{11} - 1 = 2047 = 23 \cdot 89$이 그 반례이다. 메르센느의 소수 중 2016년까지 알려진 가장 큰 것은 $2^{74207281} - 1$, 자릿수는 무려 22300000이나 된다. http://de.wikipedia.org/wiki/Mersenne-Primzahl

5　http://www.youtube.com/watch?v=3h71HAJWnVU

6　파스칼은 제대로 작동하는 최초의 계산기를 발명한 사람이 되었다. 그전에 빌헬름 쉬카르트 (Wilhelm Schickard, 1592(Herrenberg in Tuebingen)~1635(Tuebingen))가 계산시계(Rechenuhr)를 발명하였는데 이를 본 케플러가 크게 감동하였다고 한다. 불행히도 이 계산기는 완성되기 직전에 불에 타서 소실되었는데 1984년 쉬카르트의 설계도를 보고 다시 만든 결과 제대로 작동하였다고 한다. 파스칼이 혹시 이것을 알고 있었는지는 모르겠지만 당시에는 아무도 쉬카르트의 시계가 정말 작동하는지 몰랐다.

파스칼 계산기(Pascaline)

비록 그 계산기가 제대로 작동하지도 않았고 또 바른 답을 나타내는 경우는 대단히 드물었어도 인간의 두뇌가 하는 일을 처음으로 기계가 하게끔 만든 사실은 대단히 의미 있는 일이었다. 더구나 350년 전의 기계역학적 수준에서 볼 때 놀라운 일이 아닐 수 없다.

1647년에 가족은 다시 파리로 돌아오게 되는데 이 즈음에 파스칼은 물리학에 관심을 두기 시작하였다. 1644년에 토리첼리(E. Torricelli)가 수은을 가득 채운 관을 만들어서 지구 둘레에 있는 공기층의 존재를 증명하는 유명한 실험을 하였다. 그러자 파스칼은 사용된 액체기둥의 높이는 사용된 액체의 밀도에 비례한다는 것과 그 원인이 공기압에 있다는 것을 명쾌히 증명하기 위하여 수은, 물, 포도주 등을 가지고 토리첼리의 실험을 반복하여 해본 결과 마침내 기상조건에 따른 공기압의 영향을 확인하였다. 파스칼은 기압에 관한 연구를 하여 기압이 높이에 따라 변한다는 사실을 실험을 통해 알아내었다.[7] 이 연구의 배경에는 데카르트가 믿지 않았던 진공의 존재에 관한 철학적인 의문이 있었는데, 파스칼은 실험을 통해 그 반대로 기압이 높이에 따라 약해진다는 것을 밝힌 것이다.

1646년에 아버지가 허벅지를 다치자 집으로 왕진하는 의사와 두 명의 남자 간호사를 고용하여 약 3개월에 걸쳐 아버지를 간병하게 하는 일이 있었다. 그러자 이 세 사람은 파스칼을 시작으로 온 식구를 새로운 카톨릭교리인 얀세니즘으로 개종시키는 데 성공하였다. 이 교리는 네델란드의 추기경 코넬리우스 얀센(Cornelius

---

7 압력단위가 파스칼(Pascal, Pa)이 된 이유다. 오늘날에는 공기압력이 헥토파스칼(1hPa = 100Pa)로 측정된다. 한 헥토파스칼은 예전 방식으로 따지면 1Milibar에 해당한다. 해수면에서의 공기압은 평균적으로 1,000hPa = 1bar보다 약간 많은 정도이다.

Jansen)에 의해서 시작되었는데 교리 전체는 주님의 일반적인 은혜론과 예정론에 기초하였고 인간의 자유의지를 거부하는 것이었다. 그런데 이 교리는 당시 진보적인 시민계급의 이데올로기를 대변하는 것이었다. 파스칼은 이 교리에 대한 책 〈시골에서 보내는 편지〉를 썼는데 당시에 보수적이었던 예수회는 이 저서를 카톨릭 교리에 도전하는 것으로 간주하고 얀센의 저서 〈어거스틴(Augustine)〉을 금서 목록에 올렸다. 그러면서 소르본느로부터 파스칼과 같이 책을 쓴 아르노(A. Arnauld)에게 체포령이 떨어졌고 파스칼이 쓴 책 〈시골에서 보내는 편지〉는 사악한 것으로 낙인 찍혀 공개적으로 불태워지게 되었다. 왜냐하면 파스칼은 이 책에서 예수회의 거짓된 경건함과 교조주의를 예리한 말로 거침없이 공격하였기 때문이었다. 이때부터 파스칼은 종교철학과 신학적 질문에 대해 집중적으로 연구하게 되었고 마침내는 자연과학에 관한 연구를 완전히 포기하게 되었다. 뿐만 아니라 과학에 기여한 자신의 공로를 스스로 부정하였고 온전히 '예수님을 위한 삶'으로 방향을 틀었다.

당시 그의 상황에 대해 다시 누나 질베르트의 말을 들어 보자.

"동생이 24세 되던 해 자비로우신 주님께서 그에게 성경을 읽으라는 계시를 주셨습니다. 주님은 동생의 눈을 밝히셔서 '기독교인들은 오직 주님만을 위해서 살도록 지어졌다는 사실과 주님 이외의 삶의 목적은 존재하지 않는다'라는 것을 알게 하셨습니다. 동생에게는 이 진실을 실천에 옮기는 것이 너무나 중요하였기 때문에 한 순간에 모든 연구로부터 손을 떼었습니다."

1647년에 데카르트가 병든 파스칼을 방문하여 이틀 동안이나 계산기와 빈 공간에 대한 토론을 벌였으나 서로의 의견을 접근시키지 못하였고 나중에는 거의 적이 되어버렸다. 그 이유는 누구하고도 쉽게 친분을 맺지 못하는 파스칼의 성격 때문이었다. 또 다른 원인은 아마도 병에 있었을 것이다. 파스칼 스스로도 자기는 18세 이후에 단 하루도 통증 없이 지나간 날이 없었다고 말할 정도로 병약하였다. 그러나 진짜 주된 이유는 파스칼 자신이 자기의 주장을 절대 굽힐 줄 몰랐고 또한 아주 곧은 성격의 소유자였으며 더구나 도덕적으로 대단히 예민하였기 때문이었다. 누구든 파스칼과 반대 입장에 서서 토론을 시작하면 일생일대의 강적을 만났다고 느꼈을 것이다. 예컨대 파리의 드 끌레르몽(de Clermont) 대학의 예수회 소속학장이었던 노엘(P. Noel)이 빈 공간에 대한 자신의 이론을 아리스토텔레스의 권의에 힘입어 증명하려고 하자 파스칼은 "책을 인용할 때는 저자의 이름이 아닌 그의 증명을 인용하십시오. 형이상학적 토론은 물리 안에서 아무런 정당성을 얻지 못합니다. 물리는 말이 아닌 현상으로 연구되어져야 하기 때문입니다"라는 날카로운 비판을 하였다.

1651년에 아버지가 돌아가시고 누이동생 자클린(Jacqueline)마저 수녀원에 들어가자 부유한 아버지의 유산을 물려받은 파스칼은 한동안 파리의 사교계를 섭렵하였다. 이 시절은 약 3년간 계속되었는데 이때 페르마와 확률론에 관한 편지를 주고받으며 다시 학문의 길로 들어서게 되었다. 그러면서 두 사람은 확률론의 초석을 다지게 되었는데 불행히도 더이상 가까워지지 않았다. 왜냐하면 파스칼의 과학보다는 윤리, 철학, 신학 쪽으로 점점 기울어졌고 예수를 위하여 자신을 자학하는 등 행동 또한 이상하였기 때문이었다.

1655~1657년 사이 여동생이 종신서원을 한 뽀흐 로얄 수녀원에 머물면서[8] 〈시골에서 보내는 편지〉를 썼는데 그 내용은 죄다 기독교를 옹호하는 것이었다. 그러면서 다시 한 번 이 시기에 수학을 연구하게 된다. 당시에는 논문집이 없었기 때문에 학자들은 자기의 연구결과를 사발통문이나 공개적인 편지로 발표하였는데 서로 간의 연구를 촉진하기 위해 풀리지 않은 문제에 현상금을 거는 경우가 종종 있었다. 파스칼은 이때 수학에서도 특히 기하학에 중점을 두고 연구를 하였고 한편 오늘날의 적분 문제에도 노력을 하였으나 뚜렷한 연구 성과를 내지는 못하였다.

1659년, 악화된 건강 때문에 더이상 연구를 할 수 없게 되었고 더구나 예수회 측에서 얀센주의자들에 대한 핍박을 한층 더 가하고 있었다. 그러면서 예수회는 얀센주의자들에게 그들의 이론을 저주하는 서류에 서명할 것을 강요하였다.

1662년이 되자 더이상 일어날 수 없을 정도로 건강이 악화된 그는 누나인 질베르트에게 보내지고 그곳에서 유서를 작성한 후 39세의 나이로 사망하였다.

그는 의심의 여지없이 자연과학에 관한한 범우주적인 이해력을 보였다. 그러나 종교적으로 너무 심취하여 철학적인 면에서는 교조주의를 면치 못하였다. 이런 면에서 보면 파스칼이 당대의 철학자들과 교감을 나누지 못한 것이 하나도 이

---

8 일설에는 수녀원에 남자로 머물 수 없기 때문에 여자로 변장하였다고도 한다.

상할 것이 없다. 이것은 그의 병약함에도 한 원인이 있겠지만 자신과 다른 이론에 대한 편협성 내지는 몰이해도 그 원인이 있을 것이다.

이제 파스칼의 확률론 연구에 대해 알아보자. 아버지의 사후 파리 사교계에 있을 무렵에 파스칼이 슈발리에 드 메르(Chevalier de Mere)[9]를 알게 되었는데 그는 작가이지만 아주 열정적으로 주사위 놀이를 하던 사람이었다. 그는 항상 놀이를 할 때마다 느꼈던 다음과 같은 현상에 궁금해하였다. "주사위 놀이에서 6이 50%가 넘는 확률로 적어도 한 번 이상 나오게 하려면 최소 4번은 던져야 한다. 그런데 비록 처음에 던진 것이 다음에 또 나올 확률은 처음 확률의 1/6일지라도, 두 개의 주사위를 던져 6이 동시에 나올 확률이 50%를 넘게 하려면 6배, 즉 24(=4×6)번 넘게 던지면 되는 것 아닌가?" 이 현상을 드 메르는 '연산학의 커다란 오류'라고 말하면서 '연산법칙이 틀린 것이다'고 주장하였다고 한다.[10] 이에 대해 파스칼은 "Car il a tres-bon esprit, mais il n'est pas geometre, c'est, comme vous savez, un grand defaut."[11]라고 하였다. 그러나 이 말이 사실 꼭 맞는 것이라고 말할 수는 없다. 왜냐하면 드 메르는 위에서 확률적 이론에 따른 결과를 잘 알고는 있었지만, 단지 자기가 주장하는 비례론이 왜 맞지 않는지 이해를 못했을 뿐이었기 때문이다. 이 의문에 대해서 파스칼은 공개적으로 아무 대답도 하지 않았다. 이 질문에 관한 것은 나중에 드 모아브(de Moivre)[12]가 1718년에 출간한 저서 〈확률의 원칙(The Doctrin of Chances)〉에서 다루었다.

드 메르는 파스칼이 페르마[13]와 오랫동안 서신교환을 할 정도로 관심을 보였던 두 번째 질문을 던졌다. 게임에서는 승자가 결정되기 전에 중간에 그만두어야 할 상황이 자주 벌어지는데 그러면 모든 게이머들이 내놓은 판돈을 각자 도로 가져 가는 게 맞는건지, 아니면 그때까지의 결과를 보고 각자의 몫을 결정할 수 있는 가능성이 있는 것인지에 대한 것이었다. 가장 간단한 경우는 두 명이 동전을

9　정식 이름은 Antonioe Gombaud, 1607~1684
10　연습문제 7.1과 7.2 참조
11　"그분이 문제를 아주 잘 이해하였습니다만 선생님도 아시다시피 그분의 가장 큰 문제는 기하를 모른다는 것입니다." 〈Oeuvres de Baise Pascal〉, Tome Quatrieme, Paris 1819, 367쪽, 1654년 7월 29일에 파스칼이 페르마에게 보낸 서신
　　http://books.google.de/books?id=N7EGAAAAQ
　　영역본 http://www.york.ac.uk/depts/maths/histstat/pascal.pdf
12　Abraham de Moivre, 1667(Vitry-le-Francois)~1754(London)
13　Pierre de Fermat, 1607~1665(Castres, Toulouse)

계속 던져 숫자와 문장이 나오는 게임을 하는 것인데 미리 약속한 경우의 수가 나오는 자가 이기는 것이다. 한 사람이 게임을 끝냈을 때 두 번의 유리한 경우의 수를 얻었는데, 다른 사람은 네 번째까지 계속 실패하고 그만 두었다면 이 두 사람은 판돈을 어떻게 갈라서 가져가는 게 맞는 것인지에 대해 다음과 같이 정의하였다.[14]

"사람들이 게임에 던지는 판돈은 자신의 소유권을 포기한 것이기 때문에 더 이상 자신의 것이 아니다. 그럼에도 그들이 사전에 약속했던 조건들을 우연히 만족할지도 모른다는 기대를 가질 수는 있다. 그런데 그것은 아주 자의적인 규칙이므로 어떤 상황이던지 간에 다 포기하고 게임을 포기할 수도 있다. 마찬가지로 그들이 놀이에서 우연에 관한 권리를 인정한다면 그 우연의 기대치를 서로 교환하여 모든 사람들이 일정한 몫을 챙길 수 있게 된다. 이 경우에 각 참가자들에게 돌아가야 할 몫에 관한 규칙이 확정되어야 하는데, 각자가 최종 승자가 되었을 것이라는 주장의 비율대로 판돈을 모든 참가자들에게 공평하게 나누어 주던가 아니면 게임을 계속하던가 해야 한다. 이 공평한 분배를 '분할(parti)'이라고 한다."

그런데 각자 확률의 정의를 인용하였는데 나중에 1812년이 되어서야 라플라스[15]에 의해서 깔끔하게 재정의되었다.

"승리확률은(모든 게임이 똑같은 확률을 가진다고 가정) 가능한 모든 게임의 수와 유리한 게임의 수의 비로써 정의된다."

예를 들어 동전을 n번 던져서 원하는 결과가 정확히 k번으로 이길 수 있는 확률은 얼마일까? 이 게임에서 n번 동전을 던지는 것인데 가능한 모든 경우의 수는 모두 수와 문장으로(또는 1 - 0) 이루어진 길이가 n인 수열이다. 예컨대

---

14 "Usage du Triangle Arithmétique pour déterminer les partys qu'on doit faire entre deux Joueurs qui jouent en plusieurs parties"
http://gallica.bnf.fr/ark:/12148/btv1b86262012/f27.image

15 Pierre Simon de Laplace, 1749(Beaumont-en-Auge, Normandie)~1827(Paris), 〈Theorie Analytique des Probabilities〉(1812)

$n=3$이면 111, 110,101,100,011,010,001,000인 전부 8개의 수열이 생기는데 각 수열의 모든 자리에는 1 아니면 0(또는 숫자와 문장)이 떨어지므로 한 번을 던졌을 경우에는 두 개의 수열(1과 0)이 생기고, 두 번을 하면 4개(11,10,01,00)의 수열, 세 번째에는 8개 등 … 따라서 n번을 던지면 생기는 경우의 수는 2^n개가 된다. 숫자 1이 k번 나오는 데 건 사람의 경우에 $n=3$ 그리고 $k=2$라면 맞는 수열은 110,101,011이다. 이 유리한 경우의 수는 나중에 이항계수 $\binom{n}{k}$ (binomial coefficient)라는 기호로 정립된다. 정리하면,

$$\binom{n}{k} = 0\text{-}1 \text{ 수열의 길이가 } n \text{에서 } k \text{번의 1이 있는 경우의 수}$$

$k=0$ 그리고 $k=n$이라면 각각 정확히 한 개의 경우 00 … 0 그리고 11 … 1밖에 없으므로 $\binom{n}{0} = \binom{n}{n} = 1$이 된다. 일반적으로는 반복공식

(7.1)
$$\binom{n+1}{k} = \binom{n}{k-1} + \binom{n}{k}$$

이 성립한다. 왜냐하면 길이가 $n+1$인 수열에서 1이 정확히 k번 나오는 수열들은 1로 끝나는 것들과 0으로 끝나는 것들 사이에 흩어져 있기 때문이다. 그러면 1로 끝나는 수열에는 나머지 $k-1$개의 1들이 1과 n 사이에 있는 $k-1$개의 자리를 잡을 것이고 그때 경우의 수는 $\binom{n}{k-1}$이 된다. 반대로 0으로 끝나는 수열들에서 길이가 n개인 수열 중 맞는 경우의 수는 $\binom{n}{k}$가 된다. 이로써 개수 $\binom{n}{k}$개는 반복적으로 계산할 수 있는데 다음에 있는 대표적인 보기를 보면

$$\binom{0}{0}$$

$$\binom{1}{0} \qquad \binom{1}{1}$$

$$\binom{2}{0} \qquad \binom{2}{1} \qquad \binom{2}{0}$$

$$\cdots$$

$$\binom{n}{0} \quad \cdots \quad \binom{n}{k-1} \quad \cdots \quad \binom{n}{k} \quad \cdots \quad \binom{n}{n}$$

$$\cdots \qquad \binom{n+1}{k} \qquad \cdots$$

양쪽 끝에는 $\binom{n}{0} = \binom{n}{n} = 1$에 의해서 1들이 서있고 가운데 숫자들은 (7.1)에 의해서 양쪽 방향으로 대각선에 서있는 숫자들을 합친 것이 된다.

(7.2)

$$
\begin{array}{ccccccccccc}
 & & & & & 1 & & & & & \\
 & & & & 1 & & 1 & & & & \\
 & & & 1 & & 2 & & 1 & & & \\
 & & 1 & & 3 & & 3 & & 1 & & \\
 & 1 & & 4 & & 6 & & 4 & & 1 & \\
1 & & 5 & & 10 & & 10 & & 5 & & 1 \\
 & & & & & \cdots & & & & &
\end{array}
$$

파스칼은 (7.2)의 삼각형을 '산술 삼각형(arithmetic triangle)'이라고 불렀다.[16] 비록 이것을 그 전에 오마르 카얌, 타탈리아 그리고 카르다노 등도 알고 있었지만 오늘날에는 '파스칼의 삼각형'이라고 한다. 파스칼이 최초로 이것의 특성을 조직적으로 묘사하였기 때문이다.[17] 이로써 파스칼은 앞서 말한 두 명의 게이머 A와 B가 두 번 또는 네 번 만에 게임을 그만두었을 때도 자신들의 몫을 주장할 수 있다는 문제를 해결하였다.[18] 게임마다 승자가 나오려면 매 게임은 적어도 5번은 던진 다음에 끝나고 그에 따라 길이가 5인 0–1의 수열이 생긴다. A에 유리한 경우는 매 수열에 2, 3, 4 또는 5개의 1이 나오는 것이고 B에 유리한 경우는 나머지 경우의 수열인 1이 하나도 없거나 한 개 있는 경우, 즉 5개의 0이나 4개의 0이 있는 것이다.

판돈의 분배는 $\binom{5}{2} + \binom{5}{3} + \binom{5}{4} + \binom{5}{5} = 10 + 10 + 5 + 1 = 26$과 $\binom{5}{0} + \binom{5}{1} = 1 + 5$ $= 6$의 비, 즉 13 : 3으로 A에게 유효한 결과이다. 페르마는 다른 방법으로 같은 결과를 얻었다.

파스칼은 이 공식에 곁들여 $\binom{n}{k}$의 값을 직접 계산할 수 있는 공식도 내놓았다.[19]

---

16 http://gallica.bnf.fr/ark:/12148/btv1b86262012/f6.image

17 〈Traite du triangle arithmetique〉 1654, 1665년 posthum 출간
http://gallica.bnf.fr/ark:/12148/btv1b86262012/
영역본 http://www.cs.xu.edu/math/Sources/Pascal/Sources/arith_triangle.pdf

18 http://gallica.bnf.fr/ark:/12148/btv1b86262012/f33.image

19 http://gallica.bnf.fr/ark:/12148/btv1b86262012/f17.image

$$(7.3) \qquad \binom{n}{k} = \frac{n \cdot (n-1) \cdot \cdots \cdot (n-k+1)}{1 \cdot 2 \cdot \cdots \cdot k} = \frac{n!}{k! \cdot (n-k)!}$$

이 공식은 $\binom{n}{k}$의 또 다른 의미를 알면 쉽게 알 수 있다. 길이가 n인 0-1의 수열에 1부터 n까지의 숫자가 단 한 장씩만 들어 있는 통에서 꺼낸 k-개의 숫자(행운의 수)의 자리에 1을 채우고 나머지는 전부 0으로 채워진다고 생각해보자. 예를 들어, 49개의 숫자 중 6개를 뽑는 로또를 생각해 보면, 할 때마다 매번 0-1의 수열이 생기는데 3, 15, 22, 28, 34, 47이 뽑혔다면 길이가 49인 0-1 수열에 뽑힌 6개의 숫자 자리에 1들이 서있고 나머지는 전부 0인 것이다. 당첨이 되고 싶으면 로또 용지에 이 6개의 숫자를 정확히 표기해야 한다. $\binom{49}{6}$개의 0-1 수열에서 정확히 6개의 1을 가진 경우의 수는 단 한 개이므로 당첨될 확률은 $1/\binom{49}{6}$이 된다.

또 다른 방법으로 계산할 수 있는데 공을 하나씩 차례대로 뽑는 방법이다. 첫 번째 공에는 49개의 경우의 수가 있고 두 번째는 이미 하나가 빠졌으니 48개의 경우의 수가 있다. 이런 식으로 계속해서 나가면, 세 번째는 47, 네 번째는 46, 다섯 번째는 45, 여섯 번째는 44개의 경우의 수가 있다. 그러면 전부 합쳐 $49 \cdot 48 \cdot 47 \cdot 46 \cdot 45 \cdot 44$개의 경우의 수가 있게 된다. 위에 있는 숫자를 표기했다면 이만 큼의 경우의 수에서 나에게 유리한 경우의 수는 무엇일까? 물론 6개 숫자들의 순서를 무시하고 숫자들을 꺼냈을 경우이다. 첫 번째 공에는 3, 15, 22, 28, 34, 47 등 6개의 숫자가 써 있을 경우의 수가 있고, 두 번째 공에는 이미 한 숫자가 나왔으므로 5개, 세 번째에는 4개, 네 번째 공에는 3개, 다섯 번째 공에는 2개 그리고 여섯 번째에는 단 한번의 경우의 수가 있다. 따라서 이 6개의 숫자를 뽑을 경우의 수는 $6 \cdot 5 \cdot 4 \cdot 3 \cdot 2 \cdot 1 = 6!$(6팩토리얼)[20]이므로 당첨될 확률은

$$\frac{49 \cdot 48 \cdot 47 \cdot 46 \cdot 45 \cdot 44}{6 \cdot 5 \cdot 4 \cdot 3 \cdot 2 \cdot 1} = 49 \cdot 47 \cdot 46 \cdot 3 \cdot 44 = 13983816$$

의 역수가 된다.

---

20 $n!$은 1부터 n까지의 정수들을 곱한 수이다.

$\binom{n}{k}$에서 $n=49$, $k=6$을 대입해도 같은 결과를 얻는다. $(n-k)!$ 마저 계산하면 바로 $49 \cdot 47 \cdot 46 \cdot 3 \cdot 44 = 13983816$의 결과가 나온다.

파스칼은 자신의 '산술 삼각형'에 또 다른 응용성을 제시하였는데, 소위 '비노미알 공식'[21]으로 잘 알려져 있는 유명한 식이다. 이 식은 다음 장에서 아주 중요한 역할을 하게 된다.

$$(7.4) \qquad (a+b)^n = a^n + \binom{n}{n-1}a^{n-1}b + \binom{n}{2}a^{n-2}b^2 + \binom{n}{3}a^{n-3}b^3$$
$$+ \cdots + \binom{n}{n-1}ab^{n-1} + b^n$$

이 공식이 나온 배경은 $(a+b)^n$을 전개한 다음 각 항의 구성원인 알파벳을 순서대로 쓰고 나열하면

$$(a+b)^2 = (a+b)(a+b)$$
$$= (a+b)a + (a+b)b$$
$$= aa + ba + ab + bb$$

$$(a+b)^3 = (a+b)^2(a+b)$$
$$= (aa+ba+ab+bb)(a+b)$$
$$= (aa+ba+ab+bb)a + (aa+ba+ab+bb)b$$
$$= aaa + baa + aba + bba + aab + bab + abb + bbb$$

$(a+b)^2$의 전개식을 보면 길이가 2인 $a-b$ 수열들의 모임임을 알 수 있다. $(a+b)^3 = (a+b)^2(a+b)$에서는 길이가 2인 모든 수열들에 a와 b가 곱해져 있어 길이가 3인 $a-b$ 수열들의 모임이 된다. 마찬가지로[22] $(a+b)^n$은 길이가 n인 $a-b$ 수열들의 모임이다. 이것들 중에서 b가 k번, a가 $(n-k)$번 나타나고

---

21 Usage du triangle arithmetique pour trouver des puissances des Binomes et Apotomes, http://gallica.bnf.fr/ark:/12148/btv1b86262012/f40.image

22 엄밀하게 하자면 n에 관한 수학적 귀납법이다. 귀납법 종료 $n \mapsto n+1$에서 $n=2$의 경우를 보여주고는 일반적인 공식을 만들었기 때문이다. 길이가 n인 모든 $a-b$ 수열들의 모임에 a와 b를 각각 곱하면 길이가 $n+1$인 $a-b$ 수열들을 만들 수 있다.

그들의 곱이 $a^{n-k}b^k$인 수열들의 경우의 수가 $\binom{n}{k}$이다. 등식 (7.4)가 그 결과다.
숫자 $\binom{n}{k}$가 비노미알 공식[23]에서 계수 역할을 한다고 하여 '비노미알 계수'라고
한다. (7.4)를 합의 기호[24]를 사용하면

(7.5)
$$(a+b)^n = \sum_{k=0}^{n} \binom{n}{k} a^{n-k} b^k$$

파스칼은 1654년 여름에 중단된 게임에서 기대치를 계산하는 방법을 발견하
였고 이 결과를 많은 분야에 응용하였다.

파스칼은 1654년 11월 23일에 신비한 종교적 환상을 경험하게 되는데[25] 이후
부터 죽음으로 삶이 중단될 경우 얼마만큼의 가치가 있는가에 대하여도 똑같은
열정으로 연구하게 되었다. 유명한 것은 그가 1660년경 쓴 〈팡세(Pensees)〉[26]의
편번호 233에 나오는 '파스칼의 내기'에 관한 것이다. 이것은 신의 존재를 묻는
것보다 결코 가볍지 않은 질문인데 파스칼은 누구든지 이 질문에 대한 결정을 외
면할 수 없다고 하였다("il faut parier" – 내기를 해야 한다). 왜냐하면 결정을 안
한다는 것은 신의 존재를 부정하는 것에 걸은 것이기 때문이다. 그러니 다음의
두가지 경우만 있다.

A: 신은 존재한다.
B: 신은 존재하지 않는다.

A와 B 중 누가 맞는지는 모른다. 그리고 A와 B는 다같은 확률로 맞는 것으로
보인다. 그러나 파스칼에 의하면 그 기댓값은 완전히 다르다고 생각하였다. 왜냐

---

23 비놈(Binom)은 두 수 a, b의 합을 n제곱한 것이다.

24 유한한 길이의 숫자 수열 t_0, t_1, ..., t_n이 있다고 하자. 모든 t_k, $k = 0$, ..., n는 예를 들어
$t_k = \binom{n}{k} a^{n-k} b^k$에서처럼 지표 숫자 k에 대해서 계산을 하여 결정된다. 이 숫자들의 합
$t_0 + t_1 + \cdots + t_n$은 $\sum_{k=0}^{k} t_k$로 표시한다. 이 기호의 아이디어는 t_k를 $k = 0, 1, ..., n$에 대해서
차례로 더하라는 의미이다. 이들의 곱 역시 마찬가지로 $\prod_{k=0}^{n} t_k = t_0 \cdot t_1 \cdot \cdots \cdot t_n$으로 표시한다.

25 파스칼이 평생 동안 지니고 다녔던 'Memorial'에 철학자 그리고 학자의 신이 아닌 불, 아브라
함의 신, 이삭의 신, 야곱의 신, 양심, 양심, 깨달음, 기쁨, 평화, 예수 그리스도 같은 것을 써
놓았다.

26 http://abu.cnam.fr/cgi-bin/go?penseesXX1,318,337engl
http://www.gutenberg.org/files/18269/18269-h/18269-h.htm

하면 누군가가 A에 걸고 또 그게 맞다면 그 사람은 영생이라는 상을 얻지만 B가 맞다면 B에 건 사람은 한정된 시간이라는 아주 작은 상밖에 받지 못하기 때문이다. "주저 없이 신이 존재한다는 것에 걸어라. 그래서 이기면 모든 것을 얻을 것이요, 설사 진다고 해도 잃을 것은 없기 때문이다."[27]

파스칼의 내기는 아마도 '신은 존재한다'라는 '최상의 경우(best-case)'에 초점을 맞춘 것이라고 생각할 수 있을 것이다. 그렇다면 우리는 세상은 원래 좋을 수밖에 없는 것이라고 생각하면서 행동할 수 있다. 그러나 우리에게 훨씬 친숙한 '최악의 경우(worst-case)'로 이끄는 것으로 생각의 반전을 하게 되면 이 세상이 어떻게 되는지 위의 경우와 대비해 볼 수 있다. 아주 커다란 위험의 가능성에 대해 생각해 보는 것이다. 그런 일이 발생했을 때 그 결과가 치명적일 것이라고 믿는다면 다시 두 개의 가정이 성립한다.

A: 그 위험은 생긴다.
B: 그 위험은 생기지 않는다.

A 또는 B 중 어떤 것이 맞는지는 모른다. 여기서도 역시 A와 B 중 누가 맞는 게 중요한 것이 아니고 맞았을 경우에 생기는 이익(반대로 손해)의 크기를 따져보면 A 쪽으로의 결정이 더 가깝다. 만일 A로 결정하고 또 A가 맞으면 커다란 손해를 막을 수 있다. 그러나 B가 맞으면 한정된 불이익은(부작용) 어쩔 수 없다. 그래서 마치 위험이 분명히 생기는 것으로 가정하고 가지고 있는 모든 수단을 동원해서 위험에 대응하는 결정을 하게 된다. 위험이 커질수록 실제보다 더 크게 느껴지고 동시에 위험에 대비해서 싸워야 하는 도구를 결정할 때 느끼는 양심의 가책은 더욱 줄어든다. 이런 논리는 기술분야에서는 필수적인데, 예를 들면 다리를 건설하기 전에 최악의 경우인 태풍에 무너지는 것을 방지하기 위해 자세한 계산을 해야 한다. 그런데 만일 위협적인 위험이 사람들 또는 집단, 사회, 국가 간에 생기면 이 논리는 치명적일 수 있다. 다른 인간으로부터 야기되는 위험들은 상대방을 죽여야 확실하다는 방법으로 그 위험을 피할 수 있기 때문이다. 이 때문에

---

27 파스칼은 눈에 보이는 현생과 눈에 보이지 않는 사후의 영생은 커다란 차이가 있다는 일리 있는 반박에 대해 게임론의 전문가로서 다음과 같이 말하였다. "아니다. 게이머는 확률이 자기에게 유리하면 불확실한 경우에 대비하여 자기의 판돈을 걸 것이다. 모든 인간은 이 문제에 관해서는 어쩔 수 없이 게이머이므로(if faut parier) 같은 생각을 적용해야 한다."

'악은 결단코 용납되어서는 안 되고 위험을 제거할 목적이라면 상대방을 죽여서라도 위험을 제거해야 한다'는 논리는 정치적 담론에서 커다란 역할을 하게 된다. 그리고 그 부작용으로 세계사에서 끔찍한 대혼란을 야기하게 되는 것을 볼 수 있다. 독일인의 관점에서 보는 1차 세계대전이 좋은 보기이다.[28] 최근의 예로는 2003년에 일어난 이라크 전쟁을 들 수 있는데, 세계는 아직도 그 상처에서 회복하지 못했다.[29] 파스칼의 내기는 이러한 역행에 대항하는 백신으로서의 역할로 이해할 수 있을 것이다.

---

[28] 독일의 참모장이었던 헬무트 폰 몰트케(Helmut von Moltke)는 러시아에 선제공격을 가해야 한다고 주장하였다. 1914년 5월, 그는 외무상이었던 야고브(Jagow)에게 다음과 같이 말했다. "앞으로 2, 3년 후면 러시아는 전쟁 준비를 끝낼 것입니다. 그렇게 되면 적들의 군사적 우위는 너무나 커서 저는(몰트케) 그들의 군대에 대처할 방법을 모르게 될 것입니다. 그러나 아직까지는 방법이 있습니다." 그의 머리 속에는 아직 우리의 전투 능력이 있는 동안 적들을 제압하기 위하여 선제공격을 할 생각밖에는 없었다. 참모장은 외무상에게 전쟁을 빨리 시작할 수 있는 정책을 만드는 역할을 요구하였다(외무성의 야고브 관련 서류에서 따옴. 프리츠 피셔(Fritz Fischer), 세계적 강국의 쟁취(Griff nach der Weltmacht), 뒤셀도르프 2013, 50쪽). 그러나 당시 독일을 공격한다는 유럽 국가들의 협정 같은 것은 없었다. 즉 B의 경우만 있을 뿐이었다. 그럼에도 A의 경우에 손을 든 결정은 20세기 전체에 아주 커다란 비극인 1차 세계대전을 불러오게 된 것이다.

[29] 2003년 1월 28일 조지 부시는 미국의 상황에 대해서 "9월 11일날 19명의 비행기 납치범들이 사담 후세인의 명령으로 다른 무기와 계획을 가지고 있었다고 생각해 보세요. 우리가 결코 보지 못했던 공포의 하루를 경험하는 데는 병 하나, 상자 하나 정도를 우리나라 위에 흩뿌리는 것으로 충분합니다. 그런 날이 결코 오지 못하도록 가지고 있는 모든 수단을 동원하여 막을 것입니다(www.presidentialrhetoric.com/speeches/bushpresidency.html)."라고 말했다. 역시 경우 B가 맞았는데 A를 선택하여 전 세계, 특히 중동에 수백만 배의 고통을 안겨주고 아직도 그 끝이 보이지 않는다.

연습문제

7.1 드 메르의 생각 (1): 주사위를 4번 던졌을 때 6이 아닐 경우의 수(625)가 적어도 한 번 이상 6이 떨어질 때의 경우의 수(671)보다 적다는 것을 보이시오.

7.2 드 메르의 생각 (2): 두 개의 주사위를 24번 던졌을 때 동시에 6이 나오지 않는 확률이 $\left(\dfrac{35}{36}\right)^{24} = 50.86\%$임을 보이시오.

7.3 파스칼의 공정한 분할: 예를 들어 게이머 A와 B가 각각 32프랑을 걸고 동전 던지기로 내기를 하는데 '머리'가 나오면 A가 한 점을 얻고 '숫자'가 나오면 B가 한 점을 얻기로 합의하였다고 하자. 그리고 7점이 되는 누군가가 나오면 그 사람이 64프랑을 갖기로 약속하였다. 그런데 예기치 않은 상황이 되어 게임을 그만두었을 때 A는 5점을, B는 4점을 얻고 있었다면 파스칼의 분할에 따르면 각자 얼마씩 가져가야 할까?[30] 분할은 11 : 5가 되어 A는 44프랑을 B는 20프랑을 가져가는 것을 보이시오.

7.4 비노미알 계수: 비노미알 계수 $\binom{n}{k}$를 공식 (7.3)으로 정의할 수 있다는 것을 보이시오. 그리고 (7.1)을 이 정리로 나타낼 수 있다는 것을 보이시오.

7.5 비노미알 공식 (1): 등식 $(1 \pm 1)^n$의 비노미알 공식을 이용하여

a) $\displaystyle\sum_{k=0}^{n} \binom{n}{k} = 2^n$ b) $\displaystyle\sum_{k=0}^{n} (-1)^k \binom{n}{k} = 0$

이 성립함을 증명하시오. 비노미알 계수의 합은 2^n이고 교차합은 0이다. 첫 번째 결과가 새로운 것은 아니다. 그렇다면 길이가 n인 0-1수열은 전부 몇 개일까?

7.6 비노미알 공식 (2): 비노미알 공식을 이용하여 $11^8 = (10+1)^8$을 계산하시오.

---

30 Alexander Odefey: 〈Blaise Pascal〉, 9쪽
http://www.hs.uni-hamburg.de/DE/GNT/exk/pdf/pascal.pdf

08

가우스: 모든 방정식은 근을 가지고 있다(1799)

요약 이 장에서는 봄벨리가 발견한 복소수를 아주 놀라운 방법으로 전개하여 빛나는 결과를 가져오게 되는 과정을 소개한다. 수학자들은 음수의 제곱근, 즉 방정식 $x^2 = -1$의 근을 구할 수 있을 뿐만 아니라 임의의 고차 방정식의 근의 존재성을 확인할 수 있게 되었다. 여기까지 오기에는 많은 시간이 걸렸는데 처음에는 복소수 개념을 가지고도 예를 들면 방정식 $x^n = a$의 근을 구할 수가 없었다. 그러다가 금융에서 나타나는 복리 계산 공식의 발견, 파스칼의 비노미알급수에 기인한 레오나르드 오일러(Leonhard Euler)의 지수함수는 수의 시스템을 복소수의 세계로 확장할 수 있게 만들었다. 그 다음에 가우스는 수학자들이 연구해왔던 여러 가지의 n차 방정식을 방정식 $x^n = a$의 다른 형태로 파악하고 1799년에 선학들이 시도한 불완전한 모든 증명들을 철저하게 분석하게 된다. 그리고 복소수평면에 존재하는 특정 직선들은 조합론의 차원에서 반드시 교차한다는 사실에 기인한 새로운 차원의 방법을 도입하여 이 문제를 완벽하게 증명하는 박사학위 논문을 제출한다.

'대수학의 기본정리'는 근의 개념을 복소수로 확장시키면 2차, 3차 그리고 4차 방정식뿐만 아니라 계수들 $a_1, ..., a_n$ 역시 복소수인 모든 임의의 n차 방정식

$$(8.1) \qquad x^n + a_1 x^{n-1} + a_2 x^{n-2} + \cdots + a_n = 0$$

도 근을 가지고 있다는 것을 말해주고 있다. 달랑베르(d'Alembert)는 1764년에 이 정리를 처음으로 증명하였으나 그의 증명에는 약간의 결함들이 있었다. 이 결

함은 1806년 아르강에 의해서 해결되었다(연습문제 8.6). 그 후 4년 뒤 레오나르드 오일러[1]가 증명을 내놓았지만 역시 결함이 있었다. 결국 완벽한 증명은 가우스[2]가 1799년에 제출한 박사학위 논문에서 해결되었다. 봄벨리부터 가우스까지의 긴 여정에는 중간에 파스칼이 발견한 비노미알 급수가 중요한 디딤돌이 되었다. 이제부터 그 여정을 따라가 보자.

(8.1)과 같은 방정식의 근의 문제는 너무나 엄청난 문제였던 관계로 감히 해결을 시도하기 전에 먼저 간단한 방정식

(8.2) $$x^n = a$$

의 n제곱근을 구하는 문제를 풀어야 하는 것이 순서이다. a가 양수일 경우의 근은 이미 고대로부터 알려져 있었다. 그러나 문제는 a가 복소수일 경우이다. 이 문제는 야콥 베르눌리[3]와 레오나르드 오일러가 연구해 놓은 지수함수의 도움으로 해결되었는데 이 과정을 다음에서 살펴보기로 하자.

파스칼에 의하면 야콥 베르눌리는 확률론(ars coniectandi, 1713년)의 설계자인데 특히 복리 계산에 많은 연구를 하였다. 연금리가 x라면 연말에 돌려받는 총액은 $(1+x)$배가 된다. 그런데 투자액 x를 일 년에 n번에 걸쳐서 이자를 붙여서 불리고 싶다면 그에 상응하는 작은 금리 $\dfrac{x}{n}$를 적용하여 받게 된다. 그러면 첫 번째 받는 총액은 $1+\dfrac{x}{n}$배로 늘어나고 두 번째 시기에는 $\left(1+\dfrac{x}{n}\right)^2$배로 금액이 늘어난다. 그러면 연말에는 $\left(1+\dfrac{x}{n}\right)^n$배로 원금이 불어나 있을 것이다. 그런데 n이 무한대로 갈 정도로 커다란 숫자라면 어떤 일이 생길까? 물론 현실에서 이런 일은 일어나지 않았겠지만 자연에서는 모든 성장이 다음의 성장에 기여를 하게 된다. 오일러는 이 경우를 107쪽에 설명한 파스칼의 비노미알 이론과 $\dbinom{n}{k}$를 이용하여 계산해 보았다.

(8.3) $$\left(1+\frac{x}{n}\right)^n \overset{(7.5)}{=} \sum_{k=0}^{n}\binom{n}{k}\frac{x^k}{n^k} \overset{(7.3)}{=} \sum_{k=0}^{n} r_k \frac{x^k}{k!}$$

---

1 Leonhard Euler, 1707(Basel)~1783(St. Petersburg)
2 Johann Carl Friedrich Gauss, 1777(Braunschweig)~1855(Goettingen)
3 Jacob Bernoulli, 1655~1705(Basel)

여기서

$$r_k = \frac{n(n-1)\cdots(n-k+1)}{n^k} = \frac{n}{n}\cdot\frac{n-1}{n}\cdots\frac{n-k+1}{n} \leq 1$$

만일 k가 n보다 훨씬 작다면, r_k는 1에 근접할 것이다. 반대로 k가 매우 큰

수라면 (8.3)에서 항 $\dfrac{x^k}{k!} = \dfrac{x}{1}\cdot\dfrac{x}{2}\cdots\dfrac{x}{k}$가 매우 작아질 것이다. 그래서

(8.3)의 더하기 항들(합도 마찬가지지만)이 매우 작은 값이 된다.[4] 이렇게 하여

오일러가 발견한 함수는 다음과 같다.

$$(8.4) \qquad \lim_{n\to\infty}\left(1+\frac{x}{n}\right)^n = \sum_{k=0}^{\infty}\frac{x^k}{k!} =: \exp(x)$$

오일러는 이 함수를 지수함수(exponential function)라고 했는데 그 이유는 숫

자들의 지수계산에서 곱하기가 더하기로 변하는 과정, 즉 $2^3\cdot 2^2 = 8\cdot 4 = 2^5 = 2^{3+2}$

처럼 여기서도 임의의 x, y에 대해서도

$$(8.5) \qquad \exp(x)\exp(y) = \exp(x+y)$$

가 성립하기 때문이다.

증명 $\left(1+\dfrac{x}{n}\right)^n\cdot\left(1+\dfrac{y}{n}\right)^n = \left(1+\dfrac{x+y}{n}+\dfrac{xy}{n^2}\right)^n \approx \left(1+\dfrac{x+y}{n}\right)^n$ 이 성립한다.

왜냐하면 n이 충분히 커지면 항 $\dfrac{xy}{n^2}$는 $\dfrac{x+y}{n}$에 비해서 무시할 정도로 작기 때

문이다.

오일러는 숫자

$$e := \exp(1) = \sum_{k=0}^{\infty}\frac{1}{k!} = 2 + \frac{1}{2} + \frac{1}{6} + \frac{1}{24} + \frac{1}{120} + \cdots = 2.718281828$$

---

4 $\left|\displaystyle\sum_{k\geq m} r_k\frac{x^k}{k!}\right| \leq \displaystyle\sum_{k\geq m} r_k\left|\frac{x^k}{k!}\right| \leq \displaystyle\sum_{k\geq m}\left|\frac{x^k}{k!}\right| = \frac{|x|^m}{m!}\left(1 + \frac{|x|}{m+1} + \frac{|x|^2}{(m+1)(m+2)} + \cdots\right)$

$q := \dfrac{|x|}{m+1} < 1$ 이 되게끔 커다란 수 m을 취하면 $\dfrac{|x|^2}{(m+1)(m+2)} \leq \dfrac{|x|}{(m+1)^2} = q^2$ 등이

므로 $\left|\displaystyle\sum_{k\geq m}\frac{x^k}{k!}\right| \leq \dfrac{|x|^m}{m!}\displaystyle\sum_{j\geq 0} q^j = \dfrac{|x|^m}{m!}\dfrac{1}{1-q}$ (기하급수, 연습문제 3.2, 50쪽).

을 '지수 e'라고 불렀다. 그러면 $\exp(2) = \exp(1+1) = \exp(1)^2 = e^2$이고 일반적으로 $\exp(n) = e^n$이다. 이것이 $\exp(x)$를 e^x으로 쓰는 이유이다. 이 함수는 양의 x-지수이므로 그 값이 대단히 빨리 커진다.

그런데 x에 허수 $x = it$, $t \in \mathbb{R}$를 대입하면 어떤 일이 생길까? 결과는 놀랍다. 함수 $t \mapsto e^{it}$는 증가하지 않고 모든 t에 대해서 그 절댓값이 1이 된다. 이를 증명하기 위해 먼저 $|e^{it}|^2 = e^{it} \cdot \overline{e^{it}}$을 계산해야 한다. 일반적으로 켤레복소수는 모든 $x \in \mathbb{C}$에 대해 다음을 만족한다.

$$\overline{e^x} = \overline{\sum_k \frac{x^k}{k!}} = \sum_k \frac{\overline{x}^k}{k!} = e^{\overline{x}}$$

특히 $x = it$, $t \in \mathbb{R}$에 대해서는 $\overline{x} = -it$, 따라서 $\overline{e^{it}} = e^{\overline{it}} = e^{-it}$이고

(8.6) $$|e^{it}|^2 = e^{it} \cdot \overline{e^{it}} = e^{it} e^{-it} = e^{it-it} = e^0 = 1$$

이 된다.

따라서 복소수 e^{it}들은 모든 $t \in \mathbb{R}$에 대해서 단위원의 점들이다. e^{it}에서의 숫자 t는 기하학적으로 보면 1과 e^{it} 사이의 라디안 각을 의미한다. 이를 확인하기 위해 호를 충분히 큰 수 n개의 사잇점들 $x_k = e^{\frac{itk}{n}}$, $k = 0, ..., n$으로 분할하자.

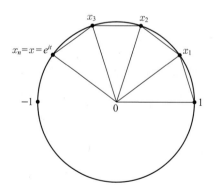

그러면 1과 e^{it} 사이의 각 α는 다음을 만족한다.

$$\alpha \approx \sum_{k=1}^{n} |x_{k-1} - x_k| = \sum_{k=1}^{n} \left| e^{\frac{i(k-1)t}{n}} - e^{\frac{ikt}{n}} \right|$$

$$= \sum_{k=1}^{n} \underbrace{\left| e^{\frac{i(k-1)t}{n}} \right|}_{=1} \left| 1 - e^{\frac{it}{n}} \right| = n \cdot \left| 1 - e^{\frac{it}{n}} \right|$$

$$= |it| \cdot \left| \frac{e^{\frac{it}{n}} - 1}{\frac{it}{n}} \right| \xrightarrow{n \to \infty} |t|$$

왜냐하면 모든 복소수 x(0을 포함)로 표현된 식

$$(8.7) \qquad \frac{e^x - 1}{x} = \frac{1}{x}\left(x + \frac{1}{2!}x^2 + \frac{1}{3!}x^3 + \cdots \right) = 1 + \frac{1}{2!}x + \frac{1}{3!}x^2 + \cdots$$

는 연속이고[5] $x = \lim\limits_{n \to \infty} \dfrac{it}{n} = 0$인 경우일 때의 값은 당연히 1이다.

특히 $t = \pi$이면 e^{it}는 반원을 돌아 -1에 도착한다. 이제 오일러의 유명한 관계식 $e^{i\pi} = -1$ 또는

$$(8.8) \qquad\qquad\qquad e^{i\pi} + 1 = 0$$

을 구했는데 이 식은 수학에서 가장 중요한 5개의 상수 0, 1, i, e, π를 전부 포함하고 있다. 이제 복소수의 곱을 기하학적으로 해석할 수 있다. 단위원 위에 있는 두 개의 복소수 $x = e^{it}$와 $y = e^{iu}$를 서로 곱하면 두 개의 각 t와 u는 서로 더해지게 된다.

$$x \cdot y = e^{it} \cdot e^{iu} = e^{it+iu} = e^{i(t+u)}$$

만일 x와 y가 단위원 위가 아니고 원점으로부터 양의 거리만큼 떨어져 있으면 $\dfrac{x}{|x|}$, $\dfrac{y}{|y|}$들이 단위원 위에 있게 되므로 이것들 역시 e^{it}와 e^{iu}의 형태로 바꾸어 쓸 수 있다. 따라서

---

5 함수가 연속이라는 것은 모든 수렴하는 수열의 함수값이 다시 수렴하는 경우이다. 수열 $(x_n)_{n \in \mathbb{N}}$이 수렴한다는 것은 n이 커질수록 x_n의 소수점 이하 자릿수가 점점 안정되어 가는 것을 의미한다. 연속함수들끼리의 결합과 곱이나 더하기, 빼기 역시 연속이고 그들의 n승 역시 연속이다.

$$x \cdot y = |x|e^{it} \cdot |y|e^{iu} = |x||y|e^{i(t+u)}$$

가 성립한다. 결론적으로 곱하면 절댓값끼리 곱해지고 각들은 더해진다. 이제 임의의 복소수 a의 n제곱근을 계산할 수 있다. $a = |a|e^{it}$에서 $x = \sqrt[n]{|a|} \cdot e^{\frac{it}{n}}$가 a의 n제곱근이 되는데 그 이유는 $x^n = |a| \cdot e^{it} = a$이기 때문이다.

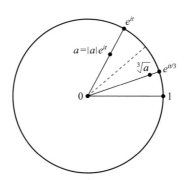

이제 칼 프리드리히 가우스가 '대수학의 기본정리'를 발견하게 되는 개인적 역사를 살펴보자. 18세기의 마지막 무렵에 영국이나 프랑스 등에서의 수학 연구는 눈부시게 발전하고 있었으나 독일의 수학 수준은 상대적으로 미미하였다. 바로 이 시기에 역사상 최대의 수학자 중 하나인 가우스가 독일의 작은 도시 브라운슈바이크(Braunschweig)에서 태어난 것이다. 가우스는 수론, 해석학, 기하학, 측지학, 천문학 등에서 사고의 영역, 연구의 깊이나 넓이 그리고 업적 등 모든 면에서 당시 유럽의 모든 동료 수학자들보다 압도적으로 뛰어났다. 훗날 가우스가 죽자 독일의 하노버(Hannover) 주에서는 그를 기리는 동전을 왕명으로 만들었는데 그 동전에 'Princeps mathematicorum(수학의 왕자)'이라는 문장을 새겨 넣게 되었다. 실로 가우스는 누구나 인정하는 최대 과학자 중 하나였다.

가우스는 1777년 4월 30일에 비교적 단순한 가계에서 출생하였는데 그의 아버지는 정원사, 미장이, 보험회사 경리 등 다양한 직업을 전전하였고 어머니 도로테아는 아버지의 두 번째 부인이었는데 결혼하기 전에는 남의 집 하녀였다. 가우스가 그녀의 유일한 혈육이었다. 가우스는 훗날 자기 아버지에 대해 "계산에 능한 분이었으나 집안에서는 거칠고 폭군적인 경향이 있었다. 나는 결코 그분을 존경하지 않았는데 다행히 내가 어린시절 아버지로부터 독립할 수 있었기 때문에 별 문제는 없었다"고 회상하였다.

가우스의 수학적 재능은 이미 어렸을 때부터 나타났는데 그는 말보다 계산을 먼저 배울 정도였다고 한다. 심지어 3살 때 아버지가 전표를 계산하는 것을 옆에서 지켜보고 있다가 틀린 것을 고쳐주었다고 할 정도였다. 가우스가 9살 때 초등학교 산수 시간에 1부터 100까지 더하는 숙제를 순식간에

$$1+2+ \cdots +100=(1+100)+(2+99)+ \cdots +(50+51)$$
$$=50\times 101=5050$$

로 바꾸어서 답을 구했는데 아마 그는 이미 급수계산의 방법을 깨달았던 것 같다. 당시 대학의 수학과 학생으로서 초등학교 보조교사였던 바텔스(J.C.M. Bartels)[6]는 어린 가우스의 천재성을 알아차리고 카롤니늄 대학교의 수학과 교수였던 폰 짐머만(E.A.W. Zimmermann)에게 소개하였다. 그 후 짐머만은 가우스를 브라운슈바이크 공작에게 소개하고 공작은 가우스가 고등학교, 대학교뿐만 아니라 교수가 될 때까지의 모든 장학금을 약속하였다.

가우스는 14세가 되던 1791년에 두 개의 양의 실수 α, β가 있으면 $\frac{\alpha + \beta}{2}$, $\sqrt{\alpha\beta}$를 계산한 후에 이 과정을 무한히 반복하여 생기는 산술기하평균의 관계를 연구하여 1년이 지난 1792년에 소수판에 쓰인 계산에 근거하여 소수정리를 추측하였다. 그 정리에서 x보다 작은 소수 전체의 숫자가 $\frac{x}{\ln x}$에 근사할 것이라고 추측하였고, 이 예언은 100년이나 지난 후 함수론의 오랜 연구 끝에 사실로 판명되었다. 15세가 되자 기하학의 평행선 공리가 성립되지 않는 새로운 기하학에 대해서도 연구하였다. 1794년(17세)에는 급수의 멱급수 안에서 산술기하평균의 전개에 성공하였고 이때부터 동등류값을 계산하였는데, 오늘날 잘 알려진 2차 형식(quadratic form)을 이용하였다. 재미있는 것은 가우스에게 이 문제는 너무나 당연하여 '발표하는 것조차 불필요하다고 생각하였다'고 한 사실이었다.

---

[6] Johann Christian Martin Bartels, 1769(Braunschweig)~1836(Dorpat, Livland, Estland). 오늘날 한국의 교생 같은 신분이었다. 나중에 러시아의 카산과 도르팟(Kasan, Dorfat) 대학의 교수가 된다.

1795~1798년(21세)까지 가우스는 괴팅겐 대학교에서 수학과 언어학을 공부하였다. 이 두 과목에서 무엇을 전공할까 고민하던 가우스는 마침내 수학을 전공하기로 결심하게 된다. 그 동기는 그가 19세 되던 해인 1796년에 '어떤 정n각형을 자와 컴퍼스만으로 그릴 수 있는가?' 하는 고대 그리스시대부터 내려온 문제를 해결하였기 때문이다. 이 문제는 2000년도 훨씬 넘는 아주 고전적인 문제였는데 그 누구도 이 문제의 해결에 단 한 발자국도 나아가지 못했던 상황이었다. 원래 수학자들은 정3, 4, 5각형 그리고 15각형과 이들 배수의 정n각형에 관한 작도방법은 알고 있었지만 정7, 9각형에 대해서는 속수무책이었다. 물론 많은 수학자들은 가우스 이전에도 이 문제가 방정식 $x^n = 1$의 해를 복소수 안에서 찾는 것과 연관이 있을 것이라고 추측은 하고 있었다. 그러나 가우스는 1796년 3월 30일자 일기에 '아직 자리에서 일어나기 전에 방정식 $\frac{x^p - 1}{x - 1} = 0$($p$는 소수)에서 근들끼리의 연관성이 확실해졌고 그것을 이용하여 정17각형을 자와 컴퍼스만으로 작도할 수 있었다'고 썼다. 현대 수학으로 표현하면 이것은 소수 p의 잉여류 모듈로 군(the group of prime residue classes mod p)과 동형사상(isomorphic)인 p원분체(p cyclotomic field)의 갈로아 군(Galois group)을(이미 가우스는 이 군이 순환군(cyclic group)임을 알고 있었다) 결정하는 문제였다. 더욱 놀라운 것은 많은 수학자들이 가우스가 발견한 해법을 경이로워했지만 가우스 자신은 그 발견 자체보다도 그 방법의 구조적인 사고방식을 더 중요하게 생각한 것이었다. 실제로 오늘날에 와서는 이 이론이 갈로아 이론의 탄생과 그에 따른 대수학의 발전에 결정적인 기여를 했다는 것은 잘 알려진 사실이다.

가우스가 박사학위 논문을 제출한 것은 22세가 되던 1799년이었는데 그는 이미 그전에 전 세계 수학계와 수학의 역사 속에서 압도적으로 우뚝 솟는 기량을 보여주었다. 1796년과 1798년 사이(19~21세)에 첫 번째 저서인 〈연산에 관한 논문(Disquisitiones Arithmetica)〉을 썼던 것이다. 당시까지 수론(number theory)에 관한 많은 논문들은 개별적인 흥미로운 결과나 내용을 담은 것들이 주류를 이루었으나 이 책에서 가우스는 수론을 하나의 거대한 조직적이고 통일된 이론으로 소개하였고 이에 따라 이 책은 많은 수학자들의 각광을 받게 되었다. 이 책에는 엄청나게 복잡하고 어려운 계산이 많이 들어 있어 읽는 사람마다 처음에는 '도대체 이런 어마어마한 과정 끝에 무슨 결론이 나올 수 있을까?' 하고 의아하게 생각한다. 하지만 그 안에 숨어 있는 대단히 깊은 이론을 발견하게 되고 마침내 수론에 관한 모든 의문과 정리들 그리고 복잡한 계산들의 의미가 명확해진다. 그럼에도 이 책은 당시 최고의 수학자들에게조차 너무나 난해해서 프랑스를 대표하는 수학자였던 르장드르 같은 사람은 수론 교과서의 서문에 '나는 최근에 나온 모든 수학논문을 다 이해할 수 있으나 가우스의 2차 형식에 관한 이론만은 예외다. 거기서 내가 할 수 있는 일은 오직 번역밖에 없다'라고 말할 정도였다.

가우스 논문의 논리적 우아함, 수학적 표현과 기법의 완벽함 그리고 이론의 극단적인 간결함 등은 그 예를 찾아볼 수 없을 정도이고 오늘날에도 많은 수학자들에게 깊은 영감을 주고 있다. 그의 논문을 읽는 모든 사람들은 그 논문이 인간 예지의 성숙함의 극치를 나타내는 대가의 창작품이라는 것을 알 수 있게 된다. 가우스는 항상 그의 증명이 완벽한 모양을 갖출 때까지 기다렸다. 그의 절친한 친구 슈막허(Schumacher)에게 보낸 편지(1833년 4월 2일자)에서 "선생님은 제가 논문들을 천천히 쓴다는 것을 알고 계시지요…. 사실 이 버릇은 최소의 공간에 가능하면 많은 것을 쓰는 것이 제 마음에 합당하고, 또 짧게 쓰는 것이 길게 쓰는 것보다 훨씬 더 많은 시간을 소모하는 데서 오는 것입니다"라고 말했다. 또한 폰 발터스하우젠(von Waltershausen)은 가우스에 대해 "그는 항상 자기의 연구 결과를 완벽한 예술작품으로 만들려고 노력하였습니다. 스스로가 만족하기 전에는 절대로 용납을 안 했고 물론 공개도 안 했습니다. 그는 늘 말하기를 '좋은 건축물에는 그 골격이 보여서는 안 된다'고 했습니다"라고 말했다.

이러한 가우스의 논문은 소위 '차가운 아름다움'으로 표현된다. 그의 논문을 읽는 사람은 누구나 가우스가 어떻게 이런 결과를 얻었는지 신기하게 생각한다. 아벨(N.H. Abel)이 말하기를 "가우스는 마치 모래 위를 걷는 여우가 꼬리로 자기의 흔적을 지우면서 가는 것처럼 연구를 한다"고 했고 야코비(C.G.J. Jacobi, 1804~1851)도 "가우스의 논문은 마치 꽁꽁 얼어붙은 얼음과 같다. 그것을 이해하려면 먼저 그 얼음이 녹기를 기다려야 하니까"라고 말했을 정도였다.

앞에서 말했듯이 1801년(24세)에 '연산에 관한 논문'을 발표하면서 가우스는 세계적인 명성을 얻게 되었다. 그러나 가우스는 수학에 관해서만 명성을 날린 게 아니었다. 천문학자로서도 엄청난 명성을 얻게 되는 일이 생긴 것이다. 19세기를 처음으로 맞는 새해 전날 밤에(1800년 12월 31일) 이태리의 천문학자 피아지(G.

Piazzi, 1746~1801)는 작은 행성 세레스(Ceres)[7]를 발견하였다. 그러나 이 별은 관측된 지 40일 만에 시야에서 사라지고 말았다. 당시의 천문학자들에게 이렇게 짧은 관측기록만으로 한 별의 궤도를 계산하는 것은 불가능한 일이었다. 그러나 가우스는 오직 세 개의 관측기록만 가지고도 행성의 궤도를 계산해 내는 새로운 방법을 발견하였다. 세레스의 기록은 충분히 많은 것이 되었으므로 가우스는 자기의 비교계산 원리를 여기에 응용하여 세레스의 궤도를 정확하게 계산해 낼 수 있었다. 그리고 가우스를 반신반의하던 많은 천문학자들은 1801년과 1802년 초에 모든 망원경을 그 궤도에 고정시키고 마침내 다시 나타난 세레스를 찾을 수 있었다. 실로 놀라운 일이 아닐 수 없었다. 세레스를 다시 발견한 올버스(H.W. Olbers, 1758~1840)는 이에 관해 "존경하는 선생님 덕에 이 별을 다시 찾을 수 있었습니다. 선생님의 계산이 없었더라면 저는 아마도 훨씬 더 동쪽에서 별을 찾느라고 애를 쓰고 있었을 겁니다"라고 말하며 감격에 겨워하였다. 그 후 가우스는 이 방법을 더욱 발전시켜서 별들 간에 생기는 간섭현상을 이 계산에 포함시켜 세레스보다 훨씬 더 작은 별 팔라스(Pallas)도 찾을 수 있었다. 이러한 천문학의 결과들을 모아 1809년(32세)에 〈천체운동에 관한 이론(Theoria motus corpora coelestium)〉이란 제목으로 논문을 발간하였다. 당시 그는 출판인에게 "이 논문은 앞으로 수백 년간 읽힐 것입니다"라고 말하였다고 전해지는데, 실제로 오늘날에도 행성의 궤도 결정은 가우스 방법을 사용하고 있다.

가우스는 다른 수학자의 연구나 이론에 관심을 보인 적이 거의 없었다. 야코비조차도 가우스가 자기는 물론 디리흘렛(P.G.L. Dirichlet, 1805~1859)의 논문을 참고한 적이 없다고 불평할 정도였다. 그 유명한 아벨에 대해서도 단 한번의 관심도 보이지 않다가 이 불행한 천재가 요절하였다는 소식을 듣고 아주 예외적으로 아벨의 초상화를 부탁하였다고 한다. 또한 프랑스 수학자들에 대해서도 노골적으로 말은 안 하였지만 전혀 상대할 가치가 없다고(역시 정치적인 이유도 있었지만) 생각하는 것 같았다. 이 점에 있어서는 프랑스 수학자들도 독일 수학자들에 대해 마찬가지로 생각하였다. 가우스가 좋아했던 극소수의 사람들 중 하나가 가우스와는 정반대의 인품을 지닌 아이젠슈타인(F.G.M. Eisenstein, 1823~1852)이었지만 그는 아주 젊은 나이에 가우스 곁을 떠났다. 나이가 들수록 가우

---

7 로마시대의 '농가의 여신'

스는 점점 더 접근하기 어려운 사람이 되어 갔고 제자도 없었으며 가능하면 사람들과의 접촉도 피했다. 그는 아주 검소하게 살았으나 재산은 많이 모았다. 이는 아마 어렸을 때 곤궁하게 자랐던 것에 대한 보상심리였던 것 같다.

가우스의 사위나 친구들이 정치적인 문제로 고통을 받을 때에도 가우스 자신은 정치에 아주 냉담하였다. 그 이유 중 하나는 오랜 세월을 브라운슈바이크의 공작으로부터 장학금을 받아 정치적으로 대단히 보수적이었기 때문이었다. 그가 사회에 요구하는 것은 오직 자신을 조용히 연구하게 내버려 두라는 것뿐이었고 심지어 당시의 정치적 이변을 '시끄럽다'고 생각하였다. 가우스는 그런 것들은 오직 자신의 연구에 필요한 '맑은 정신'을 흐트리는 것일 뿐이라고 믿었다. 그는 강의에 대해 강한 거부감을 가지고 있었고 밑에 제자도 두지 않았다. 그가 수학계에 미친 영향은 거의 논문 출판에 의존하여 이루어질 정도로 다른 수학자들과의 접촉은 드물었다. 1849년 박사학위 50주년 기념일에는 오직 두 사람의 수학자만 괴팅겐으로 왔는데 야코비와 디리흘렛이었다. 1850년과 1851년에 걸쳐 가우스는 최소 2차 형식에 관한 강의를 하였는데 이 강의를 들은 극소수의 학생 중에는 이 위대한 노수학자의 모습에 깊이 감명을 받은 당시 19세의 데데킨트가 앉아 있었다.

가우스의 가정사를 보면, 그는 두 번 결혼하였는데 첫 번째 부인과는 행복한 시절을 보냈으나 셋째 아이의 출산으로 부인이 죽자 재혼하였다. 그러나 두 번째 부인은 몸이 약하고 예민하여 결핵으로 사망하고 만다. 두 명의 부인에게서 전부 6명의 남매가 태어나는데 아버지의 소원과 달리 수학을 전공한 사람은 아무도 없었다. 수학적 재능이 뛰어난 것으로 알려진 한 아들은 미국으로 건너가 인디언(수호이족)의 언어를 연구하여 성경을 그 언어로 번역하였고 또 막내 아들 역시 미국으로 건너가 농업에 종사하여 나중에는 은행을 설립할 정도로 성공하였다고 한다. 가우스는 이 막내 아들을 무슨 이유에서인지 '무용지물'이라고 말했다고 한다. 첫째 딸은 병약한 계모를 시중들다가 역시 일찍 죽었다. 다만 가우스의 어머니는 장수하면서 아들과 같이 살았는데 말년에는 실명하고 만다. 가우스는 친구에게 "많은 사람이 나를 학문적으로 부러워하고 있다는 것을 잘 알고 있지만 나 역시 인생 문제에서는 고통을 당하고 있다네"라고 말하였다고 한다.

이제 가우스의 학위 논문인 〈대수학의 기본정리〉에 대해 알아보자. 가우스가 이 박사학위 논문[8]을 제출한 것은 1799년이었는데 당시 그는 22세였다. 그가 공부했던 대학은 브라운슈바이크 공작의 영지 안에 설립된 주립대학 헬름슈타트(Helmstadt) 대학교였다. 사실 논문 〈대수학의 기본정리〉의 결과는 2년 전인 1797년에 가우스가 괴팅겐 대학에서 공부하고 있었을 때 이미 나왔던 것이다. 앞에서 말했듯이 가우스는 그 전에 자신의 출생지였던 브라운슈바이크 주의 주인이었던 칼 빌헬름 페르디난드 공작[9]으로부터 장학금을 받고 있었다. 당시 괴팅겐은 선제후국이었던 하노버 영지였기 때문에 '외국'이나 다름없었다. 말하자면 외국 대학생에게 장학금을 주는 굉장히 특별한 경우였다. 괴팅겐 대학의 도서관은 무엇보다도 16만 권의 장서를 소유하고 있어서 가우스는 그곳에서 연구에 몰두하였으며 바로 이런 유럽 아카데미의 출판물에 접근할 수 있었던 것이 그로 하여금 최고의 수학 공부를 할 수 있게 하였다. 그리고 결과물들이 나오기 시작하였는데 괴팅겐 대학을 입학한 후 반년 만에 앞에서 말한 2000년 이상 해결 못했던 정17각형이 자와 컴퍼스만으로 작도될 수 있다는 것을 증명하였다(연습문제 9.12, 162쪽). 이런 연구들은 가우스로 하여금 1796년에 이미 아주 광범위한 분야의 연구 '산술연구(disquisitones arithmeticae)'로 이끌었는데 무엇보다 '상호법칙(reciprocity law)'[10]이 그 핵심이었다. 그런 가운데에서 '대수학의 기본정리'를 연구하였다. 이 연구를 하던 중에 가우스는 우선 라그랑주의 대수학 논문을 읽었

---

[8] "Demonstratio nova theorematis omnen functionem algebraicam rationalem integram unius variabilis in factores reales primi vel secundi gradus resolvi posse"(변수가 하나인 모든 유리정수 함수가 1차나 2차의 실수인수로 인수분해되는 정리에 대한 새로운 증명법) 가우스는 복소수를 언급하는 것을 피하고 '실수'들로서 결과를 나타내었다.

[9] 페르디난드 공작은 이 젊은 수학 천재에게 희망을 걸고 1792년에 장학금을 지불하여 영지 최고의 학교였던 브라운슈바이크 콜레지움 카롤리눔(Collegium Carolinum Braunschweig)에 입학시켰다. 이 학교에서 가우스는 존경하는 선생님을 알게 되었다. 그는 가우스의 먼 친척이자 셰익스피어의 번역자이고 레싱(Lessings)의 친구였던 요한 요아킴 에쉔부르그(Johann Joachim Eschenburg, 1743(Hamburg)~1820(Braunschweig)였다. 가우스는 그의 아들 빌헬름 에쉔부르그(Wilhelm Eschenburg)와는 일생을 가까운 친구로 지냈다.

[10] 이 법칙은 modulo p에 관한 p의 배수를 제외한 제곱수 법칙이다. 예를 들면 13은 modulo 17에 관한 제곱수가 되는데(제곱잉여, quadratic residue) $13 + 3 \cdot 17 = 64 = 8 \cdot 8$이고 역으로도 17=4+13은 modulo 13에 관한 제곱수이다. 대부분의 소수 p와 q는 다음의 법칙에 적용된다. p가 modulo q에 제곱수이다. ⇔ q가 modulo p에 관한 제곱수이다. 유일한 예외는 $p+1$과 $q+1$이 4로 나누어지면 p가 modulo q에 관한 제곱수이다. 또는 q가 modulo p에 관한 제곱수이지만 동시에는 성립하지 않는다.

고, 달랑베르와 오일러의 논문들을 읽고 나서 그들의 논문에 많은 결함이 있다는 것을 알고 1797년에 그 결함들을 완벽히 제거하는 새로운 논문을 발표하기도 했다.

1978년 공작이 제공한 장학금이 끝나자 가우스는 고향인 브라운슈바이크로 돌아와 헬름슈타트의 수학자 요한 프리드리히 파프[11]를 만나 그에게 자기의 학위논문을 제출하려고 하였다. 그러나 인쇄가 계속 늦어지는 바람에 파프의 충고에 따라 논문 〈대수학의 기본정리〉를 좀 더 확장시킨 이론을 제출하였다.[12] 파프는 가우스에게 많은 수학적 충고를 해주었는데 특히 그에게 논문을 독자들이 알기 쉽게 쓰라고 권하였다(별로 성공하지 못하였지만). 파프는 가우스의 지도교수였을 뿐만 아니라 세기가 바뀌는 해의 연말과 부활절 기간을 같이 헬름슈타트에서 보낼 만큼 가까운 친구 사이였다.

논문의 전반부는 달랑베르, 오일러, 라그랑주 같은 선학들의 논문들을 주의깊게 파헤치는 내용이었다. 가우스는 선학들이 애초부터 근의 존재를 암묵적으로 가정하였다는 사실을 직시하고 그들의 증명이 계속 반복논리에 기인한다는 것을 알았다. 그래서 가우스는 논문의 후반부에 완전히 다른 증명을 보이는데, 이는 대수학을 떠나 수학의 새로운 분야로 들어가게 만드는 계기가 되었다. 19세기에는 이 새로운 분야를 '상황 해석학'이라고 불렀는데 오늘날에는 '위상수학(topology)'이라고 한다. 가우스는 우선 (8.1)의 방정식에서 계수 $a_1, ..., a_n$가 실수인 경우를 먼저 고찰하였다.

$$(8.9) \qquad f(x) = x^n + a_1 x^{n-1} + a_2 x^{n-2} + \cdots + a_n$$

그리고 $f(x)$가 복소수 근을 가지고 있다는 것을 증명하면 모든 계수들이 복소수일 경우도 $f(x)$가 여전히 복소수 근을 가지기 때문이다. 이를 보기 위해 일단 위의 $f(x)$의 계수 $a_1, ..., a_n$가 복소수라고 하자. 그리고

$$\overline{f}(x) = x^n + \overline{a_1} x^{n-1} + \overline{a_2} x^{n-2} + \cdots + \overline{a_n}$$

---

11 Johann Friedrich Pfaff, 1765(Stuttgart)~1825(Haale an der Saale)

12 http://edoc.hu-berlin.de/dissertation/historisch/gauss-carolo/HTML/index.html, englisch: http://archive.larouchepac.com/node/12482, 〈Version zum Doktorjubliaeum〉(박사학위 기념판) 1849: http://reader.digitale-sammlungen.de/fsl/object/display/bsb10053475_00039.html

이라고 정의하자. 그러면 새로운 함수

$$g(x) = f(x)\overline{f}(x) = f(x)\overline{f(\overline{x})}$$

를 만족한다. 그리고 $g(x)$는 상수가 아닌 다항식이고 실수계수를 가지고 있으며 가정에 의해서 근 x_0를 가지고 있다. 그러면

$$g(x_0) = f(x_0)\overline{f}(x_0) = f(x_0)\overline{f(\overline{x_0})} = 0$$

이 성립한다. 따라서 x_0아니면 $\overline{x_0}$가 f의 근이 된다. 이제 $f(x)$를 (8.9)의 실수 계수를 가진 다항식이라고 하자. 가우스는 $f(x)$의 실수 부분인 $\mathrm{Re}(f(x))=0$과 허수 부분인 $\mathrm{Im}(f(x))=0$을 두 개의 등식으로 고찰하여 이 두 방정식에 의하여 생성되는 대수적 곡선(curve)을 고찰하였다. 각각의 곡선들은 몇 개의 연속적인 부분곡선들로 이루어져 있다. 가우스는 복소수의 절댓값 $|x|=r$로 놓은 다음 r이 충분히 크면 각각의 곡선들은 원 $|x|=r$과 $2n$개의 장소에서 만나고, 이 두 곡선들이 만나는 점들이 서로 교차한다는 것을 보였다. 즉, 한 곡선이 원과 만나는 두 개의 점 사이에는 다른 곡선의 점이 원과 만나고 있는 것이다.[13]

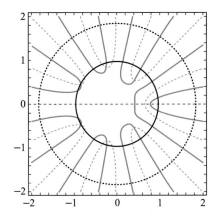

13 Soham Basu and Daniel J. Velleman, 〈On Gauss's first proof of the fundamental theorem of algebra, ar〉 Xiv:1704.06585

가우스는 이 곡선의 부분곡선들이 원 $|z| \le r$ 안에 들어가면 반드시 다시 나온다는 것을 증명하지 않고 주장하였다. 이 이론을 근거로 곡선들 $\mathrm{Re}(f(x))=0$과 $\mathrm{Im}(f(x))=0$에 적용하면 둘 중 한 곡선이 원의 경계에 있는 $2n$개의 만나는 점 중 한곳에서 원의 내부로 들어가게 되는데, 그 곡선의 부분곡선을 추적하면 이 곡선은 결국 원과 또 다른 교차점을 만들면서 나타날 것이라고 주장하였다. 가우스는 두 곡선의 만나는 점들이 서로 교차한다는 사실과 더불어 이 이론을 결합시키면 두 곡선 $\mathrm{Re}(f(x))=0$과 $\mathrm{Im}(f(x))=0$이 원의 내부에 있는 한 점에서 언젠가는 교차한다고 주장하였다(앞 그림 참조). 그리고 만나는 이 점에서 $f(x)$의 실수와 허수 부분이 동시에 0이 되는, 즉 $\mathrm{Re}(f(x))=0$과 $\mathrm{Im}(f(x))=0$이고 $f(x)=0$이 성립한다. 바로 그 만나는 점이 $f(x)$의 근이 되는 것이다. 이를 확인하기 위해 가우스는 등식 (8.9)를 최고차수 x^n으로 인수분해하였다.

$$(8.10) \qquad f(x) = x^n\left(1 + \frac{a_1}{x} + \frac{a_2}{x^2} + \cdots + \frac{a_n}{x^n}\right)$$

원둘레 K_r 위에서는 $|x|=r$이고, r이 충분히 크다면 $|a_K/x^k|=|a_k|r^k$은 1과 비교할 때 매우 작아 $f(x) \approx x^n$이 성립한다. x가 원둘레 K_r을 한 바퀴 도는 동안 각에 항상 n번씩 곱해지기 때문에 x^n은 반지름이 r^n인 원을 정확히 n번 돌게 되는데[14] 기호 $\mathrm{Re}\,f(x)$와 $\mathrm{Im}\,f(x)$는 각각 평행축과 직선축에 이러한 운동의 사영값이라고 말할 수 있다. 그들의 전치부호는 x^n이 다른 축으로 옮겨 갈

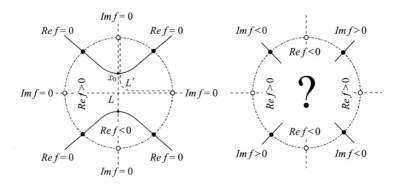

---

14 $x = R\cos\theta + iR\sin\theta$이면 $x^n = R^n\cos n\theta + R^n\sin n\theta$

때마다 변한다. 앞의 왼쪽 그림에서는 $x = u + vi$라고 하면 $f(x) = x^2 + 1$일 때 $\mathrm{Re}f = u^2 - v^2 + 1$ 그리고 $\mathrm{Im}f = 2uv$인 경우이다.

$\mathrm{Im}\ f = 0$인 몇 개의 선(점선으로 표현된)들은 $\{x \mid \mathrm{Re}\ f(x) > 0\}$ 영역에서 왼쪽으로 출발하여 다시 이 영역을 떠나는데 이때 $\{x \mid \mathrm{Re}\ f(x) = 0\}$을 거쳐가게 된다. 이때 생기는 점 x_0에서 $\mathrm{Re}\ f(x_0)$와 $\mathrm{Im}\ f(x_0)$가 동시에 0이다. 따라서 x_0가 f의 제로점이다. 물론 이 이론이 바로 실행되지는 않는다. 왼쪽에 있는 그림에서 L로 표시된 평행축에 점선으로 표시된 몇 개의 연결선들이 영역 $\{\mathrm{Re}\ f > 0\}$를 떠나지 않는 것을 볼 수 있다. 따라서 제대로 된 선을 찾아야 한다. 아주 임의적인 다항식에서는 좀 더 어려워지는데 선 $\{\mathrm{Im}\ f(x) = 0\}$은 오로지 원둘레 K_r 위에 있거나 원 바깥에 있는 것들만 알 수 있기 때문이다. 어떻게 그 선들이 원의 내부를 돌아다니는지는 알지 못한다(앞 오른쪽 그림). 그럼에도 $\mathrm{Im}\ f = 0$(그림에서 작고 흰원으로 표시된) 타입(type)의 이웃한 원 위의 점들은 적어도 한 쌍이 점선으로 표시된 선으로 연결되어 있고 이런 이웃하는 것들이 $\{\mathrm{Re}\ f = 0\}$ 타입의 (늘려진) 선으로 분리되어 있다고 결론지을 수 있다.

두 개의 하얀 점들 사이에 있는 모든 점선의 연결선 L은 원을 둘(면)로 나눈다. 여기서는 적은 (최대로 같은) 개수가 들어 있는 면을 생각해 보자. 점들은 서로 연결되어 있거나 아니면 다른 면의 흰 점들과 연결되어 있다. 후자의 경우 그들의 연결선이 연결 L을 끊고 왼쪽 그림에 있는 L'처럼 하얀 점들 사이에서 점선의 새로운 연결선을 만든다. 양쪽 경우 모두 다 가까이 있는 흰색 점들 사이의 점선 연결선이 존재한다. 이 방법을 반복하면 결국에는 적어도 한 쌍의 이웃하는 점들이 연결되어 있다는 결론이 나온다. 이 연결을 L'라고 한다. L'의 다른 면에는, 특히 이웃인 두 개의 흰 점이 있는 원의 호 위에서, $\mathrm{Im}\ f$는 아무런 제로점을 갖지 못한다. 이 호 위에는 오직 한 개의 검은 점($\mathrm{Re}\ f = 0$가 되는)만 있는데 흰 점과 검은 점들이 서로 교차하기 때문이다. 흰 점들은 L'로 경계지어진 영역 밖에 있어야 하는 검은 점들과 연결되어 있고, $\mathrm{Re}\ f = 0$이 되는 곳으로 연장된 선들은 L'와 교차해야만 한다. 그 교차점이 f의 제로점이다.

가우스는 이 대수적 곡선에 관한 자신의 주장이 충분한 정당성을 갖지는 못한다고 느낀 것 같다. 그래서 논문의 각주에 '내가 아는 한 어느 누구도 이 이론에

대해서 반론을 제기한 사람은 없다. 그럼에도 누군가가 완벽한 증명을 요구한다면 어떤 경우에도 의심의 여지가 없는 완벽한 증명에 착수하겠다'고 써 놓았다. 그렇지만 가우스는 결국 완벽한 증명은 하지 않았다. 그러면서 각주에 논문에서 나타나는 특수한 대수적 곡선에 관한 주장을 세우는 과정을 스케치해 놓았을 뿐인데 그나마도 윤곽만 설명해 놓았다. 그러다가 원 $|z| \leq r$ 안에 들어가는 곡선 Re($f(x)$)=0과 Im($f(x)$)=0의 부분곡선이 다시 나온다는 가우스의 주장에 관한 첫 번째 완벽한 증명은 1920년 알렉산더 오스트로보스키(Alexander Ostrowoski)가 하였는데 이 또한 완전한 정당성을 쉽게 얻지는 못하였다. 가우스가 주장한 '만나는 점'에 관한 토론회에서 스티브 스메일(Steve Smale)[15]은 "나는 가우스의 증명 안에 있는 엄청난 이론적 공백이 메꾸어지기를 바란다. 대수적 실수 곡선들이 떠나지 않고서는 원 안에 결코 들어갈 수 없다는 사실이 오늘날에도 아주 미스터리한 일이라고 생각한다"고 말하였다.

이 복잡한 이론은 오늘날에 와서 회전수 개념의 도입으로 인해 훨씬 간단하게 되었는데, 그륜바움과 쉐퍼드[16]에 의하면 이 개념은 이미 1865년 뫼비우스가 도입한 것이라고 한다. 제로점과 만나지 않는 복소수 평면 위의 닫힌 선들의 회전

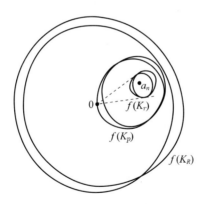

15 S. Smale: 〈The fundamental theorem of algebra and complexity theory, Bull〉. Amer. Math. Soc. 4(1981), 1〜36

16 B. Gruenbaum, G.C. Shephard: 〈Rotation and winding numbers for planar polygons and curves〉, Transaction Amer. Math. Soc. 322(1990), 169〜187
http://www.ams.org/journals/tran/1990-322-01/S0002-9947-1990-1024774-2/S0002-9947-1990-1024774-2/pdf

수는 그 선을 한 번 통과하는 제로점의 회전수와 같다. 닫힌 선을 연속적으로 형태를 바꾸면 제로점을 만나지 않는 한 회전수는 변하지 않는다.

이것을 매우 큰 반지름 R인 원둘레 $K_R = \{x \,\|\, x| = R\}$의 경우와 아주 작은 반지름 r인 $K_r = \{x \,\|\, x| = r\}$에 각각 응용해 보자. 앞에서 보았듯이 K_R인 경우에는 $f(x) \approx x^n$가 성립하고 $f(K_R)$의 회전수는 n과 같은데 n-제곱에서는 K_R이 n-번 회전하기 때문이다. 그러나 K_r에서는 (8.9)에 의해 $f(x) \approx a_n$이 되는데 $|a_k x^k| = |a_k| r^k$이 매우 작기 때문이다. a_n을 제로가 아니라고 가정할 수 있는데, 만일 그렇지 않다면 이미 제로점, $f(0) = 0$을 찾을 수 있기 때문이다. $f(K_r)$이 a_n 가까이에 머물러 있기 때문에 아주 작은 각도 사이에 머무르고 제로점을 회전하지 못한다. $f(K_r)$의 회전수는 0이다. 원의 반지름들을 r에서 R로 점점 크게 하면 r과 R 사이에 있는 어떤 반지름 ρ에서 회전수가 결정되어 그곳에서 제로가 넘어가 0이 $f(K_\rho)$ 위에 놓여 있게 된다. 즉, $|x_0| = \rho$인 어떤 x_0에 대해서 $f(x_0) = 0$이 성립한다.

결론 가우스의 〈대수학의 기본정리〉에 의해서 상수가 아닌 복소수계수 다항식 $f(x) = x^n + a_1 x^{n-1} + a_2 x^{n-2} + \cdots + a_n$은 $\mathbb{C}$ 안에서 정확히 n개의 근을 갖는다.

연습문제

8.1 음의 지수: $\exp(0) = 1$을 감안하여 $\exp(-x) = 1/\exp(x)$임을 보이시오.

8.2 유리수 제곱: 모든 $n \in \mathbb{N}$에 대해서

a) $\exp(n) = e^n$

b) $\exp\left(\dfrac{1}{n}\right) = \sqrt[n]{e}$

가 성립하고 $\exp\left(\dfrac{m}{n}\right) = \sqrt[n]{e^m}$ 임을 유도하시오.

8.3 지수법칙: 다음의 지수법칙(8.5),

$$\exp(x)\exp(y) = \exp(x+y)$$

정의 $\exp(x) = \displaystyle\sum_{k=0}^{\infty} \frac{x^k}{k!}$ 로부터 직접 계산하시오. 이 과정에서 파스칼의 비노미알 공식(7.5)을 이용하시오.

$$\frac{(x+y)^m}{m!} = \sum_{j=0}^{m} \frac{1}{m!}\binom{m}{j}x^j y^{m-j} = \sum_{j=0}^{m} \frac{1}{j!}\frac{1}{(m-j)!}x^j y^{m-j}$$

에 의해서

$$\exp(x+y) = \sum_{m=0}^{\infty} \frac{(x+y)^m}{m!} = \sum_{m=0}^{\infty}\sum_{j=0}^{m} \frac{x^j}{j!}\frac{y^{m-j}}{(m-j)!}$$

가 성립한다. 한편 다음의 등식도 성립한다.

$$\exp(x)\exp(y) = \sum_{j=0}^{\infty}\frac{x^j}{j!}\sum_{k=0}^{\infty}\frac{y^k}{k!} \overset{1}{=} \sum_{j=0}^{\infty}\sum_{k=0}^{\infty}\frac{x^j}{j!}\frac{y^k}{k!}$$

$$\overset{2}{=} \sum_{m=0}^{\infty}\sum_{j=0}^{m}\frac{x^j}{j!}\frac{y^{m-j}}{(m-j)!}$$

여기서 $\overset{1}{=}$ 은 합들의 곱을 풀어 쓴 것이다.

$$(a_1 + a_2 + \cdots)(b_1 + b_2 + \cdots) = a_1 b_1 + a_2 b_1 + a_1 b_2 + a_2 b_2 + \cdots$$

또는 간단하게 $\sum_j a_j \sum_k b_k = \sum_j \sum_k a_j b_k$ 로 표시하는데 오른쪽의 모든 곱들 $a_j b_k$ 이

더해지는 것이다. $\overset{2}{=}$ 에서는 모든 이중 합의 더하기 항들이 재배치되었다.

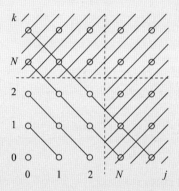

j와 k 대신에 j와 $m = j + k$에 대해서 더해지고 k는 $m - j$로 대치되었다. 평행선 위에서 앞에 있는 것들을 더하는 대신에 대각선 위에서 지표쌍들에 대해서 더하는 것으로 바뀌었다(빗줄 친 부분은 각 더하기 항들만이 아니고 그들의 합조차도 너무 작아서 무시해도 되는 것을 의미한다).

8.4 봄벨리의 3제곱근: $\sqrt[3]{2 \pm 2i}$ (87쪽 비교)의 값을 복소수 e 함수의 개념을 가지고 계산하시오(118쪽 참조).

8.5 3차 방정식: 127쪽에 있는 그림처럼 다음 함수들의 그래프를 그리시오.

$$f_1(x) = x^3 - 6x - 9 \quad \text{그리고} \quad f_2(x) = x^3 - 6x - 4$$

8.6 아르간드의 기본정리 증명(1806년): 함수 $f(x) = x^n + a_1 x^{n-1} + a_2 x^{n-2} + \cdots + a_n$ 에는 근이 없다고 하자. 그러면 $|x|$가 커지면 $|f(x)|$ 역시 커지기 때문에 $|f(x)|$ 에는 양의 최솟값이 존재한다. 변수 x를 이동하면(적당한 상수 c를 더하여

$x = \overline{x} + c$로 대입하여 나중에는 $\overline{x}$를 x로 바꾸어 쓸 수 있다) $|f(x)|$의 최솟값이 0에서 나오게 만들 수 있다. $\min_x |f(x)| = |f(0)| = |a_n|$. $f(x)$ 전체 대신에 어떤 $k < n$이 존재하여 마지막 두 개의 0이 아닌 항들 $g(x) = a_{n-k} x^k + a_n$에 주목해 보자(그러니까 나머지 항들 x, x^2, ..., x^{k-1}이 전부 0). 그러면 $g(x)$의 제로점은 $\sqrt[k]{-a_n / a_{n-k}}$이다. 이때 임의의 $t \in \mathbb{R}$에 대해서

$$g(tx_0) = a_n - a_n t^k$$

임을 보이고 작은 $t > 0$이면

$$|f(tx_0)| \leq |g(tx_0)| + |f(tx_0) - g(tx_0)| \overset{*}{<} |a_n|$$

가 따르는 것을 보이시오. 이렇게 되면 모순이 되는데 $|a_n|$이 $|f(x)|$의 최솟값이기 때문이다. '$\overset{*}{<}$'에서 $a_{n-j} \neq 0$인 최소 $j > k$가 있다는 것을 주목하시오. 그러면 $a_{n-j} x^j$가 $f(x) - g(x)$의 최소차수 항이 되고 작은 $t > 0$에 대해서 $|f(tx_0) - g(tx_0)| \leq Ct^j \ll |a_n| t^k$($C$는 양의 상수)이 성립한다.

09

갈로아: 어떤 방정식이 해결 가능할까?(1832.5.29)

요약 가우스가 증명한 〈대수학의 기본정리〉에 의하면 비록 모든 방정식이 근을 가지고 있지만, 그렇다고 그 근들이 계산(전통적인 계산 방식과 제곱근)을 통해서 실제로 구할 수 있다는 것은 아니다. 그렇다면 어떤 방정식이 그것이 가능하고 어떤 것이 아닌지를 알 수 있는가 하는 질문에 갈로아는 대답하였다. 그러나 갈로아는 이 중요한 문제를 해결하였음에도 불구하고 그의 업적은 생전에 인정받지 못하였다. 그리고 만 20세가 되던 해 비극적인 상황에 몰려 치른 결투에서 사망하게 된다. 결투가 있던 전날 밤에 갈로아는 방정식 근의 해결에 관한 문제를 아주 명쾌하게 밝힌 한 논문을 써서 친구에게 보내는 편지 속에 잘 정리해 놓았다. 이 편지가 그의 사고를 유추할 수 있는 근거가 된다. 그는 방정식으로부터 유추되는 아주 단순한 유한한 군을 파악하고 그 군을 분석하여 방정식의 해결 가능성을 결정할 수 있게 하였다. 군 이론은 그 후로 수학에서 중심적인 역할을 하고 있었는데 이는 갈로아에 힘입어 이루어진 것이다.

대수방정식의 해결에 관한 갈로아 이론의 아름다움과 그 깊이는 그가 적극적으로 참여한 정치운동, 그리고 그의 개인적인 비극적 운명과 더불어 수학사에서는 가장 독특하고 매력적인 개성을 가진 한 수학자로 남게 하였다. 독일의 저명한 수학자 클라인(F. Klein)은 '19세기 수학의 발전'이라는 제목의 강연에서 3년도 채 안 되는, 그러나 수학적으로 가장 풍성한 연구를 하였던 에바리스트 갈로아[1]에

---

1 Evariste Galois, 1811(Bourg-la-Reine)～1832(Paris)

대해서 다음과 같이 평하였다.

"1830년경에 순수수학의 하늘에 혜성과 같이 나타나 환한 빛을 발하다가 곧 사라진 별이었다!"

과연 갈로아에 대한 이러한 평가는 21세기에 들어선 오늘날에 완전한 사실로 들어났을 뿐 아니라 수학의 구조를 중시하는 현대 수학에서는 더욱 빛을 보고 있는 실정이다.

파리 남쪽에는 1857년 제2제국시절 만들어진 뤼 드 라 글래시어(Rue de la glaciers, 얼음의 거리)라고 하는 길이 있는데 이 시기는 구 파리시의 큰 부분이 만들어지기 시작되던 때였다. 그곳에는 겨울이 되면 항상 얼어붙는 호수가 있어 사람들이 겨울에 얼음을 떼어 여름철 음식물 냉장용으로 이용했다. 1832년 5월 30일 이 호수 근처에서 결투가 벌어졌는데 당사자 중 한 명은 20세의 어린 사람이었다. 그는 배에 총을 맞고 길거리에 쓰러진 채로 방치되어 있었다. 몇 시간 후 근처의 농부가 그를 발견하고 근처에 있는 코진느(Hopital Cochin) 병원으로 옮겼으나 결국 다음 날 복막염으로 사망하게 된다.

길바닥에 애처로이 쓰러져 있던 이 가엾은 젊은이가 비록 짧은 생을 살았으나 가장 위대한 수학자의 반열에 오르게 되는 에바리스트 갈로아였다. 오른쪽의 인물화[2]는 그가 15세 때 3살 연상의 누나가 연필로 그려 유일하게 남은 그의 모습이다.

갈로아는 동시대 인물이었던 가우스를 흠모하고 있었는데 가우스와는 여러모로 대비되는 삶을 살았다. 가우스는 장수하며 비교적 행복한 삶을 영위하였으나 갈

---

2 http://fr.wikipedia.org/wiki/Evariste_Galois#mediaviewer/File:Evariste_galois.jpg

로아의 일생은 늘 실패의 연속이었고 삶 조차도 20살밖에 살지 못했을 정도로 짧았다. 가우스가 지방 출신인 데 비해 갈로아는 학창시절을 파리에서 보냈었다. 가우스는 정치에 무심하였으나 갈로아는 정반대로 당시의 정치적 혼란의 한가운 데로 기꺼이 뛰어든 인물이었다. 가우스는 단순한 집안 출신이었지만 갈로아는 교양 있고 자유로운 중산층 가정에서 태어났다. 아버지는 부르 라 렌(Bourg-la-Reine)이라고 하는 파리 남쪽에 있는 작은 도시의 시장이었고 어머니는 대대로 법률가인 집안의 출신이었다. 가우스와 갈로아 모두 어린시절부터 빛나는 수학 천재였으나 가우스에게는 든든하고 풍요로운 후원자가 생긴 반면 갈로아는 몇 안 되는 선생님들[3]로부터만 관심을 받았을 뿐이었는데 그 이유는 갈로아가 학교에 서 배우는 수학보다 라그랑주나 르장드르[4] 같은 위대한 수학자들의 업적에 훨씬 더 많은 흥미를 가지고 있었기 때문이었다. 가우스가 비교적 빨리 과학계에 확고 한 자리를 잡은 반면에 갈로아의 업적은 늘 인정받지 못하였다. 그는 1828년과 1829년 두 번이나 수학 연구의 중심이었고 프랑스 최고의 대학이었던 에꼴 공대 (Ecole Polytechnique)에 응시하였으나 낙방하였다. 두 번째 낙방은 보다 아쉬웠 는데 입학시험을 치르기 2주 전인 1829년 7월 2일 사랑하는 아버지가 정치적 음모에 휘말려 자신의 결백을 증명하는 차원에서 자살하였기 때문이었다. 갈로아 는 결국 1829년 말에 에꼴 프리빠라투아르(Ecole Preparatoire), 오늘날의 에꼴 고등사범대학(Ecole Normal Superieure)에 진학하였다.

가우스와 마찬가지로 갈로아도 고등학교나 대학시절에 스스로 수학 연구를 하 였는데 갈로아는 대수방정식의 해결 가능성 문제를 연구하였다. 가우스에 의하여 증명된 대수학의 기본정리로 모든 방정식에는 근이 존재한다는 것은 알게 되었으 나 근의 구체적인 계산은 어떻게 하는 것일까? 2, 3, 4차 방정식처럼 근의 공식이 존재하는 것일까? 그러나 닐스 헨릭 아벨[5]은 그 얼마 전에 5차 방정식 이상의 고차 방정식에는 일반적인 근의 공식이 존재하지 않는다는 것을 증명하였다. 그 렇다면 근의 공식이 존재하는 것을 알 수 있는 어떤 규칙이 존재할까? 이 질문에 대한 답으로 갈로아는 1829년에 두 편의 논문을 써서 파리 아카데미 상에 도전

---

3 대표적으로 수학 선생님이었던 루이 리샤르(Louis Richard)가 있었다.
4 Adrien-Marie Legendre, 1752∼1833(Paris)
5 Niels Henrik Abel, 1802(Finnoy, Norwway)∼1829(Froland, Norway)

하였으나 코시[6]의 지원에도 불구하고 갈로아는 상을 받지 못하였다(이 상은 야코비[7]와 아벨에게 갈로아의 사후에 주어졌다). 더욱 안타까운 것은 이 논문들이 사라진 것이었다. 이 논문들은 푸리에[8]에게 평가를 받기 위해 보내졌으나 푸리에는 1830년 5월 30일에 사망하고 그의 유품에 이 논문들은 없었다.

갈로아에게 일어난 두 번째 사건은 그가 처음부터 크게 지지했던 1830년에 일어난 7월 혁명이었다. 나폴레옹을 몰아내고 다시 권좌에 들어섰던 부르봉 왕조는 결국 물러났고 '시민왕자'인 오를레앙의 루이 필립이 정권에 들어섰다. 이 와중에 갈로아를 도와주었던 코시는 프랑스를 떠났는데 구정권과의 인연으로 새정부에 충성서약을 하지 않았기 때문이었다.

극우인사였던 학장은 갈로아가 쓴 글을 빌미삼아 1830년 12월에 그를 학교에서 퇴학시켰다. 그 사이에 갈로아는 에꼴 공대에서 첫 번째 시험을 치렀고[9] 1831년에는 잃어버린 논문을 확장해서 쓴 새로운 논문 '래디칼[10]을 통하여 본 근의 존재 조건에 관한 논문'을 파리 아카데미에 제출하였다. 이 논문은 포아송[11]에게 평가를 받기 위해 보내졌는데 그는 1831년 7월에 이 논문이 '충분히 분명치 못하고' 또한 '만족스러울 만큼 증명이 안 되어 있다'는 이유로 거절당하였다. 대단히 어려운 내용에다가 전혀 생소했던 이론 그리고 갈로아 특유의 극도로 압축된 증명 등이 아카데미의 거절 이유였다. 더구나 파리 아카데미는 갈로아의 논문을 분실까지 하는 실수를 저지른다. 이에 격분한 갈로아는 아카데미에 소송을 제기하면서 다음과 같은 글을 올렸다.

"또 다른 논문을 1831년에 아카데미에 제출하였는데 그 논문은 포아송 (poisson) 씨가 평가하기로 되어 있었다. 그는 내 논문을 다 읽고 나서 하나도 이해 못하겠다고 말하였다. 건방지게 말해도 된다면 포아송 씨가 나의 논문을 전혀 이해 못했거나 아니면 이해하려고 노력조차도 안 했거나 둘 중의 하나이다.

---

6 Augustin-Louis Cauchy, 1789(Paris)~1857(Sceaux). 갈로아와의 인연에 관해서는 http://www.persee.fr/doc/rhs_0151-4105_1971_num_24_2_3196

7 Carl Gustav Jacob Jacobi, 1804(Postdam)~1830(Berlin)

8 Jean Baptiste Joseph Fourier, 1765(Auxerre)~1830(Paris)

9 갈로아가 시험 도중에 격분하여 시험관에게 칠판 지우개를 던졌다는 이야기가 있다. 사실인지는 모르지만 이야기 자체는 그의 성격에 잘 어울리는 내용이다.

10 래디칼은 카르다노 방정식에서처럼 78쪽 (5.7) 방정식의 계수들로 이루어진 n-제곱근의 표현

11 Simeon Denis Poisson, 1781~1840(Paris)

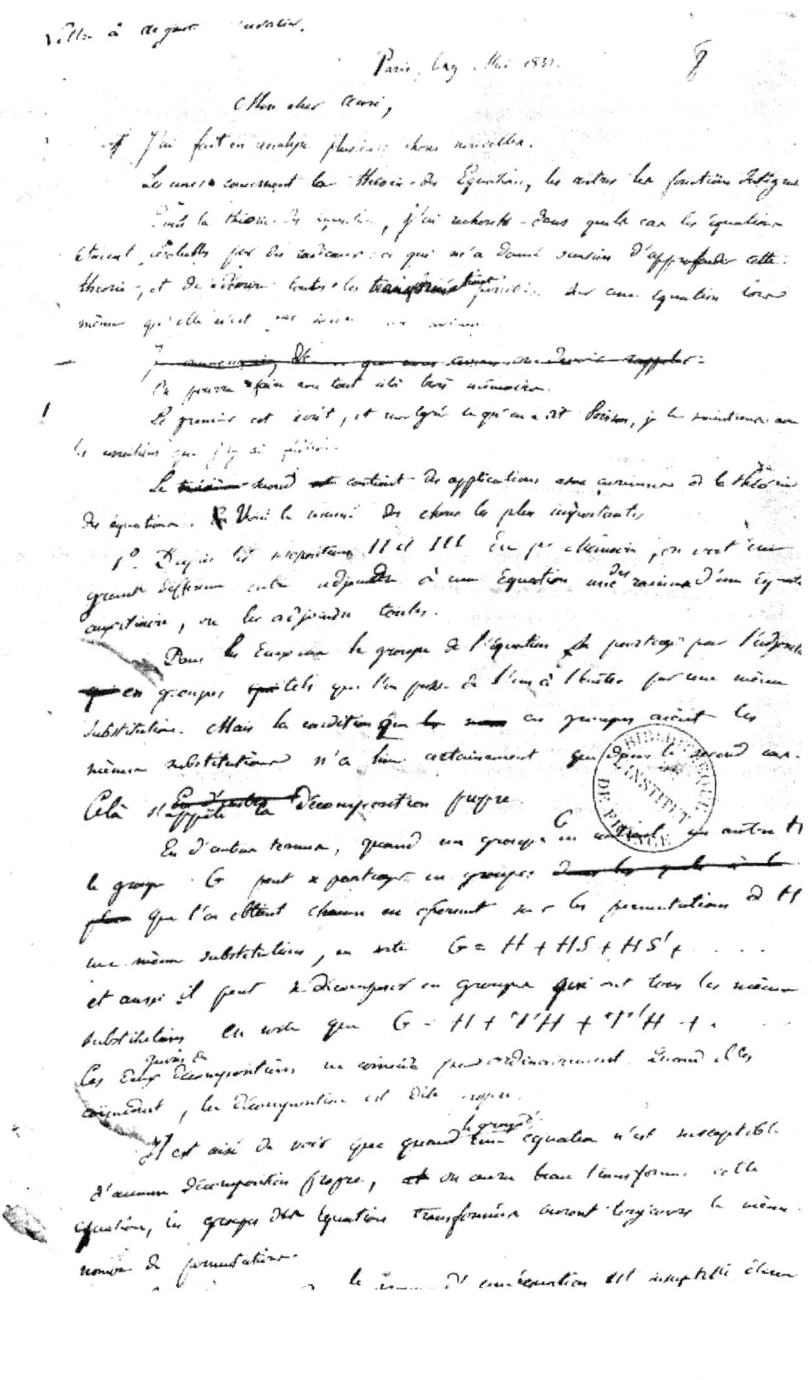
Lettre à Auguste Chevalier.

Paris, le 29 Mai 1832.

Mon cher Ami,

J'ai fait en analyse plusieurs choses nouvelles.

Les unes concernent la théorie des Équations, les autres les fonctions Intégrales.

Dans la théorie des équations, j'ai recherché dans quels cas les équations étaient résolubles par des radicaux, ce qui m'a donné occasion d'approfondir cette théorie, et de décrire toutes les transformations possibles sur une équation lors même qu'elle n'est pas soluble par radicaux.

On pourra faire avec tout cela trois mémoires.

Le premier est écrit, et malgré ce qu'en a dit Poisson, je le maintiens avec les corrections que j'y ai faites.

Le second contient des applications assez curieuses de la théorie des équations. Voici le résumé des choses les plus importantes.

1° D'après les propositions II et III du 1er mémoire, on voit une grande différence entre adjoindre à une équation une des racines d'une équation auxiliaire, ou les adjoindre toutes.

Dans les deux cas le groupe de l'équation se partage par l'adjonction en groupes tels que l'on passe de l'un à l'autre par une même substitution. Mais la condition que ces groupes aient les mêmes substitutions n'a lieu certainement que dans le second cas. Cela s'appelle la décomposition propre.

En d'autres termes, quand un groupe G en contient un autre H, le groupe G peut se partager en groupes que l'on obtient chacun en opérant sur les permutations de H une même substitution, en sorte que G = H + HS + HS' + . . . et aussi il peut se décomposer en groupes qui ont tous les mêmes substitutions, en sorte que G = H + TH + T'H + . . . Ces deux genres de décompositions ne coïncident pas ordinairement. Quand elles coïncident, la décomposition est dite propre.

Il est aisé de voir que quand le groupe d'une équation n'est susceptible d'aucune décomposition propre, on aura beau transformer cette équation, les groupes des équations transformées auront toujours le même nombre de permutations.

. . . le groupe d'une équation est susceptible d'une

BIBLIOTHÈQUE DE L'INSTITUT DE FRANCE

… 더구나 수학에 관한 것은 자기네들의 전유물인양 생각하고, 자기네들이 낙방시킨 나같은 젊은 사람이 수학책도 아닌 수학논문을 발표한다는 것에 대해 눈썹을 치켜올릴 공과대학교 시험관들로부터 나는 엄청난 비웃음을 살 수밖에 없을 것이다." 그러면서 갈로아는 "이제 과학에서의 경쟁은 없어져야 하고 서로 같이 연구해야 한다"라는 호소와 희망으로 이 글을 마쳤다.

그러나 그 사이에 커다란 정치적인 변동이 일어나고 있었다. '시민 왕'이 공화주의자인 갈로아와 그의 동지들에게 커다란 실망을 주었기 때문이었다. 1789년 프랑스에서 일어난 '프랑스 대혁명' 기념일인 1831년 7월 14일에 갈로아는 반집시법 위반 혐의로 체포되어(두 번째 체포) 6개월간의 징역형을 선고받았다. 1832년 3월에는 콜레라의 창궐로 한 병원으로 이송되었다가 4월 말에 석방되었다. 그 직후 숙명적인 결투에 휘말리게 되었는데 소문에 의하면 병원에 머무를 당시 알게 되었던 한 여자 때문이라고 한다. 그러나 또 다른 소문은 그녀는 갈로아에게 아무런 관심도 없었다고 한다. 정치적 이념 때문이라는 말도 있지만 결투의 상대는 그와 이념적 동지였다. 어쨌든 정확한 배경은 아무도 모른다.

결투 전날 저녁, 갈로아는 결투의 결과가 뻔하다는 것을 예감했기에 친구 오귀스트 쉐발리에(August Chevalier)에게 자신이 연구한 중요한 수학이론을 쓴 장문의 유서를 남겼다(138쪽[12] 참조). 그리고 오귀스트에게 이 내용을 세상에 알려주기를 부탁하였고 특히 독일의 야코비와 가우스에게 전달해 주기를 원했다. 유서 내용을 보면 갈로아가 결투에서 살아남을 수 없다는 것을 예감한 것을 알 수 있다. "모든 공화주의자들에게"로 시작되는 유서에는 다음과 같은 내용이 실려 있다.

"나의 친구들 그리고 애국자들이여! 나는 죽으나 국가를 위해서 죽지 못하는 것을 자네들은 본받지 말게나. 나는 비열한 음모의 희생자로서 죽고 내 인생은 더러운 음해로 꺼져 간다네. 모든 수단을 동원해서 피하려고 했던 그 도전을 어쩔 수 없이 받아들여야만 했던 사실에 하늘을 증인으로 내세우겠네. 아듀! 나는 정말 사회의 정의를 위해서 일생을 마치고 싶었는데…. 조

---

12 http://langevin.univ-tln.fr/notes/Galois
http://fr.wikipedia.org/wiki/Lettre_testamentaire_d'Evariste_Galois
Peter M. Neumann: 〈The mathematical writings of Evariste Galois〉
http://uberty.org/items/resource/?first-letter=N

국에 이름을 남기게 하였던 운명이 이제 나를 거부하였으니 친구들이여, 나를 기억하여 주기 바라네!"

오귀스트는 친구의 마지막 부탁을 충실히 이행하여 위의 두 사람에게 갈로아의 이론을 써서 보냈으나 그들로부터는 아무런 응답이 없었다. 갈로아의 사후, 동생이 형의 유품을 정리하다가 논문을 발견하고 프랑스 수학계에 보내게 되었다. 그리고 코시의 순열(permutation)[13] 이론과 깊은 연관성이 있는 이 논문의 가치를 처음으로 알아본 사람은 조세프 라우빌[14]이었고 그는 자신의 논문지에 갈로아의 이론을 소개하였다.

갈로아 이론의 아이디어는 페라리의 것과는 완전히 다른(80쪽 참조) 것으로 4차 방정식의 근을 구하기 위한 방법에 잘 나타나 있다. 다음에 갈로아의 이론을 따라가면서 그의 이론이 얼마나 뛰어난 사고의 산물이었는지 보기로 하자.

다음의 4차 방정식

(9.1) $$f(x) = x^4 - ax^3 + bx^2 - cx + d = 0$$

은 왜 래디칼로 해결 가능하고[15] 5차 방정식에서는 안 될까? 계수 a, b, c, d는 주어져 있다. 가우스가 밝힌 대수학의 기본정리에 따르면 이미 이 방정식의 (복소수)근은 존재하고 그것도 정확히 4개 x_1, x_2, x_3, x_4[16]이다. 이 근들을 어떻게 계산해 낼 수 있을까? 우선 좀 더 간단한 이 문제의 역을 생각해 보자. 즉, 근을 이미 알고 있다고 가정한 다음 방정식의 계수를 알아보자. 근이 x_1, x_2, x_3, x_4인 4차 노름함수[17]는 분명히

(9.2) $$f(x) = (x - x_1)(x - x_2)(x - x_3)(x - x_4)$$

---

13 $\phi : \{1, ..., n\} \rightarrow \{1, ..., n\}$인 전단사 함수. $n = 2$이면 순열 ϕ은 12,21, $n = 3$이면 ϕ은 123, 132, 213, 231, 312, 321이 된다.

14 Joseph Liouville, 1809~1882(Paris)

15 주어진 방정식의 근을 n-승근으로 나타낼 수 있다.

16 x_1이 $f(x)$근이라면 다항식 $f(x)$는 $x - x_1$으로 나누어지고 $g(x) = \dfrac{f(x)}{x - x_1}$는 3차 방정식이 된다. 또 x_2가 $g(x)$의 근이면 ⋯ 등. 물론 한 제로점이 반복해서 나타날 수 있다.

17 노름함수(normed function)는 최고 차수 x^n의 계수가 1인 함수이다.
$f(x) = x^n + a_1 x^{n-1} + \cdots + a_n$

의 모양을 가지고 있다. 왜냐하면 오른쪽 식이 0이 되기 위한 필요충분 조건은 적어도 한 항이 0이기 때문이다. (9.2)의 오른쪽 식을 완전히 전개해서 (9.1)과 비교하면서 $x := (x_1,\ x_2,\ x_3,\ x_4)$의 종속변수인 $a,\ b,\ c,\ d$를 계산해 보자(비에트의 근의 공식).[18]

(9.3)
$$a = x_1 + x_2 + x_3 + x_4 = \varepsilon_1(\vec{x})$$
$$b = x_1 x_2 + x_1 x_3 + x_1 x_4 + x_2 x_3 + x_2 x_4 + x_3 x_4 = \varepsilon_2(\vec{x})$$
$$c = x_1 x_2 x_3 + x_1 x_2 x_4 + x_1 x_3 x_4 + x_2 x_3 x_4 = \varepsilon_3(\vec{x})$$
$$d = x_1 x_2 x_3 x_4 = \varepsilon_4(\vec{x})$$

등식의 오른쪽은 제로점 $x_1,\ x_2,\ x_3,\ x_4$를 변수로 하는 특별한 함수들이다. 이 함수값들은 변수들의 순서와는 독립적이다.[19] 이런 함수들을 일컬어 대칭적 (symmetric)이라고 한다. 여기에 나타난 함수들 $\varepsilon_1,\ \varepsilon_2,\ \varepsilon_3,\ \varepsilon_4$은 변수들의 제곱수를 포함하지 않는 간단한 경우이다. 실제로 다른 모든 다항식으로 표현되는 대칭함수들은 이런 변수들의 조합으로 나타난다. 그래서 이 함수들을 기본대칭함수 (elementary symmetric function)라고 한다.[20]

대칭함수에 관한 정리에 의하면 f가 $x_1,\ ...,\ x_n$에 대해서 기본대칭이면 f는 $a_0,\ ...,\ a_{n-1}$의 함수로 바꾸어 쓸 수 있다. 다시 말해서

$$f(x_1,\ ...,\ x_n) = g(a_0,\ ...,\ a_{n-1})$$

을 만족하는 함수 g가 존재한다. 예를 들면

$$x^2 - ax + b = (x - x_1)(x - x_2) = x^2 - (x_1 + x_2)x + x_1 x_2$$

로부터

---

[18] Francois Viete(lat. Vieta), 1540~1603(Paris)
[19] 변수들의 순서를 임의로 바꾸어도 식의 값이 변하지 않는다. 이런 특징은 대단히 이례적인데, 예컨대 함수 $\phi(x_1,\ x_2) = x_1^2 x_2$에서는 $x_1 = 1$ 그리고 $x_2 = 2$라고 하면 $\phi(1,\ 2) = 1 \cdot 2 = 2$ 그리고 $\phi(2,\ 1) = 4 \cdot 1 = 4$이므로 대칭적이지 않다.
[20] 이런 함수들은 아이작 뉴턴이 했던 알고리즘(연습문제 9.6)으로 나타낼 수 있다.

$$a = x_1 + x_2$$
$$b = x_1 x_2$$

가 성립하고 또한 3차 방정식 $x^3 - ax^2 + bx - c = (x - x_1)(x - x_2)(x - x_3)$로 부터

$$a = x_1 + x_2 + x_3$$
$$b = x_1 x_2 + x_1 x_3 + x_2 x_3$$
$$c = x_1 x_2 x_3$$

가 성립한다. 그런데 기본대칭으로 표현된 $x := (x_1, x_2, x_3, x_4)$은 x_1, x_2, x_3, x_4를 모르고도 이 근들의 값을 계수 a, b, c, d로 나타낼 수 있지만 그럼에도 x_1, x_2, x_3, x_4를 계산해 내기에는 쉽지 않다.

2차 방정식 중에서도 근을 x_1, x_2로 갖는 아주 간단한 경우인 $x^2 - ax + b$ $= 0$을 예로 들어보자. 중고등학교에서는 2차 방정식의 근의 공식을 구할 때 이 식을 $\left(x - \dfrac{a}{2} \right)^2 = \dfrac{a^2}{4} - b$로 바꾼 다음 근 $x_{1,2} = \dfrac{a \pm \sqrt{a^2 - 4b}}{2}$를 직접 계산하여 얻는다. 그러나 르네상스 시대의 비에트는 방정식의 계수와 근의 관계를 이용하여 근의 공식을 계산하는 획기적인 방법을 소개하였다.

그는 2차 방정식 $x^2 - ax + b = 0$의 근을 x_1, x_2라고 하면 두 근의 합 $a = x_1 + x_2$과 곱 $x_1 \cdot x_2 = b$ 외에도 차이 $x_1 - x_2$ 마저 안다면 x_1, x_2를 계산해 낼 수 있다는 것에 착안하였다. 그런데 $x_1 - x_2$는 대칭이 아니지만 제곱은 대칭이므로 그 값을 a, b로 다음과 같이 나타낼 수 있다.

$$(x_1 - x_2)^2 = (x_1 + x_2)^2 - 4x_1 x_2 = a^2 - 4b$$

따라서 $x_1 - x_2 = \pm \sqrt{a - 4b}$ 이고 $x_1 + x_2 = a$로부터 x_1, x_2를 위한 유명한 공식이 나온다.

$$2x_{1,2} = (x_1 + x_2) \pm (x_1 - x_2) = a \pm \sqrt{a^2 - 4b}$$

다음으로 2차보다는 훨씬 복잡한 3차 방정식의 근의 공식을 라그랑주의 아이

디어를 따라 계산해 보자. 일반적인 3차 방정식

$$x^3 - ax^2 + bx - c = 0$$

은 다음에 표현한 라그랑주의 분해방정식(resolvent)으로 해결할 수 있다. 먼저 방정식 $x^3 = 1$의 단위근 $1 \neq \omega$는

$$\omega = \left(-1 + \sqrt{3}\,i\right)/2 = e^{i \cdot 2\pi/3}$$

이다. 그리고 $\overline{\omega}$는 ω의 켤레복소수, 즉 $\left(-1 - \sqrt{3}\,i\right)/2$이다. 새로운 등식 u_+와 u_-를 다음과 같이 정의하자.

(9.4)
$$u_+ = \omega^2 x_1 + \omega x_2 + x_3 = \overline{\omega} x_1 + \omega x_2 + x_3$$
$$u_- = \overline{\omega}^2 x_1 + \overline{\omega} x_2 + x_3 = \omega x_1 + \overline{\omega} x_2 + x_3$$

이제 $(x_1,\ x_2,\ x_3) \rightarrow (x_2,\ x_3,\ x_1)$으로 치환하면 u_+에 관해서는 $\omega^2 x_2 + \omega x_3 + x_1 = \omega u_+$ 그리고 u_-에서는 $\overline{\omega}^2 x_2 + \overline{\omega} x_3 + x_1 = \overline{\omega} u_-$가 성립하므로 이들의 3제곱인 $y_\pm = (u_\pm)^3$ 은 순환순열(cyclic permutation) (123)[21]에 대해서 대칭이다. 이 3제곱들은 2차 방정식

$$y^2 - py + q = 0$$

의 근들로서

$$p = y_+ + y_-,\ \ q = y_+ y_- = (u_+ u_-)^3$$

을 만족한다. 그리고

$$u_+ u_- = [x_1^2] - [x_1 x_2]$$

로 나타낼 수 있는데 여기서 괄호는 그 안에 있는 항의 모든 경우를 망라한다. 예를 들어, $[x_1^2] = x_1^2 + x_2^2 + x_3^2$ 그리고 $[x_1 x_2] = x_1 x_2 + x_1 x_3 + x_2 x_3$이다. 그러면

---

21 $1 \mapsto 2, 2 \mapsto 3, 3 \mapsto 1$, 즉 $(x_1,\ x_2,\ x_3) \mapsto (x_2,\ x_3,\ x_1)$

$[x_1 x_2] = b$ 그리고 $a^2 = [x_1^2] + 2[x_1 x_2]$에 의해서 $[x_1^2] = a^2 - 2b$가 되므로 일단 q 를 다음과 같이 a, b, c로 나타낼 수 있다.

(9.5)
$$q = (a^2 - 3b)^3$$

이제 p를 a, b, c로 나타내기 위하여 계산하면

$$p = y_+ + y_- = -3[x_1^2 x_2] + 2[x_1^3] + 12 x_1 x_2 x_3$$

가 된다. 대칭인 y_+, y_-를 기본대칭함수로 나누어 a, b, c로 표현하고자 한다. 이를 위해 먼저

$$a^3 = (x_1 + x_2 + x_3)^2$$
$$= [x_1^3] + 3[x_1^2 x_2] + 6 x_1 x_2 x_3$$

그리고

$$ab = (x_1 + x_2 + x_3)(x_1 x_2 + x_1 x_3 + x_2 x_3)$$
$$= [x_1^2 x_2] + 3 x_1 x_2 x_3$$

임을 기억하자. 이제 $x_1 x_2 x_3 = c$이므로 $[x_1^2 x_2]$와 $[x_1^3]$을 계산하면

$$[x_1^2 x_2] = ab - 3c$$
$$[x_1^3] = a^3 - 3ab + 3c$$

이고, 따라서

$$p = 2a^3 - 9ab + 27c$$

가 된다. 따라서 2차 방정식 (9.7)의 근은

$$y_\pm = \frac{p \pm \sqrt{p^2 - 4q}}{2}$$

이다. 이제 $a = 0$의 경우를 (9.4)에 있는 $a = x_1 + x_2 + x_3 = 0$(연습문제 9.7 참조)과 더불어 계산하면 78쪽에 있는 카르다노의 공식 (5.7)이 나온다.

4차 방정식 $f(x) = x^4 - ax^3 + bx^2 - cx + d = 0$의 경우에는 3차 방정식에 나타나는 u_+, u_-에 해당하는 식 $y_1(\vec{x})$, $y_2(\vec{x})$, $y_3(\vec{x})$를 찾아 a, b, c, d로 나타낼 수 있어야 한다. 그러면 근 x_1, x_2, x_3, x_4를 계산할 수 있다(resolvent, 분해 방정식). y_1, y_2, y_3들은 a, b, c, d처럼 계수 $\vec{x}$에 관한 함수들이어야 한다. 그들의 함수값들은 x_1, x_2, x_3, x_4들을 재배열하는 24번의 모든 순열(permutation)[22]에 항상 일정하지는 않고 단 몇 가지 재배열의 경우에만 값이 변하지 않는다. 예를 들면 두 개의 변수를 동시에 바꾸는 쌍들의 '동시교환순열' (14)(23), (34)(12)[23] 같은 경우이다. 그리고 이런 함수를 '짝수대칭'이라고 한다. 다음 함수들에서

$$(9.6) \qquad y_1 = (x_1 + x_4)(x_2 + x_3)$$
$$y_2 = (x_2 + x_4)(x_3 + x_1)$$
$$y_3 = (x_3 + x_4)(x_1 + x_2)$$

함수 y_1은 (14)(23)인 동시교환순열에도 변하지 않는다(invariant). 또한 (34)(12) 그리고 (24)(31)에서도 마찬가지이다. 왜냐하면

$$(x_1 + x_4)(x_2 + x_3) = (x_2 + x_3)(x_1 + x_4) = (x_3 + x_2)(x_4 + x_1)$$

이 성립하기 때문이다. 그리고 y_2, y_3의 경우에도 마찬가지이다. 그러면 3차 방정식에서 했던 것처럼 새로운 기호 y_1, y_2, y_3를 3차 방정식

$$(9.7) \qquad 0 = (y - y_1)(y - y_2)(y - y_3) = y^3 - uy^2 + vy - w$$

---

[22] $\{1, ..., n\} \to \{1, ..., n\}$인 전단사 함수로서 첫 번째에는 n개의 자리가 마련되어 있고 두 번째에서는 $n-1$개의 자리가 있고, 세 번째에는 $n-2$ 등, 마지막에는 단 한 개의 자리만 있으니 전체 순열의 수는 $n \cdot (n-1)...2 \cdot 1 = n!(n$차례곱($n$-factorial))이다.

[23] (14)는 $1 \mapsto 4, 4 \mapsto 1$로서 (x_1, x_2, x_3, x_4)에서 x_1과 x_4를 맞바꾸고 (23)은 x_2와 x_3를 맞바꾼 동시교환순열이다. 따라서 (14)(23)은 (x_4, x_3, x_2, x_1)이고 이는 순열 4321에 해당한다. 그리고 (24)(31)은 순열 3412, (34)(12)는 2143이다.

의 근으로 고찰할 수 있다. 여기서 계수 u, v, w는 $y = (y_1,\ y_2,\ y_3)$로서 기본대 칭함수들이 된다.

(9.8)
$$u = y_1 + y_2 + y_3 = \varepsilon_1(\vec{y})$$
$$v = y_1 y_2 + y_1 y_3 + y_2 y_3 = \varepsilon_2(\vec{y})$$
$$w = y_1 y_2 y_3 = \varepsilon_3(\vec{y})$$

이 식을 (9.4)에 대입하면 이 표현들은 $\vec{x}$의 함수로 변하고 함수 y_1, y_2, y_3들 은 변수 x_1, x_2, x_3, x_4들의 순열을 통해서 자리만 바꾸는 것이므로 기본대칭함 수이다. x로 나타나는 이 대칭함수들은 뉴턴 알고리즘을 통해서 (9.1)에 있는 계 수 a, b, c, d의 기본대칭함수로 나타낼 수 있다. 우선

$$u = y_1 + y_2 + y_3$$
$$= x_1 x_2 + x_1 x_3 + x_4 x_2 + x_4 x_3 + x_2 x_3 + x_2 x_1$$
$$+ x_4 x_3 + x_4 x_1 + x_3 x_1 + x_3 x_2 + x_4 x_1 + x_4 x_2 = 2b$$

그리고 좀 더 계산을 하면[24] 다른 계수의 등식을 얻는다.

(9.9)
$$u = 2b$$
$$v = b^2 + ac - 4d$$
$$w = abc - a^2 d - c^2$$

이로써 3차 방정식 (9.6)의 계수를 알게 된다. 이 방정식의 근은 계산할 수 있고 따라서 y_1, y_2, y_3를 알아 낼 수 있다. $x_1 + x_2 + x_3 + x_4 = a$를 고려하면 x_1, x_2, x_3, x_4의 값은 쉽게 알 수 있다. $z_i = x_i + x_4$로 놓으면

$$y_1 = (x_1 + x_4)(x_2 + x_3)$$
$$= (x_1 + x_4)(a - (x_1 + x_4)) = az_1 - z_1^2$$

이 되고 $i = 1,\ 2,\ 3$에 대해서는

---

24 예를 들어, http://myweb.rz.uni-augsburg.de/~eschenbu/algebra.pdf, S. 40~42

(9.10)
$$z_i^2 - az_i + y_i = 0$$

이 성립한다. 이 식은 z_i에 관한 2차 방정식이니 근을 구할 수 있다. $z_i = x_i + x_4$가 근이라면 나머지 근은 $a - (x_i + x_4) = x_j + x_k$, $\{i, j, k\} = \{1, 2, 3\}$이다. $z_1 + z_2 + z_3 = a + 2x_4$이므로 x_4를 알아내었고 따라서 $x_i = z_i - x_4$도 알아낼 수 있다.

지금까지 보아 온 1, 2, 3, 4차 방정식의 근의 계산에서 근들의 대칭성이 결정적인 역할을 한다는 것을 알 수 있었다. 이것이 바로 갈로아가 깨달은 것으로서 그는 이 근들의 대칭성이 방정식 해결의 열쇠를 묘사한다는 것을 알았고 이 대칭성을 연구하기 위하여 순열의 개념을 도입하였다.

순열은 1, 2, ..., n과 같은 n개의 대상들의 수열을 재배열하는 것으로서, 예를 들어 $n = 3$이면 모든 가능한 순열들은 123, 132, 213, 231, 312, 321이 될 것이다. 그런데 갈로아가 모든 순열에 관심을 가진 것은 아니고 서로 맞물리는 소위 사슬순열(chain permutation)에 초점을 맞추었다.

사슬순열은 순열을 함수로 고찰하여 두 개의 순열을 합성함수로 만드는 것이다. 예를 들어 두 개의 순열 $s : 123 \to 231$과 $t : 123 \to 321$을 다음과 같이 '처음엔 t 다음엔 s', 즉 $1 \xrightarrow{t} 3 \xrightarrow{s} 1$, $2 \xrightarrow{t} 2 \xrightarrow{s} 3$, $3 \xrightarrow{t} 1 \xrightarrow{s} 2$로 연결하자. 그러면 t와 s의 사슬순열이 생기고 이것은 새로운 순열 123 → 132가 된다. 이 사슬순열을 $s \circ t$[25]로 표시한다. 이렇게 두 개의 순열을 사슬로 연결하여 새로운 순열을 만들 수 있다.[26] 오늘날에는 순열을 집합 $\{1, 2, ..., n\}$에서 같은 집합으로 맺어주는 전단사 함수(bijection)라고 한다. 보통 순열보다 이 사슬순열의 장점은 순열들을 차례차례 서로 엮을 수 있고 또한 순열들을 마치 숫자처럼 계산할 수 있다는 데 있다.

순열 중에는 id로 표기하는 '중립순열($id : 123 \to 123$)'이라는 것이 있는데, id는 다른 순열과 사슬순열로 만들어도 다른 순열이 바뀌지 않는 순열을 말한

---

[25] 수학에서는 $s \circ t$를 일반적으로 t와 s의 합성함수라고 한다.

[26] 보기: 이는 두 개의 함수 f, g에 대해서 $g(x)$가 f의 정의역 안에 있는 한 $f \circ g$, $x \mapsto f(g(x))$는 다시 함수가 된다는 의미이다. $\{1, 2, ..., n\}$ 위에 정의된 역함수가 있는 함수들(순열)은 항상 사슬순열로 나타낼 수 있다.

다.[27] 또한 순열 s와 t의 사슬순열이 중립순열이 되면, 즉 $t \circ s = id$이면 t를 s의 '역순열'이라고 하며 $t = s^{-1}$로 표기하고 $s = t^{-1}$도 성립한다.[28] 사슬순열, 역순열, 중립순열 등이 성립하는[29] '계산의 세계(집합)'를 오늘날에는 '군(group)'이라고 한다(209쪽 참조).

갈로아는 이 표기를 사용하였는데 쉐발리어에게 쓴 편지에(138쪽 중간) '방정식의 군(le group de l'equation)이라는 말을 쓴 것을 볼 수 있기 때문이다. 오늘날 수학자들은 이 군을 '갈로아 군(Galois Group)'이라고 한다. 이 군은 근 $x_1, ..., x_n$들의 모든 순열을 포함하지는 않고, 근들 사이에 존재하는 등식('관계(relation)'), 즉 $\phi(x_1, ..., x_n) = 0$이면 갈로아 군에 속하는 모든 순열 $s: \{1, ..., n\} \to \{1, \cdots, n\}$에 대해서도 관계 $\phi(x_{s(1)}, ..., x_{s(n)}) = 0$을 만족하는 순열들만 포함한다.[30]

모든 순열들의 모임인 S_n도 군이 되는데 이 순열군의 부분집합이 사슬순열, 역순열 등을 유지하는 군을 다시 형성하게 되면 이런 군을 순열군의 부분군(subgroup)이라고 한다.

예를 들면 등식 $x^n = a$에서 x가 하나의 근이고 $w = e^{i \cdot 2\pi / n}$이라고 놓으면, $w^n = e^{i \cdot 2\pi} = 1$에 의해서 wx 역시 이 등식의 근이 된다. 정확하게 번호를 매기면[31] 등식 $x^n = a$의 근들 사이에서는 관계식

$$(9.11) \qquad\qquad x_{i+1} = wx_i$$

가 성립한다. 갈로아 군의 원소 s는 관계식 $x_{s(i+1)} = wx_{s(i)}$를 만족하여야 한다. 한편 (9.9)에 의해서 $wx_{s(i)} = x_{s(i)+1}$이 성립하므로 $s(i+1) = s(i) + 1$이 성립

---

27 항등함수 $id(x) = x$로서 마치 실수들의 곱하기에서 숫자 1과 같이 $f \circ id = id \circ f = f$가 성립한다.

28 실수들의 역수(곱하기와 더하기에 대해서) 개념과 일치한다.

29 예를 들어 $s: 123 \to 231$, $t: 123 \to 312$라면 $\{s, t, id\}$는 군이 된다. 당연히 모든 순열을 모아놓은 집합 S_3도 군이 되며 순열군(permutation group)이라고 한다.

30 딜란 바카루(Dilan, Bacaru)를 참조: 〈Galoisgroup-alt und neu, Bacheloarbeit Augsburg 2015〉, http://myweb.rz.uni-augsburg.de/~eshenbu/BA_DilanB.pdf

31 여기서 1과 n 사이에 있는 숫자인 지표 i는 module n 안의 숫자가 된다. 즉, n 다음에 1이 되니 결국 '$n+1 = 1$'이 module n 안에서 성립하고 $n+1 \equiv 1 \bmod n$으로 표기한다.

하여야 한다. 이 성질을 만족하는 유일한 순열은 순환(cyclic) 사슬순열 $(12\cdots n): 1 \mapsto 2 \mapsto \cdots \mapsto n \mapsto 1$이다. 이처럼 단 하나의 원소가 만드는 사슬순환만으로 이루어진 군을 순환군(cyclic group)이라고 한다.

이제 4차 방정식의 근의 해결에서 나타났던 세 개 쌍 (14)(23), (24)(31), (34)(12)들의 동시교환 순열을 보기로 하자. 이 순열들은 중립순열 $e = id$와 더불어 부분군 H[32]를 만든다. 뿐만 아니라, 쌍들의 동시교환을 켤레화시킨 것 (conjugate[33])이 다시 쌍들의 동시교환, 다시 말하면 H의 원소가 된다. 예를 들어 (14)(23)을 순열 $s : 1234 \rightarrow 2314$로 켤레화시키면, 쌍 (14)는 (24) 그리고 (23)은 (31)로 변환되어 쌍의 동시교환인 (24)(31)로 된다. 켤레화에도 변하지 않는, 즉 $sHs^{-1} = H$가 되는 이런 부분군을 오늘날에는 H를 정규부분군(normal subgroup)이라고 한다. 갈로아는 이 개념을 편지에서 다음과 같이 묘사하였다.[34]

"다른 말로 하면, 어떤 군 G가 부분군 H를 포함하고 있으면 $G = H + Hs + Hs' + \cdots$[35]와 같은 방법으로 군 G를 계급(class)[36]으로 나눌 수 있다. 즉, H를 모든 순열 s에 대해서 계급 Hs로 바꾼 다음 그것들을 합한 것으로 분할하는 것이다. 이때 이 군 G는 분류(classification)된다고 한다. 또한 $G = H + tH + t'H + \cdots$[37]와 같은 방법으로 Hs 대신에 클래스 tH로 바꿔 쓰면 G는 또 다른 계급(class)으로 분할된다. 일반적으로 이 두 개의 분할이 서로 같지는 않지만, 만일 같다면 이 분할을 '순수(pure)' 한 분류라고 한다."

그런데 $sHs^{-1} = H$[38]와 $sH = Hs$는 동등 개념이므로 이것이 바로 정규부분

---

32 $H = \{id, (14)(23), (24)(31),(34)(12)\} = \{1234, 4321, 3412, 2143\}$
33 임의의 순열 s의 s^{-1}을 먼저 순열 t에 걸고 나중에 s를 걸었을 때, 즉 $s \circ (t \circ s^{-1})$
34 아래의 번역이 완전하다고 볼 수는 없지만 가능한 정확히 해보려고 시도한 것이다.
35 여기서 +는 서로소(교집합이 공집합)인 합집합을 의미한다.
36 갈로아는 계급도 군으로 표현하였다.
37 $Hs = \{h \circ s \mid h \in H\}$와 $tH = \{t \circ h \mid h \in H\}$
갈로아는 '치환'을 오른쪽(내적) 인수(right(inner) factor)라고 하였다.
38 순수한 분류에서는 우선 $Hs = tH$만 성립한다. 따라서 모든 $h \in H$에 대해서 $hs \in tH$이고, 특히 $s = es \in tH(e = id)$이다. 그리고 어떤 $h \in H$가 있어서 $s = th$가 성립하고 결국 $tH = thH = sH$가 된다.

군(normal subgroup)의 정의가 된다. 그리고 G의 부분집합 sH를 H의 잉여류(coset)라고 한다. 갈로아가 깨달은 것은 H가 정규부분군이면 각각의 순열 s들처럼 전체 잉여류 sH들도 서로 사슬로 연결되고 그 역도 성립한다는 것이었다.[39] 다시 말하면 $sH \cdot tH = stH$ 그리고 $(sH)^{-1} = s^{-1}H$가 성립한다. 정규부분군의 모든 잉여류들의 집합은 다시 군이 되고 G/H로 표시한다. 그리고 이 집합의 원소 수는 G보다 적다.

갈로아는 방정식 근의 문제의 해결을 두 가지의 문제로 구별하기 위하여 갈로아군의 정규부분군을 이용하였다.

> *"한 방정식의 군에 순수한 분류가 성립하지 않으면 방정식을 전환하여 그 전환된 방정식의 군들이 순열들의 개수와 같게 만들려는 노력이 헛되게 된다. 그러나 방정식의 군에 순수한 분류가 성립하여 그 군이 각 N개의 순열을 포함하는 M개의 잉여류 안에 나누어져 있다면 그 방정식을 두 개의 방정식의 도움으로 해결할 수 있다. 하나는 M개의 순열군, 또 다른 하나는 N개의 순열군이 그것이다."*

앞의 4차 방정식 보기에서 보았듯이 군 G는 4개 근들 x_1, x_2, x_3, x_4의 모든 순열들(S_4군)로 이루어져 있다. 그리고 가능한 모든 방정식에서 근들 사이에서의 관계가 비에트가 요구하는 것을 만족하는 것은 (9.3)에 나타난 것 이외에는 없다. 쌍들의 동시교환은 $e = id$와 더불어 4개의 원소 수를 가진 정규부분군 $H = \{e, (14)(23), (24)(31), (34)(12)\} = \{1234, 4321, 3412, 2143\}$을 만들고 군 G/H는 $\dfrac{24}{4} = 6$개의 원소를 가지게 되어 이 군은 대상이 세 개인 순열군(permutation group)으로 파악될 수 있다. 3차 방정식 (9.7)을 만족하는 세 개의 분해방정식 y_1, y_2, y_3가 그것들이다. 이들은 y_1으로부터 변수 x_1, x_2, x_3, x_4들의 모든 가능한 순열(조합)들을 이용하여 생겨난다. 그런데 모든 y_1들은 H에 의해서 결정되

---

39 정의 $sH \cdot tH = stH$에서의 문제는 모든 $h \in H$에 대해서 $sH = shH$가 성립하는 것인데 $shtH$가 stH와 항상 같지는 않다는 것이다. 그러나 H가 정규부분군이면 어떤 $h' \in H$에 대해서 $ht = th'$가 성립하고 따라서 $shtH = sth'H = stH$가 된다.

므로 x_1, x_2, x_3, x_4를 순열시키는 것은 G 대신에 G/H가 하고 있다. 방정식 (9.1)의 갈로아 군은 y_1, y_2, y_3의 값을 알게 되어 훨씬 작아졌다. 왜냐하면 제로점 사이에 있는 새로운 관계 (9.10)에서 $(x_i + x_4)^2 - a(x_i + x_4) + y_i = 0$이 성립하기 때문이다. 갈로아 그룹의 모든 순열 s는 이 관계를 만족하는데, 즉 $z = x_{s(i)} + x_{s(4)}$가 같은 2차 방정식 $z^2 - az + y_i = 0$, $z = x_i + x_4$를 만족한다. 이제 남은 것은 쌍의 동시교환, 즉 군 H뿐이다(연습문제 9.2 참조). 원래 방정식 (9.1)이 아니고 관계 (9.10)이 제로점을 찾을 수 있게 만든다. 즉, 오직 2차 방정식의 근을 해결하기만 하면 되는 것이다. 결론적으로 래디칼을 통한 근의 해결 문제는 갈로아에 의해서 아주 일반적으로 해결된 것이다.

"방정식의 군에서 존재하는 모든 순수 분류들을 전부 찾아내면 변환은 가능해도 순열들이 항상 같은 수가 되는 한 군을 발견한다. 이 군에 각각 소수의 순열들이 있다면, 이 방정식은 래디칼로 해결 가능하다. 아니면 안 된다."

이 생각을 현대 수학으로 풀어 쓰면, 이렇게 말할 수 있다. 먼저 모든 부분군의 수열

$$G = G_0 \supset G_1 \supset G_2 \supset \cdots \supset G_r = \{id\}$$

를 보도록 하자. 이 수열은 G_{k+1}이 항상 G_k의 정규부분군이고 이 특성을 유지하는 한 더이상 세분화되지 않는다는 속성을 가지고 있다고 하자. 만일 모든 군 G_k/G_{k+1}의 크기[40]가 소수라면 이 방정식은 래디칼로 해결 가능하다(143쪽 라그랑주의 분해방정식 참조). 만일 이러한 수열이 없으면 해결 불가능하다. 예를 들어 아주 일반적인 5차 방정식의 갈로아 그룹은 5개의 대상이 만드는 120개의 순열들로 이루어진 S_5가 된다. 여기서 위의 성질을 만족하는 수열은 $S_5 \supset A_5 \supset \{id\}$가 유일한데, 여기서 A_5는 크기가 60인 부분군으로서 짝수 개수들의 쌍

---

40 집합의 크기는 그 집합의 원소 개수를 말한다.

의 동시교환으로 생기는 짝수의 쌍의 교환순열들을 포함하고 있다.[41] 이 군에는 더이상의 정규부분군이 없고 소수 크기도 아니다.[42] 따라서 일반적인 5차 방정식은 래디칼로 해결되지 않는다.

이 이론의 의미는 무엇일까? 갈로아는 주어진 방정식의 근의 해결방법만 제시한 것이 아니고 도대체 이러한 해결책이 존재하는가?라는 깊은 질문을 던진 것이다. 이 질문에 답하기 위하여 갈로아는 각 방정식에 유한한 군으로 나타나는 아주 간단한 수학적 대상을 만든 후에 해결 가능성의 문제를 이 군의 구조로서 결정하게 만든 것이다. 동시에 그는 소위 군론(group theory)이라는 아주 새로운 분야에 초석을 세웠다. 군론은 오늘날 대칭의 개념이 나타나는 모든 수학 분야에 등장한다. 다시 말해 군론은 대칭론의 추상적인 개념이다. 대칭들(그리고 비대칭화)는 수학, 물리학 그리고 화학에서 대단히 중요한 역할을 하고 있으므로 수학사에서 가장 중요한 변환점이 되는 것이다.

---

41 방정식 $x^n + a_1 x^{n-1} + \cdots + a_n = 0$의 근들끼리의 관계식에서 비에트의 근의 공식(143쪽) 외에 만족하는 등식이 없다고 하자. 그러면 이 방정식의 갈로아군은 전체 순열군 S_n이 된다. 이 갈로아군은 대칭 판별식인 다항식 $D = \prod_{i \neq j}(x_i - x_j)$을 추가하여 짝수의 순열을 가진 정규부분군 $A_n \subset S_n$으로 축소할 수 있다. 이것은 뉴턴의 알고리즘을 통해서 계수들 $a_1, \dots, a_n$으로 표현할 수 있다. D에는 모든 서로 다른 전치부호를 가진 인수들이 두 번씩 나타난다. 이것은 제곱근을 없애면 피할 수 있고 모든 순열들에 대해서는 아니지만 특별한 짝수의 순열에서는 변하지 않는 근들 사이의 새로운 등식 $\prod_{i < j}(x_i - x_j) = \sqrt{\pm D} = : \Delta$을 얻을 수 있다.

42 군 s_4와 A_5는 주사위와 20면체를 모두 회전하는 군으로서 기하학적으로 실현해 볼 수 있다. 군 s_4와 주사위의 회전군은 동형이다. 즉, $s_4 \cong W$이다. 둘 사이에는 군의 연산을 보전하는 동형함수가 있다는 뜻이다. 따라서 A_5와 20면체의 회전군도 동형이다. 정규부분군 $H \subset S_4$은 세 개의 공간축을 중심으로 180° 회전하는 것들로 이루어져 있다. 이 세 축은 주사위를 회전할 때 오직 자기들만으로 순열된다. 그러나 20면체의 경우에는 모든 회전에 변하지 않는 공간축 시스템이 없다. 따라서 이 다면체에서는 어떤 정규 부분공간이 없다는 것이 당연하다.

연습문제

9.1 **순열과 주사위 회전:** 숫자 1, 2, 3, 4의 순열들의 개수 4!=24와 주사위 회전 개수
가 같다는 것을 보이시오. 그리고 주사위 회전들이 주사위의 대각선을 순열하는
것과 정확히 일치하는 것을 밝히시오. 순열 (12)(34), (13)(24), (14)(23)들이 3개
의 공간축을 중심으로 회전시키는 것에 해당한다.

> **힌트** 주사위 회전보다는 주사위가 놓여 있는 상태를 세는 것이 더 효과적이다. 전
> 부 6개의 면들이 위로 놓일 수 있고 모두 4개의 변들이 앞에 놓인다.

9.2 **4차 방정식의 축소된 갈로아 군:** 집합 {1, 2, 3, 4} 위의 순열 s가 다음의 성질을
만족한다고 하자. s는 2개의 원소를 가진 모든 부분집합 A에 A 자신 아니면 A
의 여집합에 함수값을 가진다. 예를 들어 $s(\{1, 4\})=\{1, 4\}$ 또는 {2, 3}. s가 쌍들
의 교환 (14)(23), (24)(13), (34)(12)이거나 항등함수 id임을 보이시오. yi를 알고
등식 (9.10)이 성립하면 이것이 4차 방정식의 갈로아 군이 된다.

9.3 **군 위에서의 작동(the effect on a group):** 집합 X와 군 G 위에 정의된 '작동'은
함수 $\phi: G \times X \to X$로서 $\phi(e, x) = x$ 그리고 모든 g, $h \in G$와 $x \in X$에 대해서
$\phi(g, \phi(h, x)) = \phi(gh, x)$를 만족한다. 다른 말로 하면 $\phi(g, x) =: \phi_g(x)$로 놓
으면 모든 $g \in G$에 대해서 함수 $\phi_g: X \to X$가 정의된다. 이 함수는 $\phi_e = id$ 그
리고 모든 g, $h \in G$와 $x \in X$에 대해서 $\phi_g \circ \phi_h = \phi_{gh}$가 성립하고 특별히
$\phi_g \circ \phi_{g^{-1}} = \phi_{gg^{-1}} = \phi_e = id$를 만족한다. 따라서 ϕ_g에는 $(\phi_g)^{-1} = \phi_{g^{-1}}$가 되는 역
함수 $(\phi_g)^{-1}$가 존재하고 그리고 작동 $g \mapsto \phi_g$는 G에서 X 위에 정의된 역함수들
의 군으로 가는 군-준동형사상(group-homomorphism)이다. 따라서 이 작동은 군
G를 X 위에 정의된 변환군으로 만든다. 그리고 'G가 X 위에서 작동한다'고 말한다.
순환군 S_n은 정의에 따라서 집합 $X = \{1, ..., n\}$의 순열군이다. 그리고 작동은
$\phi(s, k) = s(k)$이다. 마찬가지로 S_n은 n-차 다항식의 제로점 집합 $\{x_1, ..., x_n\}$
위에도 작동하는데, 이를 통해 n개의 변수 $x_1, ..., x_n$를 가진 모든 다항식들의 집
합 X 위에 또다시 $\phi(s, f) = sf$ 그리고 $(sf)(x_1, ..., x_n) := f(x_{s(1)}, ..., x_{s(n)})$
을 만족하는 작동 ϕ를 만들어 낼 수 있다. 여기서 ϕ가 작동임을 보이시오. 갈로아

군은 순열 $s \in S_n$ 들로 이루어진 부분군인데 여기서 s들은 특정한 비대칭 함수들 $r_1, \ldots, r_k$을 변수 $x_1, \ldots, x_n$에 대해서 변하지 않게 만드는 순열들, 즉 모든 $i = 1, \ldots, k$에 대해서 $sr_i = r_i$이다.

9.4 4차 방정식의 근: 다음 4차 방정식의 근들 x_1, x_2, x_3, x_4를 구하시오.

(9.12) $$x^4 - 2x^3 - 13x^2 + 14x + 24 = 0$$

여기서 $a = 2$, $b = -13$, $c = -14$, $d = 24$. (9.9)을 이용해서 (9.7)의 계수들이

$$u = -26, \quad v = 45, \quad w = 72$$

임을 보이시오. 따라서 이에 해당하는 방정식은

(9.13) $$y^3 + 26y^2 + 45y - 72 = 0$$

이 된다. 여기서 $y_1 = 1$이 방정식 (9.13)의 근임을 보이시오. (9.13)의 왼쪽 식을 $y - 1$로 나누면

$$\frac{y^3 + 26y^2 + 45y - 72}{y - 1} = y^2 + 27y + 72$$

가 된다. 그리고 (9.13)의 근들 y_1, y_2, y_3도 찾을 수 있다. (9.10)과 함께 $z_i = x_i + x_4 (i = 1, 2, 3)$과 $z_i^2 - 2z_i = -y_i$도 계산하시오. $y_1 = 1$이면 오직 한 개의 근만 있고 y_2, y_3의 경우에는 각각 두 개씩 있다. 어떤 것이 맞는지는 일일이 계산해 봐야 안다.[43] 어떤 것이 정말 근이 되는지는 기본대칭함수에 대입하여 테스트해 볼 수 있다. 그렇게 생긴 숫자들이 계수가 된다.

9.5 4차 방정식, 페라리와 갈로아: 81쪽에 있는 (5.11)의 방정식이 145쪽에 있는 (9.7)과 146쪽 (9.8)의 특별한 경우임을 보이시오.

실마리 t가 (5.11)인 방정식의 근이라면 $y = -t$가 (5.11)의 근이 된다. 물론 계수는 다르게 표현되었다.

페라리의 경우: (9.9)의 a, b, c, d가 $a = 0$, $b = a$, $c = -b$, $d = c$가 된다. (9.1)을 80쪽의 (5.8)과 비교해 볼 것!

---

[43] 결과는 -1, 2, -3, 4

9.6

뉴턴 알고리즘: 모든 다항식 $\phi(\vec{x})$는 단항식 $x_1^{k_1} x_2^{k_2} \cdots x_n^{k_n}$의 곱하기들의 더하기로 이루어진 선형조합(linear combination)으로 나타난다. ϕ가 대칭이면 각 단항식에는 모든 순환된(permuted) 단항식(순환된 변수들)이 앞의 항에 나타난다. 예를 들어 $x_1 x_2^3 x_3^2$가 있으면 $x_3 x_1^3 x_2^2 = x_1^3 x_2^2 x_3$도 나타난다. $x_1^{k_1} x_2^{k_2} \cdots x_n^{k_n}$의 모든 순환된 단항식들의 합을 '대칭화된 단항식'으로서 $[k_1, \cdots, k_n]$로 나타낸다. 여기서 k_i들은 감소수열 $k_1 \geq k_2 \geq \cdots \geq k_n$이다. 이런 표기들을 사전식 나열법으로 배치하면 j번째 자리에서 $k_j \neq l_j$이고 $k_j > l_j$이면(그러니까 $k_i = l_i$, $i < j$ 그리고 $k_j > l_j$) '$[k_1, ..., k_n] > [l_1, ..., l_m]$'로 나타난다. 가장 낮은 지수의 단항식은 물론 모든 $k_i = 0$, 즉 상수 1인 경우이다. $[k_1, ..., k_n]$과 1 사이에는 유한한 단항식들이 놓여있다. 이제 임의의 대칭식 ϕ가 있다면 그 안에서 사전식 배열에 따른 가장 큰 대칭 다항식 $a[k_1, ..., k_n]$(계수가 $a \neq 0$)을 찾아 $\phi_1 = \phi - \tilde{\phi}$

(9.14)
$$\tilde{\phi} = a \varepsilon^{k_1 - k_2} \varepsilon^{k_2 - k_3} \cdots \varepsilon^{k_n}$$

로 넘어간다. ϕ의 최고항[44]은

$$a[(x_1)^{k_1 - k_2}(x_1 x_2)^{k_2 - k_3} \cdots (x_1 \cdots x_n)^{k_n}] = a[x_1^{k_1} x_2^{k_2} \cdots x_n^{k_n}]$$

이다. 그리고 이 최고항은 ϕ의 최고항과 같다. 그래서 ϕ_1의 빼기 공식에서 사라지고 ϕ_1의 최고항은 ϕ의 최고항보다 차수가 적다. 이 과정을 ϕ의 자리에 ϕ_1을 대입하여 반복하면 보다 낮은 최고 대칭항을 가진 대칭함수 ϕ_2를 얻을 수 있다. 각 대칭항에는 다른 유한한 것들만 놓여 있기 때문에 유한한 단계를 지나면 언젠가는 상수 다항식을 얻게 된다. 모든 것을 합치면 변수들 $\varepsilon_1, ..., \varepsilon_n$의 다항식 f를 변수들의 곱들과 그 배수들의 합으로 나타낼 수 있다.[45]

보기 $\phi = \sum x_i^3 = [3, 0, 0]$. 그러면 $\phi = \varepsilon_1^3 - 3\varepsilon_1 \varepsilon_2 + 3\varepsilon_3$임을 보이시오.

첫 번째 단계: 먼저 $\phi_1 = \phi - \varepsilon_1^3$을 계산하고 $\varepsilon_1^3 = \phi + 3[2, 1, 0] + 6\varepsilon_3$임을 보이시오.
두 번째 단계: $\phi_2 = [2, 1, 0] - \varepsilon_1 \varepsilon_2$를 계산하고 $\varepsilon_1 \varepsilon_2 = [2, 1, 0] + 3\varepsilon_3$임을 보이시오.

---

44 x_1의 지수는 예를 들어 $k_1 - k_2 + k_2 - k_3 + \cdots + k_{n-1} - k_n + k_n = k_1$이다.
45 〈Lou van der Warden〉, Algebra I, 7판, 스프링거 출판사, 1972년, 100쪽과 비교

9.**7** 라그랑주의 분해방정식: 앞에서 보았듯이 방정식 $x^n = a$의 갈로아군은 크기가 n인 순환군(cyclic group)임을 알고 있다. 이 명제는 역으로도 성립하는데 방정식

$$x^n + a_1 x^{n-1} + \cdots + a_n = 0$$

의 갈로아군이 순환순열(cyclic permutation) $s = (12 \cdots n)$의 자신들과의 합성함수들로만 이루어져 있고 n이 소수라면 모든 근 x_i가 n승근의 형태로 나타난다는 것이다. 이를 위해 라그랑주의 분해방정식을 염두에 두어야 한다. n번째 단위근 $\omega_k = e^{i \cdot 2k\pi/n}$, $k = 1, \ldots, n$에 대해서

(9.15)
$$u_k(\vec{x}) = \omega_k^{n-1} x_1 + \omega_k^{n-2} x_2 + \cdots + x_n = \sum_{j=1}^{n} \omega_k^{n-j} x_j$$

로 놓자. u_k에 순환순열 $s = (12 \cdots n)$을 적용해 보시오. 즉, $su_k(\vec{x}) = u_k(s\vec{x})$가 성립하는 다항식 su_k를 계산하시오. 여기서

$$s\vec{x} = (x_{s(1)}, \ x_{s(2)}, \ \ldots, \ x_{s(n)}) = (x_2, \ x_3, \ \ldots, \ x_n, \ x_1)$$

그리고 $su_k = \omega_k u_k$임을 보이시오.

다항식 $y_k := (u_k)^n$이 s에 대해서 변하지 않고 또한 모든 갈로아군에 대해서도 마찬가지임을 논하시오. 이렇게 갈로아군에 대해서 변하지 않는 식들은 x_j를 몰라도 4차 방정식에 있는 u, v, w와 같은 계수 a_k만 가지고도 계산이 가능하다. 따라서 $u_k = \sqrt[n]{y_k}$이 주어진 숫자의 n승근이다. (9.15)에 맞추어서 x_j를 u_k를 통해서 구하는 것은 다음과 같이 간단하다. 합계 $\sum_k u_k$를 만들고 x_j와 같은 항들을 묶으면 $\sum_k \omega_k = 0$에 의해서 오직 nx_n만 남는다. 그 대신에 임의의 j에 대해서 $\sum_k (\omega_k)^j u_k$를 고찰하면 n의 지표가 $n-j$ 옮겨가서 합이 nx_{n-j}가 되는 것을 알 수 있다.

9.**8** 숫자시스템의 확장: 갈로아 이론은 방정식

(9.16)
$$f(x) = x^n + a_1 x^{n-1} + \cdots + a_n = 0$$

의 근의 공식이 어떤 경우에 존재하는가를 알려주는 것뿐만 아니라 계수 a_1, ..., a_n이 들어 있는 숫자시스템 $\mathbb{K}$**46**를 확장하여 근 x가 한 개 이상 존재하게 되는 확장된 숫자시스템을 어떻게 만들 수 있는지를 극명하게 보여준다.

EXERCISE

등식 $x^2+1=0$에 의하여 $\mathbb{R}$에서 $\mathbb{C}$로 넘어가는 과정이 그런 예가 되는데 $\mathbb{C}=\mathbb{R}+\mathbb{R}i$가 $\mathbb{R}$과 방정식의 근 $\pm i$를 포함하는 가장 작은 체가 되기 때문이다. 이에 관한 정리는 다음과 같다.

x에 관한 방정식 (9.16)이 $\mathbb{K}$의 원소를 계수로 하는 가장 작은 차수의 방정식인 최소다항식(minimal polynomial)이라면 $\mathbb{L}:=\mathbb{K}+\mathbb{K}x+\cdots+\mathbb{K}x^{n-1}$이 $\mathbb{K}$와 x를 포함하는 가장 작은 숫자시스템(number field)이다.

$\mathbb{K}$가 이 가장 작은 숫자시스템 $\mathbb{L}$에 들어 있어야 한다는 것은 당연하다. x지수의 어떤 것도 불필요한 것은 없다. 그렇지 않다면 보다 작은 차수의 방정식이 있을 것이고 $p\geq n$인 x^p는 필요 없어지기 때문이다. 왜냐하면 방정식 (9.16)은 보다 낮은 차수로 변환시킬 수 있기 때문이다. 이로써 $\mathbb{L}$ 안에서 더하기, 빼기, 곱하기가 성립한다. 귀납법을 통해서 $\mathbb{L}$ 안에서 나누기 마저도 정의된다는 것을 보여줄 수 있는데 이로써 $\mathbb{L}$이 체(field)가 된다는 것을 알 수 있다. 다음에 두 개의 특별한 경우를 따져 보자.

a) $n=2$인 경우를 따져 보시오.
   실마리 28쪽의 (2.5)에 의하면 원소 $\omega\in\mathbb{K}$, $\sqrt{w}\notin\mathbb{K}$에 대해서 $\mathbb{L}=\mathbb{K}+\mathbb{K}\sqrt{\omega}$이다. 그리고 $(a+b\sqrt{\omega})(a-b\sqrt{\omega})=a^2-b^2\omega\in\mathbb{K}$가 성립한다. 따라서 $1/(a+b\sqrt{\omega})\in\mathbb{L}$. 이유는?

b) δ가 3승근(방정식 $x^3=d$의 근 $x=\delta=\sqrt[3]{d}$, $d\in\mathbb{K}$, δ, $\delta^2\notin\mathbb{K}$)이면 $\mathbb{L}=\mathbb{K}+\mathbb{K}\delta+\mathbb{K}\delta^2$의 모든 원소가 0이 아닌 원소로 나누어지는 것이 가능하다는 것을 보이시오.

c) 실마리 $(\delta^2+a\delta+b)(\delta-a)=d-ba+(b-a)^2\delta\in\mathbb{K}+\mathbb{K}\delta$
   그리고 $(\delta+c)(\delta^2-c\delta+c^2)=d+c^3\in\mathbb{K}$, a, b, $c\in\mathbb{K}$

9.9 자와 컴퍼스를 이용한 작도: 자와 컴퍼스를 이용한 작도법은 고대 시절부터 아주 중요한 역할을 하였다. 평면(여기서는 복소수 평면 $\mathbb{C}$) 위의 어떤 점들이 주어진 두 개의 점들로부터 결정되는가? 주어진 점들을 $\mathbb{C}$의 원소들인 0과 1이라고 하자. 그러면 $\mathbb{K}$를 이 두 점으로부터 작도되는 모든 점들의 집합이라고 하자. 그리고 컴퍼스로 0을 중심으로 하여 1을 지나가는 원을 그리자. 그러면 이 0과 1을 지나가

46 coefficient field

09 갈로아: 어떤 방정식이 해결 가능할까?(1832. 5. 29) 157

는 직선(실수 축)과 이 원은 −1에서 교차할 것이름. 각 90°를 작도할 수 있으므로 실수들에 직각으로 서있는 허수축을 작도할 수 있게 되고 원과 허수축의 교차점으로 $\pm i$를 만들게 된다. 그러면 ± 1, $\pm i \in \mathbb{K}$가 성립한다. 다음 그림은 $x, y \in \mathbb{K} \Rightarrow x+y \in \mathbb{K}$와 $x, y \in \mathbb{K} \cap \mathbb{R} \Rightarrow ixy \in \mathbb{K}$, $xy \in \mathbb{K}$가 성립하는 것을 보여준다. x, y가 허수이면 이들 곱의 실수 허수부분이 실수들의 곱으로 표현된다.[47] 따라서 모든 $x, y \in \mathbb{K}$에 대해서 $xy \in \mathbb{K}$가 성립한다.

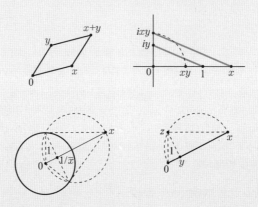

위 오른쪽에 있는 두 개의 그림은 $x \in \mathbb{K}$이면 $\dfrac{1}{x} \in \mathbb{K}$과 $\dfrac{1}{x} \in \mathbb{K}$(실수축을 중심으로 거울대칭)이 성립함을 보여주고 있다. 실제로 $y := \dfrac{1}{x} = \dfrac{x}{|x|^2}$에 의해서 x와 y는 0으로부터 뻗어 나오는 직선 위에 같이 놓여 있다. 오른쪽에 있는 삼각형들 $(0, y, z)$와 $(0, z, x)$(탈레스 삼각형)[48]들은 닮은꼴(각들이 같다)이고, 따라서 $\dfrac{|y|}{1} = \dfrac{1}{|x|}$이다. $\mathbb{K}$는 $\mathbb{C}$의 부분체(subfield)로서 $\mathbb{Q}$를 포함하는 체이다. 이 외에도 모든 $b \in \mathbb{K}$에 대해서 $\beta := \sqrt{b} \in \mathbb{K}$도 성립한다.

---

47 $(x + yi)(u + vi) = (xu - yv) + (xv + yu)i$

48 탈레스(Thales of Milet, B.C. 624~547?) 정리: 원의 지름 AC를 빗변으로 하는 삼각형이 직각삼각형이 되기 위한 필요충분조건은 세 번째 점 B가 원 위에 있어야 한다.

증명 ⇒: 삼각형은 주어진 원이 외접원이 되는 사각형 $ABCD$에 점 대칭으로 추가된다.

⇐: 반지름의 길이는 같기 때문에 삼각형 1, 3 그리고 2, 4는 합동이다. 그리고 사각형 $ABCD$의 꼭짓점의 각들은 같으므로 90°이다.

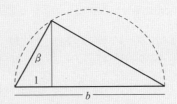

그림에서 $\beta = \sqrt{b}$ 가 되는데 왼쪽의 직각삼각형이 전체 삼각형과 닮은꼴이므로 $\dfrac{\beta}{1} = \dfrac{b}{\beta}$ 가 되고 따라서 $\beta^2 = b$ 이기 때문이다. 직접 작도를 하여 확인해 보시오. 결론적으로 작도 가능한 점들의 집합 $\mathbb{K}$ 는 2차 식으로 닫혀 있으면서[49] $\mathbb{Q}$ 를 포함하는 가장 작은 확장체이다. 따라서 (2.5)에 의해 $\mathbb{K}$ 의 원소들을 계수로 가지는 모든 2차 방정식의 근들도 다시 $\mathbb{K}$ 에 들어 있다. 그리고 $\mathbb{K}$ 는 더이상 크지도 않다. 왜냐하면 자와 컴퍼스로 만든 모든 도형들은 직선과 원의 교차점을 만드는데 그 점들은 항상 1차 또는 2차 방정식의 근들이기 때문이다.

9.10 단위근(root of unity)의 갈로아군: 방정식 $x^n = 1$ 을 만족하는 $x \neq 1$ 인 근을 '단위근'[50]이라고 한다. 단위근들은 복소수 $x_1 = e^{i \cdot 2\pi/n}$ 들로서 이들의 승수

(9.17) $$x_k = (x_1)^k, \ k = 1, \ \ldots, \ n-1$$

을 만족한다. (9.17)의 식은 방정식 $x^n = 1$ 의 근($x \neq 1$)들의 관계(relation)를 보여주는데 이들은 이 방정식의 갈로아군에서 변하지 않는다.[51] 다시 말해서 s 가 갈로아군 G 에 속하는 순열이라면 $x_{s(k)} = (x_{s(1)})^k = ((x_1)^{s(1)})^k = (x_1)^{s(1) \cdot k}$ 를 만족하고

$$s(k) = s(1) \cdot k$$

가 되는데 여기서 modulo n 을 계산하여야 한다. $n \equiv 0 \bmod n$, $n+1 \equiv 1 \bmod n$ 등.[52] 따라서 순열 s 는 순열값 $s(1)$ 을 통해서 유일하게 결정된다.

---

49 모든 $b \in \mathbb{K}$ 에 대해서 $\sqrt{b} \in \mathbb{K}$ 가 성립한다.

50 $x = 1$ 은 다항식 $x^n = 1$ 의 근이므로 $x^n = 1$ 은 $x - 1$ 로 나누어진다.

실제로 $\dfrac{x^n - 1}{x - 1} = x^{n-1} + x^{n-2} + \cdots + x + 1$ 이다.

51 등식 (9.11)에서는 관계식이 성립하지 않는데 w 가 먼저 만들어져야 하기 때문이다. 다시 말하면 w 는 $\mathbb{K}$ 안에 있지 않기 때문이다.

52 $x_{s(k)} = x_1^{s(1) \cdot k} = (x_1^k)^{s(1)} = x_k^{s(1)}$ 에 의해서 s 는 마치 방정식 $x^n = 1$ 을 만족하는 $x \neq 1$ 인 근들의 집합 위에 정의된 지수함수 $x \mapsto x^{s(1)}$ 와 같은 역할을 한다.

a) $n = 17$ 그리고 $s(1) = 3$일 때 s에 관한 다음의 값을 확인하시오.

k	1	2	3	4	5	6	7	8	9	10	11	12	13	14	15	16
$s(k)$	3	6	9	12	15	1	4	7	10	13	16	2	5	8	11	14

또한 s가 집합 $\{1, 2, ..., 16\}$ 위에 정의된 순열이고 최대 크기가 16인 (1, 3, 9, 10, 13, 5, 15, 11, 16, 14, 8, 7, 4, 12, 2, 6)[53] 순환함수임을 확인하시오.

b) 갈로아군 G의 모든 원소인 순열 t가 $t(1)$에 의해서 결정되므로 s가 (a)에서 정의된 순열이고 $s^2 := s \circ s$, $s^3 := s \circ s \circ s$, ...을 의미한다면 $G = \{s, s^2, ..., s^{16} = id\}$가 성립함을 보이시오.

9.11 정17각형의 작도: 가장 초기에 나온 가우스의 업적 중 하나는 1795년(17세)에 정17각형을 자와 컴퍼스만으로 작도할 수 있는 방법을 발견한 것이다. 이를 위해 가우스는 원을 균등하게 17개로 분할하였는데 이 분할점들이 전부 $x^{17} = 1$의 근, $x = \xi^k$, $\xi = e^{\frac{2\pi i}{17}}$, $k = 1, ..., 17$이다(116쪽에 있는 허수들의 곱의 기하학적 의미와 비교할 것!).

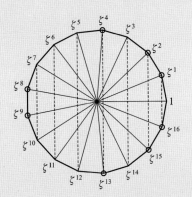

이 작도 과정을 갈로아 이론으로 파악할 수 있다. 여기서 핵심적인 내용은 갈로아 군 G가 크기가 $16 = 2^4$인 순환군이라는 데에 있다(문제 9.11과 비교할 것!). 그래서 크기가 16, 8, 4, 2, 1이 되는 부분군들[54]의 사슬인

$$G \supset H_1 \supset H_2 \supset H_3 \supset \{id\}$$

---

53 이 기호는 $1 \mapsto 3 \mapsto 9 \mapsto 10 \mapsto \cdots \mapsto 2 \mapsto 6 \mapsto 1$을 의미한다.

54 여기서는 G가 가환적(commutative)이므로 정규부분군을 의미한다.

가 존재한다. 2차 방정식에서처럼 '반 정도의 불변'인 근들의 다항식들이 나타난다. 그리고 각 단계마다 이 근들은 계산이 가능한 계수를 가진 2차 방정식을 만족한다(연습문제 9.9).

첫 번째 부분군 H_1은 s의 짝수지수인 s^2를 포함한다. 여기서 s^2은 다음 두 개의 순환군 (1, 9, 13, 15, 16, 8, 4, 2)와 (3, 10, 5, 11, 14, 7, 12, 6)의 사슬이다. 이 두 개 불변의 H_1의 표현인 y_1과 y_2는 $x_k = \xi^k$들의 합인데 k는 첫 번째와 두 번째 순환군의 숫자를 망라한다. ξ^{17-k}가 ξ^k의 켤레복소수이므로(위 그림 참조) 모든 $k \geq 9$만 따지면 $y_1 = 2Re(\xi + \xi^8 + \xi^4 + \xi^2)$와 $y_2 = 2Re(\xi^3 + \xi^5 + \xi^7 + \xi^6)$가 생기고 이들은 2차 방정식 $y^2 - ay + b = 0$의 근들인데 여기서 $a = y_1 + y_2 = \sum_m \xi^m = -1$ 그리고[55] $b = y_1 y_2 = 4\sum_m \xi^m = -4$이다. 그리고 등식 $y^2 + y = 4$의 근들은 쉽게 찾을 수 있다.

두 번째 부분군 $H_2 \subset H_1$은 s^4의 지수들로 이루어지는데 이것의 순환(permutation)은 4개의 순환군 (1, 13, 16, 4), (9, 15, 8, 2) 그리고 (10, 11, 7, 6), (3, 5, 14, 12)들이다. 처음 두 개의 순환군들에 있는 ξ^k들의 합은 불변하는 $H_2 -$ (invariant) 표현인 $z_1 = 2Re(\xi + \xi^4)$ 그리고 $z_2 = 2Re(\xi^2 + \xi^8) = y_1 - z_1$이다. 그리고 이것들은 2차 방정식 $z^2 - cz + d = 0$의 근들인데 여기서 $c = z_1 + z_2 = y_1$ 그리고[56] $d = z_1 z_2 = \sum_m \xi^m = -1$이다. 그런데 y_1이 이미 작도되므로 2차 방정식 $z^2 - y_1 z = 1$의 근들 z_1, z_2 역시 작도된다. 마지막 두 개의 순환군들의 합은 $\bar{z}_1 = 2Re(\xi^3 + \xi^5)$ 그리고 $\bar{z}_2 = y_2 - \bar{z}_1 = 2Re(\xi^6 + \xi^7)$이 된다. 이것들은 방정식 $\bar{z}^2 + y_2 \bar{z} = 1$을 만족하고(각주 56번 참조) 따라서 작도 가능하다.

세 번째 부분군 $H_3 \subset H_2$의 원소들은 $e = id$와 s^8인데 길이가 2인 8개의 순환군들로 이루어진 사슬이다. 이들 중 2개는 (1, 16) 그리고 (4, 13)이다. 이들의 합은 $\omega_1 = 2Re\xi$, $\omega_2 = 2Re\xi^4 = z_1 - \omega_1$로서 2차 방정식 $\omega^2 - e\omega + f = 0$, 여기서 $e = \omega_1 + \omega_2 = z_1$ 그리고 $f = \omega_1 \omega_2 = (\xi + \bar{\xi})(\xi^4 + \bar{\xi}^4) = \xi^5 + \bar{\xi}^3 + \xi^3 + \bar{\xi}^5 = z_2$ 이다. 따라서 근들은 작도 가능하고 특별히 $\omega_1 = 2Re\xi$이다. Im $\xi = \sqrt{1 - (Re\xi)^2}$에 의해서 ξ는 작도 가능하다. 원주의 거리를 $|1 - \xi|$로 잡으면 원을 정확히 17등분할 수 있다.[57]

---

[55] y_1의 8개의 승수들 ξ^k가 y_2의 8개의 승수들 ξ^j과 곱해지면 ξ^{j+k}의 모양을 가진 전부 64개의 더하기 항이 생긴다. $\xi^k \neq \bar{\xi}^j$이므로 모든 $j + k \neq 0, 17$이고 대칭적 이유로 똑같이 4번씩만 나타난다.

[56] 이들의 곱은 16개의 항들인데 ξ의 모든 지수들이 단 한 번만 나타난다.

[57] 이에 관한 자세한 과정은 http://de.wikipedia.org/wiki/Siebzehneck에 제시되어 있다.

마찬가지 방법으로[58] $n = 17$보다 훨씬 간단한 경우인 $n = 5$의 작도를 해보아라. 여기서 $x^5 = 1$의 갈로아 군은 크기가 4인 순환군이다.

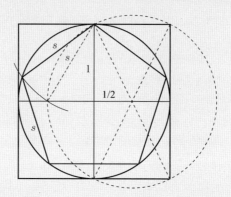

9.12 정6면체 부피의 두 배와 각의 삼등분 문제: '자와 컴퍼스로 작도가 안 되는' 문제는 고대 그리스 시대부터 내려오는 대표적인 문제였는데 그중에서도 각의 삼등분 문제, 정육면체의 부피가 두 배가 되도록 변의 길이 작도 그리고 원의 구적법[59] 등 세 문제가 유명하다. 이 세 가지 모두 19세기에 들어와서 해결 불가능한 것으로 증명되었는데 원의 구적법 문제는 페르디난드 린데만(Ferdinand Lindemann[60])이 $\sqrt{\pi}$의 작도가 불가능하다는 것을 1887년에 밝히면서 해결되었다. 나머지 두 개는 피에르 원젤[61]이 그보다 앞선 1837년에 해결하였다. 류빌(Liouville)이 갈로아 이론을 발표한 것은 1843년이었기 때문에 원젤은 갈로아 이론을 모른채 이것을 증명하였다. 그런데 갈로아 이론을 적용하면 단순히 숫자들의 비교를 통해 '불가능성'의 문제가 해결된다. 왜냐하면 두 문제 다 3차 방정

---

58 n-각형의 작도 역시 소수 n에 대한 페르마의 소수공식 $n = 2^s + 1$에도 적용된다. 그렇게 되기 위해서는 s자신도 2의 지수로 나타나야 한다. 그렇지 않으면 s는 $s = mk$가 되는 홀수의 곱하기 항인 k를 가져야 한다. 그러면 다항식 $x^k + 1$은 근 $x = -1$을 갖게 되고 따라서 $x + 1$로 나누어진다$((x+1) \mid (x^k + 1))$. 이런 나누기 성질은 x에 정수를 대입하면 항상 성립하는데, 예를 들어 $x = 2^m$이면 $(2^m + 1) \mid (2^{mk} + 1) = (2^s + 1)$이 성립한다. 이 말은 $2^s + 1$이 소수가 아님을 의미한다.

$s = 1, 2, 4, 8, 16$에 대한 소수들은 3, 5, 17, 257, 65537이지만 $s = 32$부터는 계속 나누어지는 페르마 숫자가 생긴다. 최초의 나누어지는 페르마 숫자는 오일러가 증명하였는데 $2^{32} + 1 = 4294967297 = 641 \cdot 6700417$이다.

59 원과 같은 넓이를 가지는 정사각형의 작도법

60 Carl Louis Ferdinand von Lindemann, 1852(Hannover)~1939(Muenchen)

61 Pierre Wantzel, 1814~1848(Paris). 원젤은 '정p-각형이(p는 소수) 작도 가능하기 위한 필요충분조건은 p가 $2^{2^s} + 1$의 형태이다'라는 것을 증명하였다.

식 $x^3 = a$의 근들과 관계 있기 때문이다. 만일 a가 작도 가능하다면, 그러니까 a가 작도 가능한 숫자들로 이루어진 체(field) $\mathbb{K}$의 원소라면 $\mathbb{K}$와 x를 포함하는 가장 작은 체 $\mathbb{L}$는 $\mathbb{L} = \mathbb{K} + \mathbb{K}x + \mathbb{K}x^2$의 형태일 것이다(연습문제 9.8). 그렇다면 a에 관한 유한한 구조단계를 필요로 할 것이고 각 단계마다 체들은 두 배가 되거나 멈출 것이다. 그러니 $\mathbb{K}$는 유리수 체 $\mathbb{Q}$를 바탕으로 하는 2^m의 차원을 가질 것이고 $\mathbb{L}$의 차원은 유리수 체 $\mathbb{Q}$를 바탕으로 하는 $2^m \cdot 3$차원을 가지게 될 것이다.

이제 $\alpha = \sqrt[3]{a}$가 작도 가능하다면 작도 가능한 숫자들의 확장체 $\hat{\mathbb{K}}$에 들어 있을 것이다. 그리고 이것은 유리수 체 $\mathbb{Q}$ 위에 정의된 체로서 2^n차원이 될 것이다. 그런데 $\hat{\mathbb{K}}$은 $\mathbb{L}$을 포함하고 있고 $\mathbb{L}$ 위의 p차원이 될 것이다.[62] 따라서 유리수 체 $\mathbb{Q}$ 위에 정의된 $\hat{\mathbb{K}}$는 한편으로 차원 $2^m \cdot 3 \cdot p$(차원들은 곱하기가 성립)를 가지게 되고 다른 한편으로는 2^n차원을 가지게 되므로 모순이 된다.

한편 아르키메데스는 이미 삼각형의 삼등분 문제가 작도에 관한 약간의 도움정리(눈금이 있는 자)만 추가하면 가능하다는 것을 증명하였다.

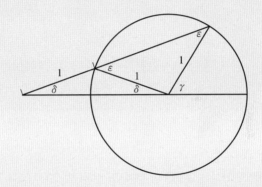

각 γ가 주어지면 각 δ를 그림과 같이 $\delta = \dfrac{\gamma}{3}$이 성립하게끔 작도할 수 있다.[63]

---

[62] 선형대수학에서 보면 모든 확장체 $\hat{\mathbb{K}} \supset \mathbb{L}$은 $\mathbb{L}$ 위에 정의된 벡터공간이고 $\mathbb{L}$ 위에 벡터공간으로서 차원 정의를 적용한다.

[63] 원 안의 삼각형은 내각의 합 $180° = 2\varepsilon + 180° - \delta - \gamma$을 가지므로 $2\varepsilon = \gamma + \delta$가 성립한다. 그런데 왼쪽에 있는 이등변삼각형은 $180° = 2\delta + 180° - \varepsilon$가 되므로 $\varepsilon = 2\delta$ 그리고 $2\varepsilon = \gamma + \delta$로부터 $\gamma = 3\delta$가 따른다.

10

그레이브스: 숫자 세계의 한계 (1843.12.26)

요약 허수는 실수들의 순서쌍으로 표현되고 평면에 좌표로 나타날 수 있다. 또한 순서쌍들은 서로 더하고 곱하고 나눌 수 있다. 아일랜드의 수학자 해밀턴은 삼중쌍에도 같은 것이 적용되지 않을까 생각하고 그것을 하려면 차원을 늘려야 한다는 것을 깨닫고 1843년에 마침내 4원수(quaternion)를 발견하였다. 그리고 친구 그레이브스에게 이 사실을 말하자 그레이브스는 한걸음 더 나아가 실수들의 곱하기와 나누기가 가능한 8원수(octonion)를 발견하였다. 그러나 그것이 더이상 나아가지 못하는 마지막 경계라는 것을 후르비츠가 증명하였다.

숫자란 무엇인가? 이 질문은 이 책에서도 여러 번 언급되었다. 또한 수학자들이 유리수에서 실수로(피타고라스와 히파수스) 그리고 실수에서 허수로(봄벨리) 숫자의 개념을 확장할 때마다 늘 묻게 되는 질문이다. 과연 숫자의 개념은 어디까지 확장되는가? 허수는 실수들의 순서쌍으로서 $x+yi$ 대신에 (x, y)로 쓰고 허수들끼리의 곱하기

$$(x+yi)(u+vi) = xu - yv + (xv + yu)i$$

는 다시 허수로서 다음과 같이 실수들의 순서쌍으로 나타낸다.

$$(x, y)(u, v) = (xu - yv, xv + yu)$$

이 규칙을 살짝 변형하여 허수 쌍들의 곱을 다음과 같이 정의해 보자.

(10.1) $$(x, \, y)(u, \, v) = (xu - \bar{v}y, \, vx + y\bar{u})$$

그러면 이 곱하기 규칙 (10.1)을 만족하는 허수의 쌍들은 4원수 $\mathbb{H}$(quaternion)을 만들고(오린데 로드리게스, 해밀턴), 4원수의 순서쌍들은 다시 8원수 $\mathbb{O}$(octonion)(그레이브스, 캘리)가 된다. 그러나 1898년 후르비츠[1]는 더이상의 확장은 없다는 것을 증명하게 되었고 이것으로 8원수가 아주 특별한 것으로 간주되었다. 이는 8원수가 숫자 시스템에서 4개의 기본적인 계산규칙과 절댓값 규칙 $|ab| = |a\|b|$을 만족하는 최대로 확장된 시스템이기 때문이다.

프랑스 수학자이자 은행 직원이었던 로드리게[2]는 1840년에 쓴 논문에서 공간에서 회전을 계산하는 도구로 4원수 개념을 처음으로 도입하였는데 극소수의 동료들만 이 이론을 알고 있었다. 아일랜드의 더블린에 있는 트리니티 대학교에서 천문학과 교수로 있던 해밀턴[3] 경도 그것에 대해서 전혀 모르고 있었다. 그는 1833년에 베셀(Wessel)과 아강드(Argand)의 논문에 대해서도 전혀 모르는 상태에서 허수들이 실수들의 순서쌍으로써 평면 위에 나타낼 수 있다는 사실을 스스로 발견한 사람이었다. 해밀턴은 그후 공간의 기하학을 좀 더 자세히 나타내기 위하여 실수들의 삼중쌍 곱하기를 정의하는 데 쉼 없이 매진하였다. 그런데 10년에 걸친 노력에도 별 성과가 없자 그의 가족들도 그 내용을 다 알게 되어 아침식사 때마다 아이들마저 늘 "아빠, 그 곱하기 문제 풀었어?"라고 물었다고 한다. 그때마다 그의 대답은 "NO!"였다. 그런던 1843년 10월 16일, 왕립 아일랜드 학회에 참가차 가던 길에 갑자기 결정적인 아이디어가 떠올랐다. 나중에 해밀턴은 그 순간을 다음과 같이 회술하였다.

"갑자기 삼중쌍 계산을 위해서는 공간에 4차원을 허용하여야 한다는 생각이 어렴풋이 떠올랐다. 마치 전기가 통해 번개가 치는 것과 같았다."

---

[1] Adolf Hurwitz, 1859(Hildesheim)~1919(Zuerich)

[2] Benjamin Olinde Rodrigues, 1795(Bordeux)~1851(Pqris)

[3] Sir William Rowan Hamilton, 1805~1865(Dublin)

4차원은 단위벡터 $i,\ j,\ k$들과 더불어 1로부터 세 개의 공간축의 방향으로 확장되는 것이다. 해밀턴은 방금 떠오른 그 아이디어를 막 건너온 더블린에 있는 브룸교(Broom Bridge)의 돌 위에 새겨 놓았다.

(10.2)
$$i^2 = j^2 = k^2 = ijk = -1$$

이 다리는 더블린 근처에 있는 아주 서민적인 마을에 있었는데 해밀턴은 그해 10월 16일에 일어난 이 날을 기념하기 위해서 매년 이 브룸교 위에서 작은 기념식이 일어나게 조치하였다.

당시 해밀턴은 런던에 살고 있던 법조인이자 수학자였던 고향 친구 그레이브스[4]와 항상 서신을 교환하고 있었다. 그레이브스 역시 해밀턴과 같이 삼중쌍에 대한 곱하기 연구를 하고 있었는데 해밀턴이 먼저 성공한 것이었다. 그리고 해밀턴이 그에게 드디어 놀라운 결과를 얻었다고 연락을 하였다. 그러자 그레이브스는 '만일 4차원의 숫자가 존재한다면 보다 높은 차원에서의 숫자들도 존재하지 않을까?' 하고 의문을 품었고 실제로 8원수가 존재한다는 것을 같은 해 두 번째

4　John Thomas Graves, 1806(Dublin)~1870(Cheltenham, England)

성탄절인 1843년 12월 26일에 발견하였다. 그 이야기를 듣고 경탄한 해밀턴은 그레이브스에게 그의 이론을 왕립 아일랜드 학회에서 소개할 것이라고 약속하였다. 그러나 해밀턴은 약속을 지키지 못했는데 아마도 자신의 4원수 연구에 골몰하느라고 잊었을 것이라고 추측한다. 결국 그레이브스의 8원수 이론은 케일리[5]가 8원수를 다시 발견하면서 세상에 알려지게 되었다. 당시 케일리는 찬란한 전통에 빛나는 영국의 켐브리지 대학교에 나타난 수학계의 신성이었다. 나중에 케일리는 8원수가 그레이브스가 먼저 발견한 것이라고 인정하였지만 수학자들은 요즘도 가끔 '케일리-숫자'로 부르고 있다.

케일리는 오로지 수학만 연구한다는 조건으로 장학금을 받고 있었다. 그리고 그 의무기간이 지나자 법학을 공부하여 변호사로 14년이나 있었다. 그러다가 1863년 켐브리지 대학의 순수수학과 교수로 임명된 것이었다. 그런데 해밀턴과 그레이브스가 발견한 것은 케일리가 발표한 공식 (10.1)이 아닌 유사(analog) 8원수 (10.2)[6]였다.

이제부터 이 수학자들이 발견한 과정을 알아보고 후르비츠의 정리가 어떻게 나오게 되었는지도 보기로 하자. 먼저 일반적인 n-차원 공간 $\mathbb{A} = \mathbb{R}^n$을 고찰해 보자. 이 공간은 n개의 실수들의 수열 $a_1, \dots, a_n$로 이루어진 $a = (a_1, \dots, a_n)$ 들의 집합이고, 각 원소의 길이는 피타고라스 정리에서 유래된 벡터의 절댓값 $|a| = \sqrt{a_1^2 + \cdots + a_n^2}$ 으로 정의되었다. '점' a를 보다 잘 이해하기 위하여 원점 $0 = (0, \dots, 0)$으로부터 점 a까지 쭉 뻗은 직선으로 생각하고 이것을 '벡터'라고 부르자. 벡터 개념은 해밀턴이 정의한 것이다. 벡터들끼리는 서로 가까이 붙여서 더하고 뺄 수 있는데 대수적으로는 항끼리의 더하기와 빼기에 해당한다.

---

5 Arthur Cayley, 1812(Richmond, Surrey, England)~1896(Cambridge)
6 8원수 문제에서는 i, j, k 외에도 4개의 추가적인 허수 단위벡터 l, p, q, r이 필요하다. $ijk = -1$과 세 개의 인수(factor)를 가지고 하는 방정식에 대해서도 $ijklpqr = -1$이 성립한다.

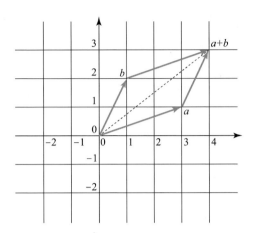

게다가 벡터들에 실수를 곱하여 늘이거나 줄일 수도 있다. 벡터들의 곱하기는 두 개의 $a, b \in \mathbb{A}$에 하나의 벡터 $ab \in \mathbb{A}$를 대응하는데 결합법칙 $a(b+c) = ab + ac$ 그리고 $(b+c)a = ba + ca$가 성립하고 모든 실수 t에 대한 스칼라곱의 교환법칙 $a(tb) = t(ab)$가 성립하여야 한다. 그 외에도 길이의 절댓값 법칙

(10.3) $$|ab| = |a\|b|$$

도 성립해야 한다. a가 단위벡터면 $|a| = 1$이고, 이 등식은 a와의 곱하기가 모든 벡터 b에 대해서 $|ab| = |b|(|b| = 1$이면 $|ab| = |a|)$가 성립하고 '길이를 보존한다'고 말한다. 따라서 곱하기는 두 벡터들 간의 각도 보존하는데, 예를 들면 두 개의 단위벡터 b, c가 직각으로 서있기 위한 필요충분조건은 두 벡터의 길이 $|b-c| = \sqrt{2}$ 이다.

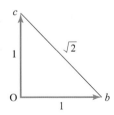

왜냐하면 a와의 곱하기를 통해서 길이가 보존되므로 직각으로 서있는 것 (orthogonality)도 보존되어야 하기 때문이다. 길이를 나타내는 절댓값이 종종 노름(norm)이라고 불리기 때문에 이런 공간을 '노름화된 대수(normed algebra)'라고 부른다. 여기에서 '대수(algebra)'라는 단어는 특별한 의미를 가지는데 이 단어가 수학분야뿐만 아니라 더하기와 곱하기가 가능한 벡터들의 공간에도 적용되기 때문이다. 절댓값(노름)이 벡터법칙 (10.3)을 만족하면 '노름화'된 대수(normed algebra)라고 한다.

$\mathbb{A}$에는 특히 원소 $1=(1, 0, \cdots, 0)$이 있고 1의 실수 배수의 집합인 실수 부분 $\mathbb{R} = \mathbb{R} \cdot 1$도 들어 있다. 공간 $\mathbb{A}$의 벡터들 중 실수 부분 $\mathbb{R} = \mathbb{R} \cdot 1$과 수직으로 서 있는 벡터들이 허수 부분

$$\mathbb{A}' = \{a \in \mathbb{A} \mid a \perp 1\}$$

이 된다.

다음에 후르비츠의 정리인 $\mathbb{A} \in \{\mathbb{R}, \mathbb{C}, \mathbb{H}, \mathbb{O}\}$를 증명하자.

(1) $a \in \mathbb{A}'$ 그리고 $|a| = 1$이면 모든 $x \in \mathbb{A}$에 대해서 $a(ax) = -x$가 성립한다.

　증명　$(1+a)((1-a)x) = (1-a)x + a(x-ax) = x - a(ax)$이고 또한 $|1+a||1-a||x| = 2|x|$가 성립한다. $|a(ax)| = |x|$에 의해서 $|x - a(ax)| = 2|x|$가 성립하기 위한 필요충분조건은 벡터 x와 $-a(ax)$가 같은 방향, 즉 $-a(ax) = x$(아래 그림 참조)인 것이다.

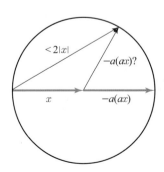

(2) 모든 $b \in \mathbb{A}'$와 $x \in \mathbb{A}$에 대해서 $b(bx) = -|b|^2 x$ 그리고 $b^2 = -|b|^2$이 성립한다.

증명 (1)을 $a = \dfrac{b}{|b|}$, $b \neq 0$에 적용하면 된다.

(3) $a, b \in \mathbb{A}'$ 그리고 $a \perp b$이면 $ab \in \mathbb{A}'$이고 $ab \perp a, b$이다.

증명 $|a| = 1$로 가정하면 $b \perp a$에 의해서 $ab \perp aa \overset{(1)}{=} -1$이 성립한다. $b \perp 1$이므로 $ab \perp a$가 된다. $a \perp 1$이므로 $ab \perp b$가 된다(b를 오른쪽에 곱함).

(4) $a, b \in \mathbb{A}'$ 그리고 $a \perp b$이면 $ab = -ba$이다.

증명 $|a| = |b| = 1$로 가정하면(이 경우에는 a와 b가 정규수직(orthonormal)이라고 함), $(a+b)^2 = a^2 + b^2 + ab + ba = -2 + (ab+ba)$가 성립하고 다른 한편으로는 피타고라스 정리와 정규수직 성질에 의해서 $(a+b)^2 = -|a+b|^2 = -2$가 성립한다. 따라서 $ab + ba = 0$

(5) 정규수직인 $a, b \in \mathbb{A}'$는 4원수 $\mathbb{H}$의 복사판을 만든다.

증명 (3), (4), (1)에 의해서 $(ab)^2 = -1$ 그리고 $(ab)a = -a(ab) = b$가 성립하므로 $1, a, b, ab$는 해밀턴의 단위벡터 $1, i, j, k$에 해당한다.

(6) $c \perp \mathbb{H} \subset \mathbb{A}$이면 $c\mathbb{H} = \mathbb{H}c \perp \mathbb{H}$(여기서 $c\mathbb{H} := \{ch \mid h \in \mathbb{H}\}$)

증명 모든 $a, b \in \mathbb{H} \cap \mathbb{A}'$ 그리고 $|a| = 1$에 대해서 $(ca)a \overset{(1)}{=} -c \perp ba$가 성립하므로 $ca \perp b$이다. 또한 $h \in \mathbb{H} \cap \mathbb{A}'$에 대해서 $ch = -hc$가 성립하므로 $c\mathbb{H} = \mathbb{H}c$가 된다.

(7) $a, b, c \in \mathbb{A}'$가 직교하고 $c \perp ab$이면 $(ab)c = -a(bc)$가 성립한다. $(ab)c = -a(bc)$가 성립하는 삼중쌍 (a, b, c)를 '반결합적(antiassociative)'이라고 한다.

증명 (6)에 의해서 $bc \perp a$이고 따라서 $a(bc) \overset{(4)}{=} -(bc)a = (cb)a$이다. 따라서 보여주어야 할 것은 $a(bc) \overset{(!)}{=} -(cb)a$. 한편으로는

$$((a+c)b)(a+c) = (ab+cb)(a+c)$$
$$= (ab)a + (cb)a + (ab)c + (cb)c$$
$$= 2b + (cb)a + (ab)c$$

가 성립하고, 다른 편으로는 $((a+c)b)(a+c) = |a+c|^2 b = 2b$이며, 따라서 $(cb)a + (ab)c = 0$이다.

(8) $c \perp \mathbb{H}$ 그리고 $d \perp (\mathbb{H}+c\mathbb{H})$를 만족하는 정규수직 $c, d \in \mathbb{A}'$는 존재하지 않는다.

증명 정규수직인 $a, b \in \mathbb{A}' \cap \mathbb{H}$가 있다고 하자. 그러면

(A) $$a(b(cd)) = -(a(bc)d) = (a(bc))d$$

가 성립하는데 그 이유는 (7)에 의해서 삼중쌍 그리고 (b,c,d)와 (a,bc,d)가 반결합적이기 때문이다. 다른 편으로는 (7)에 의해서 (a,b,cd) 역시 반결합적이다. 왜냐하면 $c(cd) = -d \perp ca \in c\mathbb{H}$에 의해서 $cd \perp a$ 그리고 $cd \perp b$이기 때문이다. 결국 삼중쌍 (ab,c,d) 그리고 (a,b,c)가 반결합적이므로

(B) $$a(b(cd)) = -(ab)(cd) = ((ab)c)d = -(a(bc))d$$

가 성립한다. 결론적으로 (A)와 (B)는 서로 모순이다.

이로써 $\mathbb{R}$, $\mathbb{C}$, $\mathbb{H}$, $\mathbb{O}$($\mathbb{O} = \mathbb{H}+c\mathbb{H}$, $0 \neq c \perp \mathbb{H}$)만이 유일한 노름화된 대수가 된다는 후르비츠의 정리를 보았다.

기하학이 완전히 연구되지 않은 상태에 있던 수학계에 숫자시스템의 한계가 존재한다는 것은 커다란 파문을 일으켰다. 예를 들면 연속적인 콤팩트 군이다. 수학자들은 순환군 S_n과 오로지 짝수 순환군만 포함하는 부분군 A_n 등의 유한한 군들을 알고 있다. 군이 '단순(simple)'하다는 것은 순수한 정규부분군(normal subgroup)을 가지고 있지 않다는 것인데, 1982년이 되어서야 단순 군들의 분류가 완성되었다. A_n, $n \geq 5$과 같은 무한급수들의 수열도 존재한다. 26개의 산발적으로 나타나는 군들도 있는데 그중 가장 큰 것은 $8 \cdot 10^{53}$ 정도의 원소를 가지고 있다.

유한군 외에도 '연속군'이 있는데(리-군, Lie-group)[7], 이들의 원소는 실수 원소에 종속적인 무한히 많은 다발로 나타난다. 예를 들면 한 공간이나 평면에서 한 점을 중심으로 하는 모든 회전들의 군이다. '콤팩트화'의 조건은 유한성을 치환한 것이다.[8] 컴팩트하고 단순한 리-군의 분류는 단순한 군들의 연구보다 예상 외로 훨씬 간단한 일이었다. 이 문제는 1890년경 킬링[9]이 해결하였고 카르탄[10]이 자신의 학위논문에서 자세히 전개하였다. 4개의 무한한 급수들이 있는데 카르탄은 그들을 A, B, C, D로 분류하였다. 그리고 5개의 예외 군이 있다. 4개의 급수들은 $\mathbb{R}^n$($\mathbb{C}^n$, $\mathbb{H}^n$에서도 유사하게) 위에서의 회전군(짝수와 홀수 차원을 분리해서)을 포함하고 있다. 반면에 5개의 예외군 G_2, F_4, E_6, E_7, E_8들은 $\mathbb{O}$와 어떤 연관성이 있어 보인다. 카르탄은 1908년에 첫 번째 예외군 G_2가 $\mathbb{O}$의 자기 동형사상(automorphism)이라는 것을 밝혔고 프로이덴탈[11]은 F_4에 대한 $\mathbb{O}$의 관계를 해결하였다. E_7과 E_8의 관계는 프로이덴탈과 티츠[12] 그리고 빈버그[13] 등의 노력에도 불구하고 아직 완전히 해결하지 못한 상태이다.

---

7 Marius Sophus Lie, 1842(Nordfjordeid)~1899(Kristianiam, 오늘날의 Oslo)

8 이런 종류의 군에 대해서는 항상 매트릭스 군(matrix group) (선형함수들) G를 떠올리면 된다. 여기서 '콤팩트화'라는 것은 모든 매트릭스 계수들의 절댓값들이 유한하고 G가 모든 극한값들을 포함하고 있다는 것을 의미한다. 다시 말하면 $g_k \in G$이고 g_k가 한 매트릭스 g에 수렴하면(g_k의 매트릭스 계수들이 $k \to \infty$일 때 g의 매트릭스로 수렴), $g \in G$가 되는 것이다.

9 Wilhelm Killing, 1847(Burbach, Siege)~1923(Muenster)

10 Elie Joseph Cartan, 1869(Dolomien, Dauphine)~1951(Paris)

11 Hans Freudenthal, 1905(Luckenwalde in Brandenburg)~(Utrecht)

12 Jaques Tits, 1930(Uccle/Ukkel, 벨기에)~파리에 살고 있음

13 Ernest Borissowitsch Vinberg, 1937~모스크바에 살고 있음

연습문제

10·1 노름화된 대수에서의 켤레화(conjugation): 모든 $a \in \mathbb{A}$는 유일한 방법으로 $a = a_0 + \vec{a}$, $a_0 \in \mathbb{R}$, $\vec{a} \in \mathbb{A}'$로 표현된다. $\mathbb{A}$의 켤레화는 $a = a_0 + \vec{a}$에게 원소 $\bar{a} = a_0 - \vec{a}$를 결정하게 한다. 특성 (4)에 의해서 다음을 보이시오.

a) 켤레화는 역자기동형상(anti-automorphism)이다. 즉, $\overline{ab} = \bar{b}\bar{a}$

b) 모든 $a \in \mathbb{A}$에 대해서 $a\bar{a} = \bar{a}a = |a|^2$

10·2 나눗셈 대수(division algebra): 모든 노름화된 대수 $\mathbb{A}$는 나눗셈 대수임을 보이시오. 즉 '$a \neq 0$이면 모든 등식 $ax = b$ 그리고 $xa = b$는 ($a, b \in \mathbb{A}$는 주어지고 $x \in \mathbb{A}$를 찾는 것) 유일한 x를 가지고 있다'는 것을 계산하시오.

실마리 특성 (1)을 참조

10·3 8원수(octonion)의 자기동형상: 8원수 $\mathbb{O}$의 자기동형상 $\sigma: \mathbb{O} \to \mathbb{O}$은 더하기와 곱하기에 대해서 $\sigma(a+b) = \sigma(a)\sigma(b)$, $\sigma(a)\sigma(b) = \sigma(ab)$가 성립하고 또한 절댓값 $|\sigma(a)| = |a|$를 만족하는 전단사 함수이다. σ에 세 개의 정규수직인 i, j, $l \in \mathbb{O}'$, $l \perp ij$(케일리 트리플, Cayley-triple)에 대응시키면 또 다른 케일리 트리플이 생긴다. 거꾸로 모든 케일리 트리플(a, b, c) ($\mathbb{O}'$ 안에서 정규수직, $c \perp ab$)는 $\sigma(i) = a$, $\sigma(j) = b$, $\sigma(l) = c$를 만족하는 유일한 자기동형상인 σ를 결정한다. 왜냐하면 $\mathbb{O}$는 수직인 $\mathbb{H}$와 $c\mathbb{H}$의 직합(direct sum)($\mathbb{H}$는 i, j, ij 대신 a, b, ab에 의해서 확장된 4원수)이기 때문이다. 그러면 케일리 트리플이 일대일(one-to-one)로 자기동형상에 맞어진다는 것을 보이시오. 계속해서 케일리 트리플이(자기동형상도 마찬가지로) 14개의 페라미터 밴드(parameter band)를 구성하는 것을 보이시오. 첫 번째 벡터 a는 $\mathbb{O}'$의 단위벡터가 되어야 한다. 즉, 6차원인 단위구 $\mathbb{S}^6 \subseteq \mathbb{O}' = \mathbb{R}^7$ 안에 있어야 한다. 두 번째 단위벡터 b는 a와 수직이고 따라서 6차원인 초월평면 $a^\perp \subseteq \mathbb{O}'$ 안에 있어야 한다. 다시 말하면 이 공간 안에서 5차원 단위구 안에 있다. 마지막 단위벡터인 c는 결론적으로 a, b, ab에 수직이어야 한다. 따라서 c는 $7-3=4$차원

의 부분공간에 들어 있어야 한다. 그리고 그 안에 있는 단위구는 3차원이다. 종합해 보면 자기동상사상 군은 $6+5+3=14$차원을 가지고 있다.

10.4 4원수(quarternion)의 자기동형사상: $\mathbb{H}$ 위의 모든 자기동형사상 σ은 정규수 직인 벡터들의 쌍 $a,\ b \in \mathbb{H}' = \mathbb{R}^3$에 대해서 $a = \sigma(i),\ b = \sigma(j)$을 만족하게 끔 정의하고 그 역도 성립함을 보이시오.

모든 정규수직인 $a,\ b \in \mathbb{H}'$에는 자기동형사상 σ가 단 한 개 존재하여 $\sigma(i) = a,\ \sigma(j) = b$ 그리고 $\sigma(k) = \sigma(ij) = ab$를 만족한다(물론 $\sigma(1) = 1$). $\mathbb{H}' = \mathbb{R}^3$ 안에 있는 모든 두 개의 정규수직인 벡터는 오직 한 개의 회전에 함 수로 맺어진다. 따라서 $\mathbb{H}$의 자기동형사상군은 공간의 회전군이고 SO_3라고 한다. $\mathbb{H}'$ 안의 모든 회전은 '켤레화'된 함수 $Ad_a : x \mapsto ax\bar{a}$, $a \in \mathbb{S}^3$(여기서 $a \in \mathbb{H}$, $|a|=1$)로 나타낼 수 있다. $a = a_0 + \vec{a} \in \mathbb{S}^3$에 대해서 $\vec{a} \in \mathbb{H}'$는 Ad_a의 회전축이 된다. 즉, $Ad_a(\vec{a}) = \vec{a}$ 그리고 회전각도는 실수 부분인 a_0로 부터 다음과 같이 계산할 수 있다. $a_0 = \cos\alpha$이면 회전각은 2α이다. 그러면 함수 $A_d : \mathbb{S}^3 \to SO_3$, $a \mapsto Ad_a$의 이미지는 전체 SO_3이다. 이 함수는 군의 준동형사상(group-homomorphism)이고 따라서 $\mathbb{S}^3 \subseteq \mathbb{H}$의 군곱하기를 매트릭 스군인 SO_3로 넘겨준다. 이 함수의 역도 거의 성립하는데 오직 $Ad_a = Ad_{-a}$ 만 성립하기 때문이다. 그래서 SO_3를 $\mathbb{S}^3/\pm$ 그리고 3차원의 사영공간으로 파 악하고 있다(연습문제 4.6, 69쪽).

11

리만: 공간의 기하학 (1854. 6. 10)

요약 베른하르트 리만은 1854년 6월 10일에 있었던 자신의 교수자격 논문 (habilitation)에서 기하학의 새로운 지평을 열었다. 당시까지는 기하학의 개념들은 (예를 들면 거리 개념) 공간과 아주 밀접하게 엮여 있었는데 리만은 기하의 본질을 훨씬 더 잘 나타낼 수 있는 새로운 기하학을 탄생시켰다. 거리는 각 장소에 존재하는 여러 개의 척도로 결정되어야 한다. 그 척도들의 길이가 어디선가 변하면 거리 값도 변한다. 리만은 모든 척도들이 아주 작은 곳에서는 피타고라스의 정리, 즉 유클리드 기하학이 성립된다는 조건을 걸었다. 이렇게 정의된 '리만 기하학'은 구부러진 표면 위의 기하학이 평면에 작동되는 것처럼 유클리드 기하학에 작동된다. 말하자면 국소적으로는 유클리드적이지만 전체적으로는 수없이 많은 가능성을 현실화시킬 수 있다. 표면에서처럼 유클리드 기하학과 국소적 리만기하학은 '곡률'로 구별된다. 리만의 기하학 개념에 따른 휘어짐은 직관적인 곡률과 일치한다.

위대한 수학자들 중에서 리만(B. Riemann, 1826~1866)만큼 많은 존경과 사랑을 받은 수학자는 드물 것이다. 조용하고 침착한 성격, 겸손하나 자신감에 차 있는 개성은 많은 이들에게 신뢰감을 주기에 충분한 인물이었다. 리만이 생전에 연구하였던 많은 이론들은 동료 수학자들의 기대에 찬 주목을 받았었다. 리만은 채 40년도 살지 못하고 요절하였으나 죽는 순간까지 연구를 멈추지 않았다. 연구에 있어서의 치밀함과 엄격함은 모든 자연과학자들의 귀감이 되었고 수학 전반을 꿰뚫어 보고 미래를 내다보는 예지는 감탄을 금치 못할 정도였다고 한다. 그가 한창 연구하던 시절에는 모든 사람들이 그의 연구를 주시하였다. 심지어 '수학의 지배자'라는 칭호를 받았던 바이어슈트라스(K.T.W. Weierstrass, 1815~1897)조차도 한번은 리만이 자신과 같은 문제를 연구한다는 것을 알자 자신의 결과를 리만의 것과 비교하기 위해서 발표를 보류할 정도였다고 한다.

리만은 독일 하노버 근처에 있는 작은 마을 브레젠렌츠(Bresenlenz)에서 6남매 중 둘째로 태어났다. 그는 어린 시절부터 계산과 기하에 커다란 재능을 보였는데 그를 가르쳤던 아버지나 마을 목사 그리고 학교 선생님들은 그의 수학적 재능을 도저히 따라갈 수가 없었다고 한다. 리만은 고등학교 시절을 하노버(Hannover)의 할머니 집에서 보냈는데 당시에 부모님과 형제들에게 써서 보낸 사랑이 넘치는 편지들은 지금도 잘 보존되어 있다. 재미있는 사실은 천재 중의 천재였던 리만은 학창시절을 보통 학생들과 똑같이 보냈다는 것이다. 고등학교 시절 리만의 재능을 간파한 교장이 그에게 오일러나 르장드르(Adrien Marie Legendre)의 저서들을 빌려주어 스스로 고등해석학을 깨우쳤다고 한다. 학교를 졸업한 후 가우스가 활동하고 있던 괴팅겐 대학교에 진학한 리만은 경제적인 이유로 철학, 신학부에 등록하였으나 아들의 재능을 알고 있었던 부모님의 허락을 받고 전공을 수학으로 바꾸었다.

리만은 먼저 가우스의 2차 형식에 관한 강의를 들었으나 가우스는 강의를 일주일에 한 번밖에 하지 않았으므로 베를린으로 대학을 옮겼다. 그곳에는 야코비, 디리흘렛, 슈타이너(J. Steiner, 1796~1863), 아이젠슈타인 등 기라성같은 수학자들이 있었고 리만은 그들의 훌륭한 강의를 들었다. 디리흘렛에게서는 수론에 관한 강의 중 정적분과 편미분방정식, 야코비로부터는 고등해석학과 해석역학을, 아이젠슈타인에게서는 타원함수 이론을 공부하였다.

1849년 초 리만은 다시 괴팅겐으로 돌아와 물리학자인 베버(W. Weber, 1804~1891)의 뛰어난 강의를 듣고 수학적 물리학에 관한 생각을 정리하여 논문으로 발표하였다. 그 후 이 연구는 맥스웰(J.C. Maxwell, 1831~1879), 헬름홀츠(H. von Helmholtz, 1821~1894), 헤르츠(H.R. Hertz, 1857~1894) 그리고 아인슈타인의 상대성 이론으로까지 계속해서 이어져 왔다. 그리고 몇 년 동안의 치밀한 연구 끝에 리만은 1851년에(25세) 논문 〈크기가 변하는 복소수 함수들에 관한 일반적 이론의 기초〉를 박사학위 논문으로 발표하였다. 동시에 이 논문으로 새로운 함수의 개념을 만들 수 있는 첫 번째 시도가 행해졌다. 이것이 바로 가우스조차 높이 평가한 리만함수였다.

기하란 무엇인가? 이 물음은 고대 그리스시대로부터 내려온 수학 분야의 오래된 질문이고 우리 인간이 사고하는 사유세계의 한 부분이기도 하다. 한편 기하는 인간이 경험하는 세계의 한 부분으로서 공간의 과학이기도 하다. 임마누엘 칸트[1]는 공간의 기하학이 모든 경험에 앞선 선험적 인식으로서 그것이 사유세계의 한 부분인 것을 밝히는 철학적인 근거를 다음과 같이 제시하였다.

"공간은 모든 외적인 직관에 근거하는 애초부터 당연한 개념(선험적)이다. 우리는 너무나 당연히 어떤 대상도 관련되어 있지 않는 공간이 없다는 것은 상상조차 할 수 없다. 따라서 공간은 현상 가능성의 조건으로 보아야 하는 것이지 현상들에 종속적으로 결정되는 것은 아니다. 그리고 이러한 선험적 개념은 필연적으로 외적인 현상에 기초한다. 바로 이런 선험적 필연성에 논리적으로 완벽한 기하학 이론과 기하학적 구조의 가능성이 처음부터 기초하고 있다. 만일 (수학의) 공간적 개념이 일상적인 경험에 의해서 만들어진 것이라면 수학의 기본 이론들은 그런 것들[2]을 인지하는 것에 지나지 않는 것이 될 것이다. 따라서 이 이론들은 모두 진실을 인식하는 우연성만 가지고 있고 두 점 사이에는 오로지 단 한 개의 선만이 존재한다는 이론은 필연적이 아니고 항상 경험칙으로만 가르쳐 왔다는… 결국 지금까지 알아낸 것으로 보아서 3개보다 많은 측정을 가지고 있는 공간은 없다고 주장을 하게 될 것이다."

1854년 7월 10일 리만[3]이 교수자격 논문심사를 괴팅겐 대학교의 철학대학에서 받고 있을 때까지 대부분의 수학자들은 공간에 관해서는 이러한 철학적 배경을 가지고 있었다. 그렇지만 유클리드의 평면 기하학에 의해서 완성된[4] '모든 기하학 기본이론의 확신', 특히 제5공리인

---

1 Immanuel Kant, 1724~1804(Koenigsberg)

2 애초부터 공간 위에 존재하는 완벽한 이론들

3 Georg Friedrich Bernhard Riemann, 1826(Breselenz bei Dannenberg, Elbe)~1866(Selasca, Verbania, Lago Maggiore)

4 http://www.opera-platonis.de/euklid/Buch1.pdf

'한 직선에 의해 잘린 두 개의 직선에 생겨난 두 내각의 합이 180°보다 작
으면 이 두선을 무한히 연장했을 때 두 내각의 합이 180°보다 작은 쪽에서
만난다'

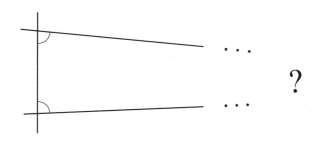

가 살짝 흔들리기 시작하였던 때이기도 하였다. 이 5공리는 2000년 이상 수학계 전반에 걸쳐서 항상 토론의 대상이었다. 그 이유는 다른 공리[5]에 비해 이 공리가 증명 가능한 것으로 여겨졌기 때문이었다. 르장드르는 이미 수십 년 전에 이에 관한 여러 가지 증명을 시도하였고 얼마 안 가 러시아의 로바체프스키[6], 헝가리 의 야노스 볼랴이[7] 그리고 가우스(그는 자신의 논문을 발표하기를 주저하였다)는 거의 동시에 제5공리가 더이상 성립하지 않는 기하학을 발견하였다. 바로 비유클 리드 기하학이었다. 이로써 제5공리를 증명하는 것은 부질없는 것이 되었고 수학 자들은 '기하'라는 단어에 여러 가지가 존재한다는 것을 인정하였다. 기하에는 두 개 이상의 종류가 존재한다는 것이 분명진 것이다.

리만은 괴팅겐과 베를린에서 수학을 공부하였고 1851년 괴팅겐에서 앞에서 말한 〈크기가 변하는 복소수 함수들에 관한 일반적 이론의 기초〉[8]라는 제목을 가진 박사학위 논문을 가우스에게 제출하였는데 이 논문에 자신의 이름을 붙인 함수가 나타난다.

5　① 임의의 한 점에서 다른 점까지 직선을 그린다.
　　② 직선은 임의로 연장된다.
　　③ 임의의 한 점을 원점으로 하고 임의의 반지름을 가지는 원은 작도 가능하다.
　　④ 모든 직각은 서로 같다.

6　Nikolai Iwanowitsch Lobachevski(Lobatschewski), 1792(Nischni Nowgorod)~1856(Kasan)

7　Janos Bolyai, 1802(Clausenburg/Cluj Napoca)~1860(Neumarkt/Taergu Mures, 오늘날의 루마니아)

8　http://www.maths.tcd.ie./pub/HistMath/People/Riemann/Papers.html

1854년에 리만은 계속해서 교수자격 논문인 〈삼각급수로 표현되는 함수에 대하여〉라는 논문에서 그 유명한 리만적분 개념을 소개하였다. 또한 '리만 가설'이란 이름으로 유명한 논문인 〈주어진 크기보다 작은 소수의 개수에 대하여〉는 1859년에 등장한다. 1854년 당시 교수 후보자는 전부 세 개의 논문을 제출해야 하고 대학은 그중 하나를 선택해야 했다. 대학은 가우스에게 논문 선택권을 주었는데 가우스는 리만이 자신하는 첫 번째 논문을 선택하지 않고 세 번째 논문인 〈기하학의 기초가 되는 가정에 대하여〉[9]를 선택하였다. 그 이유는 그 논문이 자기가 연구하고 있던 분야를 훨씬 넘어서는 이론을 담고 있었기 때문이었다. 교수자격 논문심사의 마지막 과정인 공개강의는 수학과가 속해 있는 철학대학에서 하게 되었다. 그리고 이 논문에 대하여 리만이 처음으로 강의하는 날 놀랍게도 그 자리에 가우스도 앉아 있었다고 한다. 소문에 의하면 평소에는 빙하와 같이 차가웠던 가우스가 리만의 이 논문을 보면서 손가락을 떨 정도로 흥분하였다고 한다. 어쨌든 리만은 이 논문으로 수많은 가능성이 열려 있는 신천지를 다음과 같이 활짝 열어 놓은 것이었다.

(1) 가시적인 차원의 숫자 3은 중요하지 않다.
(2) 기본이 되는 공간(위상공간)과 그 위에 정의된 거리 개념(기하)은 분리된다.
(3) 기본공간은 그 규모가 작을 때만 결정된다.
(4) 리만은 공간 자체와 자신이 좌표로 묘사한 것을 분리했다.
(5) 리만이 제시한 기하학의 개념은 유클리드 기하나 비유클리드 기하를 특별한 경우로 간주하게 될 정도로 일반적이다.
(6) 그의 기하학은(헤르만 바일[10]에 따르면) 일종의 '연속동작이론'(참고문헌 [11], 45쪽)인데 "파라데이와 맥스웰[11]이 전자기장 이론으로 전자기장의 연속동작이론을 발견한 것과 비슷하다. 리만의 거리함수가 전자기장과 같은 역할을 하고 있다"고 말하였다.

---

9 각주 8과 참고문헌 [11]을 참조
10 Hermann Weyl, 1885(Elmshorn, Hamburg)~1955(Zuerich)
11 Michael Faraday, 1792(Newington, Surrey)~1867(Hampton Court Green, Middlexes)
   James Clerk Maxwell, 1831(Edinburgh)~1879(Cambridge)

리만은 논문 제목에 '가정'이란 단어를 사용함으로써 앞에서 소개한 칸트의 말에 이의를 나타내고 있다. 왜냐하면 리만은 공간의 특성은 모든 경험에 앞선 논란의 여지가 없는 확신으로 이루어진 것이 아니고 가정들이 참이냐 아니냐가 경험적 산물이라고 주장하였기 때문이다.

리만은 원소들이 국소적으로 n개의 숫자로 (좌표 또는 파라미터) 결정되는 한 집합의 'n-배로 확장된 크기' 또는 '다양체(manifold)'를 연구하였다. 이 크기를 구성하는 두 개의 부분집합을 비교할 수 있기 위한 필요충분 조건은 그들이 같은 장소에 있고 서로 간에 포함되어 있어야 한다. 그래야만 '크다', '작다'에 대해서 말할 수 있고 '얼마나 많이'에 관한 질문에는 답을 유보한다. 이것은 이 책의 시작에 언급했던 '측정'의 개념이 나오기 전에 있던 상황과 같다(6쪽 참조).

그럼에도 이 단계에서 이미 결론을 엿볼 수 있다. 차원이라던가 크기에는 한계가 있는지 없는지, 구표면처럼 스스로 닫혀 있는지의 여부, 닫혀 있는 선이나 표면을 그 안에 쌓을 수 있는지, 한 점 위로 변형시킬 수 있는지 등이 대표적인 것들이고 이 모든 것들은 위상학적 문제들이다. 리만은 이 문제에 대해서 정통했는데 자신이 연구한 '복소수 크기의 변환이 가능한' 함수들의 자연스러운 정의역들과 리만 평면들이 이러한 특성 안에서 아주 명확하게 구분되기 때문이었다.

서로 다른 장소에서의 크기들을 비교하기 위해서는 길이 보존이 가능한 거리의 변환을 필요로 하고 있다.

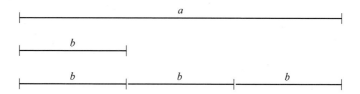

"측정을 하려면 한 크기의 측정을 다른 크기로 옮길 수 있는 도구가 필요하다." 이를 위해 다양체만 가지고는 알 수 없는 추가적인 구조가 요구되는데 그것은 모든 곳에서 거리를 재는 데 있어서 옮기는 것이 가능한 측정기준이다.

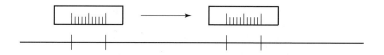

이로써 주어진 공간과 그 위에 존재하는 기하의 구별이 처음으로 표면화되었다. 전통적인 기하에서는 선이라던가 거리 같은 것들은 당연히 점들로 이루어진 포인트 공간에 속하는 개념들이었다. 그러나 이러한 개념들의 분리는 같은 공간 위에 여러 가지 상이한 기하학적 구조에 대한 개념을 줄 수 있게 되었다.

그럼 간단하게 하나의 측정을 생각해 보자. 보다 큰 거리를 측정하려면 한 측정을 반복해서 연결하는 것을 생각해 볼 수 있다. 다양체의 원소인 점들은 좌표로 주어진다. 이제 가까이 있는 두 개의 점들 $x = (x_1, \dots, x_n)$, $x' = x + dx$ $= (x_1 + dx_1, \dots, x_n + dx_n)$의 거리 ds[12]를 재어 보자. 이 두 점의 거리는 x와 dx의 좌표에 의해 결정되고 $dx \neq 0$이면 항상 양수여야 한다. 리만은 거리제곱인 ds^2을 정의하기 위해서 dx의 좌표에서 양의 2차 형식을 선택하였는데

(11.1) $$ds^2 = \sum g_{ij}(x) dx_i dx_j$$

여기서 계수 g_{ij}들은 x의 함수들로 하였고 모든 $dx \neq 0$에 대해서 오른쪽 등식 (11.1)의 값이 양이 되도록 선택하였다. 이렇듯 각 점에 종속적인 2차 형식 (11.1)을 리만 거리함수(Riemann metric)라고 한다. 리만 거리함수로서 특별한 경우가 되는 유클리드 거리함수는 모든 x에 대해서

$$g_{ij}(x) = \delta_{ij} = \begin{cases} 1 \text{ for } i = j \\ 0 \text{ for } i \neq j \end{cases}$$

---

[12] 무한한 계산을 할 때의 방법이다. 두 점 x, $x' \in \mathbb{R}^n$가 이웃관계라는 말은 이 두 수의 차이를 아주 높은 차수의 제곱을 할 때 작은 차수의 제곱은 무시하여 계산을 아주 단순하게 만들 수 있게 한다는 것이다. 이에 대해서는 테일러 정리를 참조할 것(184쪽)

가 된다. 따라서

$$(11.2) \qquad ds^2 = dx_1^2 + \cdots + dx_n^2$$

이다. 이 거리함수가 주어진 공간 $\mathbb{R}^n$을 $n-$차원의 유클리디안 공간이라고 하며 여기서 두 점 $x, y \in \mathbb{R}^n$ 사이의 거리는 피타고라스의 정리를 만족한다.

$$|x - y|^2 = (x_1 - y_1)^2 + \cdots + (x_n - y_n)^2$$

일반적인 경우에 (11.1)은 임의의 한 점 x에 대해서 좌표의 변화를 통하여 오직 그곳에서만

$$g_{ij}(x) = \delta_{ij}$$

가 되도록 할 수 있다. 왜냐하면 모든 양의 2차 형식은 좌표교환을 하여 언제나 이런 정규형태로 만들 수 있기 때문이다(연습문제 11.1). 따라서 피타고라스의 공식이 성립하고 이로써 유클리드 기하가 작은 곳에서는 성립한다는 것을 알 수 있다.

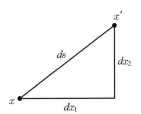

이러한 제한된 의미에서 보면 리만은 칸트식 선험주의[13]와 일치한다.[14] 물론 178쪽에 있는 두 개의 직선[15]들이 다음 단계에서는 어떻게 될거라고 확실하게 말할 수는 없지만 일반적으로 알려진 한정된 범위 안에서는 유클리드 기하학이

---

[13] 경험에 따르지 않는 인식을 가정하는 설
[14] 리만은 d_s에 대해서 잠깐 다른 형태의 가능성을 염두에 두었다. 헤르만 헬름홀츠(Hermann Helmholtz, 1821(Potsdam)~1894(Schalottenburg))는 1868에 발표한 논문 〈기하학에 기초를 둔 사실에 관하여〉에서 작은 곳에서의 자유운동은 필연적으로 리만 거리함수 (11.1)로 된다고 하였다.
[15] 리만식 의미로 따지면 직선들은 리만의 거리함수로 계산하였을 때 가장 짧은 선들을 말한다. 리만은 이들을 '측지선'이라고 불렀다.

사실이라고 가정을 할 수 있다. 두 개의 가능한 기하가 아니라 무한히 많은 기하가 생길 수 있는 장소가 만들어진 것이다. 2차원 평면에서는 이 논의가 전혀 새로운 것이 아니다. 왜냐하면 수학자들은 이미 오래 전부터 평면이나 휘어진 면들을 이미 숫자들의 쌍 (x_1, x_2)를 변수처럼 사용하여 표현했기 때문이다. 예를 들면 지구 표면의 지질학적 길이와 넓이를 계산할 때 이런 방식으로 나타난 것들이다. 표면 위에서의 길이를 좌표로 나타내면 바로 공식 (11.1)의 형태가 된다. 리만은 이런 경우를 리만 기하학에서의 가시적인 예로써 활용하였다(다음 페이지 그림 참조). 리만의 지도교수였던 가우스는 1828년에 발표한 자신의 논문 〈휘어진 표면에 관한 일반적인 연구(Disquisitiones Generales circa Superficies Curvas)〉에서 이런 의미에서의 평면기하를 엄밀히 연구하였다.[16]

그런데 만일 두 개의 리만 거리함수가 국지적으로 아주 가깝게 보이면 어떻게 이 둘을 구분할 수 있을까?

예를 들면 평면 위에서의 유클리드 거리함수 $ds^2 = dx_1^2 + dx_2^2$을 극좌표 $x_1 = r\cos\phi$, $x_2 = r\sin\phi$로 바꿔 쓰면 $ds^2 = dr^2 + r^2 d\phi^2$이 되고 그러면 (11.2)는 더 이상 성립하지 않는다. 그렇다면 리만 거리함수는 전부 좌표전환을 통해서 연결되는 것이 아닐까? 여기에서 리만은 그 생각이 맞지 않는다는 것을 파라미터의 개수를 세는 것으로 보였다. 리만의 거리함수는 $\dfrac{n(n+1)}{2}$개의 g_{ij} 함수들로 이루어져 있지만 실제로는 오직 n개만큼의 함수인 항들 $x_1, \ldots, x_n$들을 임의로 선택할 수 있다. 그러면 항들의 선택에 영향을 받지 않는 $\dfrac{n(n-1)}{2}$개의 g_{ij}함수들이 남아 있다. 리만은 바로 이런 불변함수들을 연구하였다.

이를 위해 그는 먼저 한 고정점 p를 중심으로 하는 특별한 좌표시스템 $x = (x_1, \ldots, x_n)$ (표준좌표[17])를 고찰하였다. p는 좌표시스테의 원점 $x = 0$으로 향하고 p로부터 나아가는 $\mathbb{R}^n$상의 가장 짧은 선(측지선)들이 거리를 유지한 채 방사형 빛들인 $x = tv(t \in \mathbb{R}, v$ 고정)으로 함수로 연결되어 있다. 여기서 측지선 사이들의 각과 그에 해당하는 방사형 빛들 사이의 각은 같다.

---

16 영역본 http://www.gutenberg.org/files/36856/36856-pdf.pdf
17 변수 $x \in \mathbb{R}^n$을 위치벡터라고도 한다.

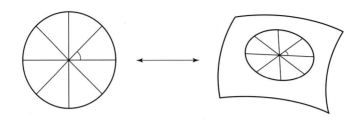

해석학에 등장하는 테일러[18] 정리는 모든 '착한' 함수 $f(x)$에서는 이웃한 점 $x + \delta x$의 f값이 δx의 다항식을 통해서 근접할 수 있다.

$$f(x + \delta x) = f(x) + \sum_k a_k \delta x_k + \sum_{k,l} a_{kl} \delta x_k \delta x_l + \cdots$$

(δx의 상수+선형+제곱+$\cdots$). 계수들은 f의 x에 관한 편미분으로 주어진다. $a_k = \partial_k f(x)$, $a_{kl} = \dfrac{1}{2} \partial_k \partial_l f(x)$ 등$\cdots$

리만은 f대신에 이 정리를 p의 정규좌표인 거리함수 계수 g_{ij}에 적용하였는데, 이 과정에서 선형항들이 사라지는 것을 확인하였다(연습문제 11.5). $g_{ij,kl}$ $:= \partial_k \partial_l g_{ij}(0)$에 의해서

$$g_{ij} = g_{ij}(0 + \delta x) = \delta_{ij} + \frac{1}{2} \sum_{k,l} g_{ij,kl} \delta x_k \delta x_l + \cdots$$

가 성립하고 거리함수 $ds^2 = \sum_{i,j} g_{ij} dx_i dx_j$는 다음과 같이 전개된다.

(11.3) $$\sum_{i,j} g_{ij} dx_i dx_j = \sum_i dx_i^2 + \frac{1}{2} \sum_{i,j,k,l} g_{ij,kl} \delta x_k \delta x_l dx_i dx_j + \cdots$$

여기서 제곱 항은 특별한 공식(연습문제 11.7)이다.

(11.4) $$\sum_{i,j,k,l} g_{ij,kl} \delta x_k \delta x_l dx_i dx_j = -\frac{1}{6} \sum_{i,j,k,l} R_{ijkl} \Delta x_{ij} \Delta x_{kl},$$

$$\Delta x_{ij} := dx_i \delta x_j - dx_j \delta x_i$$

---

18 Brook Taylor, 1685(Edmonton, Middlesex)~1731(London)

'길이의 변수' dx_i와 δx_j의 4제곱 형식 (11.4)는 사실 변수조합('평면변수') Δx_{ij}[19]의 2차 형식이다.

계수 R_{ijkl}은 리만 곡률변수의 성분들이다. 리만은 $K_{ij}: = R_{ijji}$인 경우에 '표면의 원점 $x = 0$의 가우스 곡률'이라고 이름을 붙였다. 이 표면은 원점 O를 지나는 모든 측지선들이 처음 출발 방향을 가지고 $x_i x_j$ 평면에서 만드는 것이라는 기하학적 의미를 두었다. 가우스는 휘어진 표면(183쪽 각주)에 관한 논문에서 공간에 속한 표면의 곡률을 그 공간을 포함하고 있는 기하를 도구로 하여 정의하였다. 즉, 정규표면(표면에 직각으로 서있는 직선)을 포함하고 있는 평면과 표면의 절단선에서 생기는 곡률들의 최대치와 최소치를 곱한 것이다.[20]

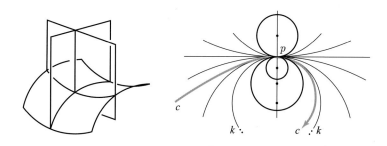

그러나 가우스는 거리가 보전되는 표면을 비틀면 거리함수 계수 g_{ij}와 계수들의 첫 번째, 두 번째 편미분만 가지고도 곡률 K를 훌륭하게 계산해 낼 수 있고 그 값이 불변이라는 것을 보였다. 바로 가우스의 이 결과를 리만은 다시 한 번 K_{ij}에서 발견하였다. $\dfrac{n(n-1)}{2}$ 개 안에서 리만은 거리함수의 불변성을 발견하였

---

19 이에 관한 헤르만 바일의 논평을 참조, 참고문헌 [11], 56~57, 연습문제 11.7. 리만은 1861년 파리 아카데미에서 수여한 상에 대한 감사문을 썼는데 그 안의 두 번째 부분에서 교수자격 논문에 나오는 몇 개의 아이디어를 소개하였다.
http://www.maths.tcd.ie/pub/HistMath/People/Riemann/Paris/Paris.pdf, 11~16, 특별히 14쪽의 (II).

20 평면 곡선의 곡률은 곡률원의 반지름의 역수를 말한다. 평면 곡선 c를 점 p에서 접하는 원은 두 개의 모임(family)을 분리하는 곡률원 k을 제외하고 곡선의 왼쪽이나 오른쪽에서 p에 놓여 있다(위 오른쪽 그림 참조).

다고 말하였다. 물론 이것이 일반적으로 맞는지는 불분명하다.[21]

리만의 곡률텐소는 얼마 후 또 다른 기하학적 해석을 불러왔다. 크리스토펠, 립쉬츠, 레비-치비타[22] 그리고 헤르만 바일 등이 벡터(이웃한 점들의 순서쌍(ordered pair))들을 다양체 위에서 평행이동하는 방식을 통하여 유클리드 기하학의 또 다른 원소를(거리와 각을 제외한) 리만 기하학으로 변환시킬 수 있었던 것이다. 자연스러운 평행이동은 유클리드 평면뿐만이 아니라 휘어진 곡면에서도 가능하다. 이것은 거리함수 계수인 g_{ij}와 그들의 미분만 계산해도 할 수 있고 아마도 보다 높은 차원에서도 성공했을 수도 있었다. 그런데 이상한 것은 이 이론을 50년 전의 크리스토펠이 하지 않고 1917년이 되서야 레비-치비타가 생각해 낸 것이다. 평행이동은 벡터들을 다양체 위에서의 상이한 지점에서 비교하는 것을 가능하게 만든다. 그리고 상이한 지점에 있는 두 개 벡터의 차이를 평행이동으로 나타낼 수 있기 때문에 벡터들을(정확히는 벡터장(vector field, 다양체 각 점의 벡터들) 미분할 수 있다. 더구나 벡터들을 좌표축을 따라서 미분을 하면 벡터체의 편미분을 구할 수 있다. 그것을 ∂_i가 아닌 Δi로 표시하고, 좌표로 나타내면, $\Delta i = \partial_i + \Gamma_i$ 가 성립하는데, 여기서 Γ_i는 더이상 미분은 안 하고 곱하기만 되는 행렬이다. Γ_i 의 계수 Γ_{ij}^k는 크리스토펠 심벌(Cristoffel symbol)이라고 한다. 이들은 거리함수 계수 g_{ij}와 이들의 첫 번째 미분으로 만들어진다(202쪽 (12.12)와 비교). 이렇게 되면 측지선을 좀 더 잘 묘사할 수 있다. 이들은 곡선들 $x(t)$인데 이들의 접선벡터 $x'(t)$가 $x(t)$를 따라서 평행으로 있다(202쪽 (12.11)과 비교).

이 새로운 '레비-치비타-미분'은 일반적인 편미분 방정식들의 계산규칙[23]을 따르지만 한 가지 예외가 있다. 규칙 $\partial_i \partial_j = \partial_j \partial_i$는 넘어가지 않지만 $[\Delta_i, \Delta_j]$:

---

21 이 곡률텐소(curvature tensor)(R_{ijkl})는 계수 R_{ijji}를 통해서 유일하게 결정되는 것은 아니다. 리만이 이해한 것처럼 곡률텐소는 표면변수 Δx_{ij}들의 $\dfrac{n(n-1)}{2}$-차원 공간 Λ^2 위에 정의된 (대칭)행렬식 R로 파악할 수 있다. 계수 R_{ijji}은 R의 보통 임의의 행렬계수이긴 하지만 고유값(eigen value)은 결코 아니다. 또한 R의 고유벡터들은 일반적으로 분해 가능하지 않기 때문에(즉, $e_i \wedge e_j$ 타이프) R_{ijji}은 적당한 함수 변환을 통해서도 얻지 못한다.

22 Elwin Bruno Christoffel, 1829(Monschau)~1900(Strassburg), Rudolf Otto Sigismund Lipschitz, 1832(Koenigsberg)~1903(Bonn), Tullio Levi-Civita, 1873(Padua)~1941(Rom)

23 여러 개의 변수 $x_1, \ldots, x_n$를 가진 함수의 편미분 ∂_i는 x_i만 변하고 나머지 다른 변수들이 상수로 남아 있으면 함수의 변화율을 찾지 못한다.

$= \Delta_i \Delta_j - \Delta_j \Delta_i = R_{ij}$는 전형적인 대수학적 표기이고(미분 없는) 바로 리만 곡률텐소이다. 실제로

(11.5) $R_{ij} = [\partial_i + \Gamma_i,\ \partial_j + \Gamma_j] = \partial_i \Gamma_j - \partial_j \Gamma_i + [\Gamma_i,\ \Gamma_j]$

은 계수 g_{ij}로 표현되고 첫 번째, 두 번째 편미분 그리고 R_{ij}의 행렬계수 R_{ijkl}은 (11.4)를 만족한다.

주어진 다양체와 그 위에 정의된 거리함수가 분리되면서 기하와 물리가 새로운 방법으로 연결되는 것이 가능해졌다. 기하는 뉴턴과 칸트가 꿰뚫어 본 바와 같이 물리학이 맘껏 펼쳐질 수 있는 무대만 제공한 것이 아니라 기하 자신도 물리학에 의해 결정되고 변하게 되었다. 이러한 발전은 60년 후에 알베르트 아인슈타인의 상대성 이론으로 극명화되었다. 이 정도까지 리만이 예측한 것은 아닐 것이다. 그렇지만 리만은 자신의 논문에서 이런 방향성에 대해서 예시는 하였다.

"그러니까 공간에 기초한 현실이 측정값을 숫자로 대치할 수 있는 흩어진 다양체(discrete manifolds)를 만들 수 있거나 아니면 외부에서 힘들을 제대로 연결해주는 측정관계의 원인이 밝혀지거나 … 이것이 물리학의 분야를 새로운 영역으로 이끌 터인데 그곳은 오늘날 우리가 알고 있는 자연이 결코 허락하지 않는 세계일 것이다."

연습문제

11·1 **2차 형식의 대각선화:** 2차 형식 $g\left(\binom{u}{v}\right) = u^2 + 2auv + bv^2$을 대각선화시키시오. 이를 위해 2차 형식 a^2v^2을 더한 다음 다시 빼면 $g(u,v) = (u+ay)^2 + (b-a^2)v^2$이 되게 하시오. 새로운 변수들 $\tilde{u} = u+av$와 $\tilde{v} = \sqrt{|b-a^2|}\,v$으로부터 $g(u,v) = \tilde{u}^2 \pm \tilde{v}^2$(여기서 '+' $\Leftrightarrow b > a^2$)이 생긴다. 이때 계수 a, b는 리만 매트릭스처럼 또 하나의 파라미터 x에 종속될 수 있다(같은 방법으로 $\mathbb{R}^n$ 안에서 순차적으로 2차 형식을 더해가면서 섞인 항들을 제거하면 양의 2차 형식 $g(u) = \sum_{ij} g_{ij}u_iu_j$을 계산할 수 있다).

11·2 **2차 형식과 스칼라곱셈:** 양의 2차 형식 $g(u) = \sum_{ij} g_{ij}u_iu_j$으로부터 두 개의 벡터 $u,v \in \mathbb{R}^n$에 한 실수 (스칼라) $g(u,v) \in \mathbb{R}$을 대응시켜 소위 스칼라곱[24]을 다음과 같이 만들 수 있다.

$$g(u,v) = \sum_{ij} g_{ij}u_iv_j$$

e_i가 $\mathbb{R}^n$의 단위벡터, $e_1 = (1,\ 0,\ ...,\ 0),\ ...,\ e_n = (0,\ ...,\ 0,\ 1)$이면 $g(u,u) = g(u)$ 그리고 $g(e_i, e_j) = g_{ij}$임을 보이시오.

11·3 **정규좌표의 기하:** 다음 보조정리는 휘어진 평면에 관한 가우스의 1828년도 논문에 이미 제시되어 있어서 가우스 보조정리(Gauss lemma)라고 한다.

정규좌표에서는 위치벡터(position vector) x의 크기 $|x|$는 리만 거리함수(Riemann metric)에 대해서도 동일하고 방사곡은선(radial geodesics)에서의 직각은 그에 해당하는 방사선에 대해서도 여전히 직각이다.

---

24 표준–스칼라곱(standard-scalar product) $g_0(u,\ v) = \sum_i u_iv_i =: (u,\ v)$은 2차 형식 $g_0(u) = \sum u_i^2$에 속한다.

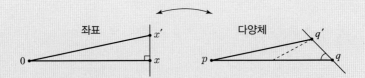

첫 번째 명제는 방사선들이 그에 해당하는 방사곧은선 위에 같은 길이로 옮겨 가므로(함수에 의해서) 당연하고, 두 번째 명제는 0부터 x와 x'까지의 길이가 좌표상으로(근접하면서) 같고 따라서 그에 해당하는 p부터 q와 q'까지의 거리가 같기 때문이다. 만일 각 q가 직각이 아니면(위 오른쪽 그림) p부터 q'까지는 보다 짧아질 수 있다. 이것은 q 근방의 유클리안 거리함수를 통한 리만의 근사법을 이용하여 알 수 있다. 여기서 q가 예각이므로 짧아지는 것은 분명하다. 이 사실을 모든 x, v에 대한 공식 $g(x, v) = <x, v>$(연습문제 11.2와 비교할 것)으로 설명하시오. 여기서 x는 위치벡터, 즉 $g_{ij} = g_{ij}(x)$. 특별히 $v = e_j$이면 $<x, e_j> = x_j$ 그리고 $g(x, e_j) = \sum_i x_i g(e_i, e_j)$에 의해서

$$(11.6) \qquad\qquad \sum_i x_i g_{ij} = x_j$$

가 성립한다.

11.4 정규좌표에서의 거리함수의 미분: (11.6)의 반복적인 미분을 통해서(∂_k, ∂_l, ∂_m을 응용)

$$g_{kj} + \sum x_i g_{ij,k} = \delta_{kj}$$
$$g_{kj,l} + g_{lj,k} + \sum x_i g_{ij,kl} = 0$$
$$g_{kj,lm} + g_{lj,km} + g_{mj,kl} + \sum x_i g_{ij,klm} = 0$$

여기서 $g_{kj,l} := \partial_l g_{kj}$ 등… 그리고 $\partial_k x_j = \delta_{kj} = \begin{cases} 1 & k = j \\ 0 & k \neq j \end{cases}$. g_{ij}도 유도하고 중점 $x_i = 0$에서 g_{ij}를 미분하시오.

$$(11.7) \qquad\qquad g_{kj} = \delta_{kj}$$
$$(11.8) \qquad\qquad g_{kj,l} + g_{lj,k} = 0$$
$$(11.9) \qquad\qquad g_{kj,lm} + g_{lj,km} + g_{mj,kl} = 0$$

11.5 **첫 번째 미분은 사라짐:** 식 $g_{ij,k}$(정확히는 $x=0$에서의 $g_{ij,k}(x)$)는 처음 두 개의 지표에 관해서는 대칭적이다. 보다 엄밀히는 $g_{ij,k}=g_{ji,k}$, 그리고 (11.8)에 의하면 첫 번째와 세 번째 지표에 관해서는 반대칭적이다. 즉 $g_{ij,k}=-g_{kj,i}$. 이러한 식들은 제로이어야 한다.

$$g_{ik,j} \overset{(12)}{=} g_{ki,j} \overset{(13)}{=} -g_{ji,k} \overset{(12)}{=} -g_{ij,k}$$

$$g_{ik,j} \overset{(12)}{=} -g_{jk,i} \overset{(13)}{=} -g_{kj,i} \overset{(12)}{=} g_{ij,k}$$

11.6 **두 번째 미분의 대칭성:** $g_{ij,kl}$의 두 번째 미분(항상 원점인 $x=0$에서 계산)은 정의에 의해서 두 개의 지표쌍에 대해서 대칭이다.

(11.10)
$$g_{ij,kl}=g_{ji,kl}=g_{ij,lk}=g_{ji,lk}$$

그 외에도 (11.9)의 관계도 성립하는데 다음과 같이 나타난다.

(11.11)
$$g_{jk,lm}+g_{jl,mk}+g_{jm,kl}=0$$

이 식을 보면 지표 j는 가만히 있고 나머지 k, l, m이 순환하는 것을 알 수 있다. 따라서 블록단위의 교환이 성립한다.

(11.12)
$$g_{ij,kl}=g_{kl,ij}$$

이 등식을 쉽게 이해하기 위해 $g_{ij,kl}$을 줄여서 $ijkl$로 표시하자. (11.11)의 식을 4번에 걸쳐 전치부호를 교대로 바꾸면서 더해 보시오. 여기서 4개의 지표 중 매번 다른 것이 앞에 나타나고 변하지 않는다.

$$ijkl+\{jkli\}-klij-[lijk]$$
$$0=+(iklj)+<jlik>-(kijl)-<ljkl>$$
$$+[iljk]+jikl-\{kjli\}-lkij$$
$$=2(ijkl-klij)$$

같은 종류의 괄호로 묶인 항들은 (11.10)에 의해서 사라지고 괄호가 없는 4항만 남는다.

11.7 곡률텐소에 관한 리만의 정의: (11.10), (11.12) 그리고 (11.11)의 대칭성으로 인해 다음이 성립한다.

$$2(ijkl + jikl) = ijkl + klij + jikl + klji$$
$$ijkl = -iklj - iljk = -kijl - ilkj$$
$$jikl = -jkli - jlik = -kjil - jlki$$

항들을 더하고 위치를 바꾸면 다음이 성립한다.[25]

(11.13)　　$3(ijkl + jikl) = ijkl + klij - kjil - ilkj + jikl + klji - kijl - jlki$

리만은 2차 항들이 거리함수 $d_s^2 = \sum g_{ij}\,dx_i\,dx_j$의 전개과정에서 (11.3) 적당한 계수 r_{ikjl}를 취하면 다음과 같이 변형될 수 있다고 주장하였다.

(11.14)　　$\sum_{i,j,k,l} g_{ij,kl}\,dx_i\,dx_j\,\delta x_k\,\delta x_l = \sum_{i,j,k,l} r_{ikjl}\,\Delta x_{ik}\,\Delta x_{jl}$

여기서 $\Delta x_{ik} = dx_i\,\delta x_k - dx_k\,\delta x_i$이다. (11.14)의 등식에 있는 오른쪽 부분의 곱하기를 $d_i := dx_i$, $\delta_k := \delta x_k$ 로 줄여서 전개하면

(11.15)　　$\Delta x_{ik}\,\Delta x_{jl} = d_i\,d_j\,\delta_k\,\delta_l + d_k\,d_l\,\delta_i\,\delta_j - d_k\,d_j\,\delta_i\,\delta_l - d_i\,d_l\,\delta_k\,\delta_j$

가 성립한다. 이제 (11.14)의 왼쪽 등식의 있는 모든 계수 $g_{ij,kl} = ijkl$를 (11.13)의 오른쪽에 있는 맨 위의 줄에서 빼시오(밑의 줄은 계수 $ijkl$로 계산한다). 그러면 $d_i\,d_j\,\delta_k\,\delta_l$처럼($ijkl$, $klij$, $-kjil$, $-ilkj$(11.13 참조)) $d_k\,d_j\,\delta_i\,\delta_l$과 $d_i\,d_l\,\delta_k\,\delta_j$에서도 같은 계수들이 나타난다.[26] 빼기를 한 다음에 (11.14)의 왼쪽 합의 6배가 $d_i\,d_j\,\delta_k\,\delta_l + d_k\,d_l\,\delta_i\,\delta_j - d_k\,d_j\,\delta_i\,\delta_l - d_i\,d_l\,\delta_k\,\delta_j$의 배수들의 합으로 정리되고 따라서 (11.15)에 의해 결론이 성립한다.

---

25 두 줄의 오른쪽에는 지표-순환(index-permutations), id, (13)(24), (13), (24)를 처음의 더하기 항들 $ijkl$ 또는 $jikl$에 각각 적용하였다. 이 4개의 순환들은 4개 지표들의 순환군 S_4의 부분군 H가 된다.

26 이유: 부분군 $H \subseteq S_4$는 S_4(index quartettes) 위에서 작동한다.

12

아인슈타인: 철학적 수수께끼가 풀리다(1915. 11. 25)

요약 정지해 있는 것과 움직이는 것은 절대적인 크기일까 아니면 선택한 측정시스템에 따라 변하는 종속적인 것일까? 1915년에 발표된 아인슈타인의 일반상대성 이론(ART)은 태양계 구조를 설명하는 지동설과 천동설의 논쟁과도 관련이 있는 오래된 철학적 질문에 종지부를 찍었다. 이 이론은 특수상대성 이론(SRT)과 뉴턴의 중력이론을 합쳐서 태어난 것이다. 특수상대성 이론에서는 빛의 속도가 시간과 무관하게 절대적이고 4차원 시공간연속체 안에 정의된 기하로 설명되는 관측시스템과도 독립적이다. 뉴턴은 시공간을 지나 자유낙하하는 물체가 질량과 상관없이 궤적을 따라 움직인다는 것을 알았다. 일반상대성 이론으로 보면 이 궤적이 시공간 위에 정의된 리만 거리함수의 측정값인데, 국지적으로는 유클리드 기하는 아니지만 특수상대성 이론에 비춰보면 유클리드 기하에 근접한다. 뉴턴의 중력장이 거대한 질량으로 탄생한 것처럼 일반상대성 이론의 거리함수는 질량과 에너지와 같은 질량텐소(mass tensor)의 분할로 결정되는데 이것들은 일반상대성 이론에 따르면 거리함수 곡률들의 조합인 아인슈타인-텐소와 같기 때문이다.

정지와 움직임의 차이는 무엇일까? 움직임은 단지 상대적인 현상이 아닐까? 나는 KTX 소파에 가만히 앉아 있지만 기차는 시속 200km로 창밖 경치를 보여주고 있다. 그렇다면 움직임과 정지라는 것은 결국 객관적인 기준이 아닌 내가 임의로 선택한 측정기준(달리는 기차 또는 경치)에 의해서 만들어진 가시적인 현상에 지나지 않는가? 그렇다면 기하에서 말하는, 예컨데 '평평하다', '휘어졌다' 하는 것들의 차이점도 측정시스템을 바꾸어 그렇게 보이는 것에 지나지 않는가? 내가 지금 타고 있는 철도차량이 실제로는 휘어진 커브를 달리고 있는데 나에게는 똑바로 달리는 것처럼 보이게 되는 것은 측정시스템 때문에 그런 것이 아닌가? 물론 나는 정지하고 있는 것과 직선운동하는 것들에서 움직임의 차이를 잘 알고 있다. 그런데 만일 어떤 횡력이 나에게 작동된다면 나는 곧은 운동을 계속할 수 있게끔 그 힘에 저항을 할 수밖에 없다. 그렇다면 '모든 것이 상대적'이란 말이 맞는 것 같진 않다.

측정시스템을 어떤 것으로 선택할 것이냐 하는 문제는 인류 정신사의 역사에서 가장 핵심적인 과제 중 하나였다. 5,000년이 넘게 사람들은 태양, 지구, 목성, 금성, 토성, 혜성, 항성 등이 가득한 천체를 관찰하였다. 그 별들의 움직임이 서로 다르다는 것과 각각의 별자리들을 확인하였고 심지어는 그 별들에게 인간의 운명을 연결시키는 작업도 하였다. 그리스인들은 나름대로 별의 운동을 이론적으로 설명하는 데 성공하였고 이를 바탕으로 이런저런 예언도 하였다(프톨레마이어스[1]의 세계관). 아리스타르크[2]는 프톨레마이어스보다 훨씬 전에 태양을 중심으로 하는 세계관을 디자인하였으나, 별들 운동의 측정시스템을 지구 중심으로 만들어서 모든 별들이 지구를 중심으로 움직이는 것으로 하였다. 이런 사고는 중세 전반에 걸쳐 확고했는데 르네상스 시대에 와서야 포기하게 된다. 케플러에 의해서 좀 더 정교하게 다듬어진 코페르니쿠스[3]의 우주관은 태양이 지구와 다른 행성들을 균등하게 배열시키는 (태양중심시스템) 측정시스템으로서 태양이 회전의 중심에 있었다. 그러자 지구를 중심으로 관찰했던 복잡한 행성운동들의 계산은 지구와 행성 간에 작용하는 상대적 움직임을 통해서 훨씬 간단하게 설명할 수 있었다. 이렇듯 지구와 그 위의 인간이 우주의 중심에 서 있을 것이라는 생각이 역사 발전에서의 혁명적인 전환점(코페르니쿠스적 전환점)을 가져오게 되었다. 그러자 이러한 이론이 인간을 너무 크게 만들고 다른 창조물은 상대적으로 작게 만든다고 주장하는 카톨릭 교회와 그 반대점에 서있는 대표적인 수학자이자 물리학자인 갈릴레오 갈릴레이[4] 사이에 그 유명한 갈등이 나타나게 되었다.

---

[1] Claudius Ptolemaeus, ca 100~160 A.D.(Alexandria)

[2] Aristarchos von Samos, ca 310~230 B.C.

[3] Nikolaus Kopernikus: 〈De revolutionibus orbium coelestium〉, Nuernberg 1543

[4] Galileo Galilei, 1564(Pisa)~1642(Arcentri, Florenz)

하지만 그 후 뉴턴은 태양 중심 시스템(지동설)을 훨씬 더 뛰어넘어 태양도 움직이고 태양이 속해 있는 은하계(은하수) 조차도 움직이기 때문에 이것들도 측정시스템의 기준이 되지 못한다고 하였다. 그렇다면 도대체 측정시스템의 원점은 어디인가? 뉴턴은 여기서 획기적인 사고를 하였다. 그에 의하면 측정시스템의 원점은 어떤 천체에도 존재하지 않는다. 오히려 그 원점은 물질로부터 자유로은 어떤 절대공간이다. 바로 그곳이 지구와 천체들이 움직이고 있고 물리학자들이 자유롭게 연구하고 있는 무대이다. 그렇다면 왜 하필 절대정지 측정시스템인가? 정지와 움직임이 우연히 선택된 좌표시스템에 의한 상대적 개념이 될 수는 없는 것일까? 뉴턴은 절대적인 정지와 움직임의 정당성에 대한 물리학적인 근거를 말하였다. "이 두 가지는 인식 가능한 힘으로써 구별된다. 처음에 소개한 휘어진 구간을 달리는 기차와 같은 것이다. 물을 가득 채운 양동이를 가운데를 중심으로 계속 돌리면 언젠가는 그 물이 양동이와 같은 속도로 돌게 되어 양동이에 대해서는 정적인 상태가 된다. 그러나 물의 표면은 원심력에 의해 더이상 평평하진 않고 이 현상은 물의 가장자리가 중심부보다 더 심하다. 이것이 바로 정지하고 있고 움직이고 있는 시스템에서의 차이다." 칸트는 뉴턴의 이론이 정당하다고 인정하였다(115쪽). "유클리드 기하를 포함한 모든 법칙과 함께하는 공간인식은 경험에 의한 산물이 아니라 경험에 앞선 선험적인 것으로 주어졌다. 즉, 경험가능성에 대한 조건이다. 왜냐하면 우리가 모든 경험세계의 현상들에게 공간 안에 있는 자리를 내어 주었기 때문이다." 오스트리아의 물리학자 에른스트 막흐[5]는 아마도 처음으로 뉴턴의 양동이 이론을 다음과 같이 보완한 학자였을 것이다.

> *'회전하는 양동이에 관한 뉴턴의 이론은 단지 양동이에 대한 물의 상대적 회전이 양동이 측면에 대해서는 더이상의 뚜렷한 원심력을 가지지 못한다는 것을 알려 주고 지구질량과 다른 천체에 대한 상대적 회전을 통한 원심력들도 마찬가지라고 말해 줄 뿐이다. 그러나 양동이 두께가 적어도 몇 마일이나 되게 점점 두꺼워지고 무거워지면 이 실험이 어떻게 될지는 누구도 모른다.'*[6]

---

5 Ernst Waldfried Josef Wenzel Mach, 1838(Chirlitz, Bruenn)~1916(Vaterstetten, Muenchen)
6 Ernst Mach: 〈Die Mechanik in ihrer Entwicklung(Development mechanics)〉. Leipzig 1883, 226쪽

나중에 아인슈타인은 '막흐의 원론'에 대해 '막흐는 관성력이 우주 안에 있는 모든 물질 전체에 의해서 야기된다는 가설을 이해한 것 같다'고 언급한 적이 있다.

원래 뉴턴의 이론은 탄생부터 일관적인 것은 아니었다. 이미 갈릴레이도 물리(당시에는 역학)는 두 개의 서로 같은 형태의 직선 측정시스템에서는 아주 똑같이 묘사된다고 확신하였기 때문이었다. 다시 말하자면 '절대 공간'에서 같은 형태로 직선운동하는 운동시스템에서는 똑같은 물리가 적용되었다는 것이다. 그리고 이렇게 움직인 시스템을 그냥 정지하고 있는 '절대공간'으로 볼 수도 있고 정지된 것을 반대방향으로 움직이는 것으로 볼 수도 있다는 것이다. 이러한 시스템, 즉 같은 물리가 적용되는 절대공간 같은 것을 나중에는 관성시스템[7]이라고 하였다. 뉴턴 이전에도 이미 절대공간으로 간주되는 측정시스템의 모임(family)이 있었는데 이 시스템들(Galilei transformation)은 $\mathbb{R}^4 = \mathbb{R}^3 \times \mathbb{R}$의 선형 시공간 변환(들)으로 이루어진 군을 통해서 서로서로 연결되어 있었다. 이런 시스템들을 (x, t) 그리고 (x', t')로 나타낸다. '구둣점'으로 표시된 시스템이 '구둣점 없는' 시스템을 향해 속도 v로 x-방향으로 움직이면 시점 t에는 자신의 출발점 $x' = 0$이 $x = 0$으로부터 구간 tv만큼 떨어져 있게 된다. 따라서 이 거리를 구둣점 없는 시스템으로부터 빼어야 한다.

(12.1)
$$x' = x - tv, \; t' = t$$

공간좌표는 변하였지만 시간좌표 t는 변하지 않았다. 즉, 시간은 '불변'인 것이다.

뉴턴의 절대공간 이론은 전기역학적 현상, 특히 전자기 파동(빛)을 연구하기 시작했던 19세기에 들어와서 잠깐 빛을 본 적이 있었다. 이것은 상이한 관성시스템을 가진 물리 안에서 어떤 차이점을 설명하는 것으로 보였는데 빛의 속도가 광원을 향해 달려가는 측정시스템 안에서는 광원으로부터 멀어지려는 측정시스템 안에서의 속도보다 많이 빨라야 한다는 것 때문이다. 그러자 학자들은 소위 에테르(ether)라고 하는 빛이 분산할 수 있는 매개체를 생각해 내었다. 이 아이디어는

---

7 '관성시스템(inertial system, 라틴어로 'iners' = inertia)'이란 개념을 처음 사용한 사람은 물리학자이자 생리학자인 랑에(Gustav Ludwig Lange, 1863(Giessen)~1936(Weinsberg, Heilbronn))이다.

이미 고대 그리스시대부터 있어 왔는데 아리스토텔레스[8]는 에테르를 불, 물, 공기, 흙 외에 다섯 번째 요소로 간주하여 천체들이 달 위의 에테르 안에서 움직이고 있다고 생각하였다. 에테르가 정지하고 있는 좌표시스템은 다른 모든 측정시스템보다 선호되었다. 그러나 19세기 말에 소요시간의 차이(미켈슨 간섭계)를 측정하여 지구와 연결된 측정시스템의 움직임을 에테르에 연관하여 증명하려던 연구결과는 부정적이었다.[9] 광속은 지구 회전축 방향이거나, 그 반대이거나 또는 직각의 방향이거나 어떤 방향에서도 일정하였다. 그러자 에테르 이론은 확정하기가 어려워졌다. 거기다가 지구는 매순간 시속 1000킬로미터의 속도로 동쪽으로 돌고 있다. 그럼에도 에테르 바람(ether wind)은 없었다. 결국 갈릴레이의 상대성 원리가 전기역학에 대해서도 맞는 것으로 보인다.

그러나 그렇게 되면 역학의 기본이론과 모순이 생기게 된다. 광속은 어떤 측정시스템의 속도에도 더할 수 없다. 내가 지갑을 훔친 어떤 도둑을 쫓고 있다고 해보자. 그리고 그 도둑을 추월했다면 내 측정시스템에서는 도둑의 속도가 마이너스일 것이다. 다른 말로 하면 그는 뒷걸음질쳐 나에게 오는 것이 되는 것이다. 그런데 도둑이 광속으로 달린다면 이런 일은 결코 일어나지 않는다. 만일 빛의 파동을 쫓는다면 내 측정시스템으로는 그 파동의 속도를 결코 줄이지 못한다. 아인슈타인은 로렌츠[10]와 포앙카레[11]의 사전연구에 힘입어 1905년에 발표한 특수 상대성 이론[12]에서 절대광속의 절대시간을 포기함으로써 이 모순을 해결하였다. 관성계 사이들에서의 변환(transformation)은 빛의 파동의 분산속도를 포함하고 있다. 한 빛의 파동이 c의 속도로 원점 O에서 사방으로 균등하게 퍼져 나간다면 장소 x에서 t의 시간에서는 $|x| = ct$가 될 것이다. 광속을 초당 30만 킬로미터로 하고 시간을 초단위 그리고 광속의 단위로 계산되는 공간을 예상하면 $c = 1$로 가정할 수 있다. v의 속도(빛의 속도의 일부)로 움직이는 측정시스템 안에서의 변환은 대각선 $x = t$를 포함하여야 한다. 그런데 갈릴레이 변환(12.1)은 이것을 하

---

8 Aristoteles, B.C. 384(Stagira, Chalkidike)~B.C. 322(Chalkis, Euboea)

9 http://de.wikipedia.org/wiki/Michelson-Morley-Experiment

10 Hendrik Antoon Lorentz, 1853(Arnheim)~1928(Haarlem)

11 Jules Henri Poincare, 1854(Nancy)~1912(Paris)

12 A. Einstein: 〈Zur Elektrodynamik bewegter Koerper(움직이는 물체의 전기역학)〉, Annalen Der Phisik 17(1905). 891~921

http://onlinelibrary.wiley.com/doi/10.1002/andp.19053221004.pdf

지 않으므로 x와 t에 대해서 대칭인 $x' = x - tv$, $t' = t - vx$로 대체하게 되는데 이 변환을 로렌츠 변환이라고 한다. 이 변환을 좀 더 일반화하면

(12.2) $$x' = \gamma(x - tv), \ t' = \gamma(t - vx)$$

여기서 $\gamma \in \mathbb{R}$는 임의의 실수이다. 그리고 아인슈타인은 수학적 이유에서 $\gamma = 1/\sqrt{1 - v^2}$가 될 수밖에 없다고 증명하였다.[13]

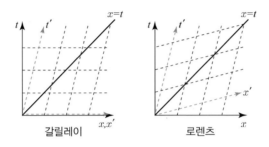

갈릴레이   로렌츠

헤르만 민코브스키[14]는 변환공식 (12.2)를 $\mathbb{R}^3 \times \mathbb{R}$ 안에서 xt-평면의 회전으로 파악하였다. 여기서 유클리드 거리함수 $ds^2 = |dx|^2 + dt^2$을 민코브스키 거리함수

(12.3) $$ds^2 = |dx|^2 - dt^2$$

으로 대치하였다. 이 거리함수에서는 어떤 특정한 값 $(dx, \ dt)$에 대해서 ds^2이 0 또는 마이너스가 될 수 있다. 예컨데 광선 $x = ta + b$, $|a| = 1$(광속 $c = 1$)을 따라가면 $ds^2 = 0$이 되는데, 그 이유는 $|dx|^2 - dt^2 = dt^2 - dt^2 = 0$이기 때문이다.

아인슈타인의 획기적인 이론은 역학에 엄청난 영향을 끼쳤다. 가장 극적인 결과는 질량과 에너지에 관한 그 유명한 등식 $E = mc^2$인데 $c = 1$이면 $E = m$. 그리고 이 공식은 아주 작은 질량이라도 어마어마한 에너지를 낼 수 있다는 것을

---

13 변환 행렬 $A_v = \gamma \begin{pmatrix} 1 & -v \\ -v & 1 \end{pmatrix}$의 행렬식은 $\det A_v = \gamma(1 - v^2) > 0$이 된다. 만일 $A_v \neq 1$이라면 역변환 A_{-v}의 행렬식은 이와는 다른 $\det A_{-v} = \dfrac{1}{\det A_v}$이 되는데 v와 $-v$의 방향은 서로 동등하기 때문에 이는 불가능하다.

14 Hermann Minkowski, 1864(Kaunas, Litauen)~1909(Goettingen)

원자탄을 통하여 비극적으로 보여주었다.[15]

1905년, 아인슈타인이 이 논문을 쓰고 있었을 때는 그가 스위스 베른(Bern)의 표준국에서 일하고 있을 때였다. 그리고 같은 해에 보다 중요한 논문들이 나왔는데 그중에서도 양자역학의 출발점이 되는 광전효과에 관한 것이 있었다. 아인슈타인은 상대성 이론이 아닌 이 논문으로 노벨물리학상을 받게 되었다. 그럼에도 아직 그의 더 큰 업적은 나오지 않았다. 특수상대성 이론의 의미는 크지만 아직 관성시스템의 문제 해결에는 전혀 진척이 없었다. 모든 측정시스템들은 결코 서로 간에 동등한 위치에 있지 않았기 때문이다. 갈릴레이와 뉴턴처럼 로렌츠 변환을 통해 서로 간에 변환할 수 있는 뛰어난 측정시스템들의 클래스가 있다. 비록 왕좌에 있었던 뉴턴의 절대공간이 왕관을 빼앗겼을지라도 완전히 사라진 것이 아니고 그 자리가 이미 갈릴레이 시절부터 존재했던 관성시스템의 귀족들로 대치되었다는 것이다. 그리고 그때부터 공간을 시간과 분리할 수 없게 되었다. 이 둘은 4차원의 시공간 $\mathbb{R}^4 = \mathbb{R}^3 \times \mathbb{R}$ 안에 녹아들어 있어(앞에 있는 로렌츠–그라프 참조) 더이상 해결할 수 없는 단위들이 되어버렸기 때문이다. 그러나 전체로서의 시공간은 모든 경험에 앞선 것으로서 물리학자들의 움직일 수 없는 연구공간이라는 것에 우선권이 주어졌다. 그곳에는 이미 $\mathbb{R}^4$의 아핀 기하학이 존재하여 그곳에서는 '직선적인' 그리고 '휘어 있는' 또는 '고르게 직선적인' '가속적인' 것들이 잘 구분되고 있었다(연습문제 12.3과 비교). 민코브스키–거리함수(12.3)는 유클리드 거리 개념을 로렌츠 변환과 함께 '회전(rotation)' 개념으로 만들었다. 이로써 시공간은 칸트와 뉴턴의 관념에 걸맞는 완벽한 기하 개념으로 무장하게 되었다. 그런데 이런 개념을 수정하고 리만이 예측했던 기하의 물리적 원천을 발견한 것이 아인슈타인의 최대 업적인 '일반상대성 이론'[16]이다. 놀라운 사실은 이 논문에서 그는 모든 측정시스템의 상대적 문제만 해결한 것이 아니고 물리에서 가

---

[15] 아인슈타인은 평생을 평화주의자로 살아왔었다. 그러나 많은 과학자들이 1939년에 '히틀러가 원자탄을 개발할 수 있다'는 무서운 경고를 담은 서한을 미국 대통령 루즈벨트에게 보내는데 이때 아인슈타인도 이 서한에 같이 서명을 하였다. 이 서한을 계기로 2년 뒤 미국이 맨하탄 프로젝트(Manhattan project)를 개시하여 1945년 8월 6일과 9일 두 번에 걸쳐 히로시마와 나가사키에 원폭을 투하하는 비극을 낳았다.

[16] Albert Einstein: 〈Die Grundlage der allgemeinen Relativtaettheorie(일반 상대성 이론의 기초)〉, Annalen der Physik 354(1916), S. 769~822
http://www.physik.uni-augsburg.de/annalen/history/einstein-papers/1916_49_769_822.pdf

장 중요한 근원적 힘인 중력에 관한 아주 새로운 개념을 광범위하게 열어놓았다는 데 있다. 그는 여기서 어떤 의미에서는 역사적인 전환점이 될 수도 있는 에른스트 막흐의 아이디어인 "아마도 '착한' 좌표시스템은(과거에는 지구시스템을 당연히 이용했던 것처럼) 지엽적이 아닌(예컨데 지구, 달, 태양, 우주와 같은) 아주 커다란 물리적 질량에 단단히 결합되어 있다"를 인용하였다. 아인슈타인은 막흐보다 훨씬 더 나아가 모든 시공간의 기하는 질량의 분배를 통해서 생성된다고 가정하였다. 그의 사고의 출발점은 관성법칙이 완벽한 자유낙하운동이 중력의 영향 하에 있는 시스템을 통해서만 현실화된다는 것이었다.

아인슈타인이 10년 이상 연구해왔던 이론을 이해하기 위해서는 먼저 뉴턴의 중력이론을 염두에 두어야 한다. 그것은 다음의 두 가지 법칙에 기초한다.

(1) **뉴턴의 운동법칙:** 역장(force field) $F(x)$ 안에서 질량 m을 가진 한 원소의 궤도 $x = x(t)$는 '질량×가속도=힘'의 법칙에 의해 결정된다. 만일 속도 x'를 $x' = x$의 시간당 변화율 그리고 가속도 x''를 $x'' = x'$의 시간당 변화율로 나타낸다고 하면, 공식

(12.4)
$$mx'' = F(x)$$

이 성립한다.

(2) **뉴턴의 중력법칙:** 원점 O에서의 커다란 질량 M은 x 위치에 있는 장소의 질량 m에 영향을 미친다. 뉴턴은 1687년에 발표한 자신의 명저 〈자연철학의 수학적 원리〉에서 케플러가 묘사한 '타원운동이 (12.4)의 해로서 나타나기 위해서는 중력 $F(x)$가 어떤 수학적 형식이 가져여만 하는가?'에 대한 질문에 대답하였고 그 대답은 '힘은 질량 M을 향한 방사선 방향으로 있어야 한다. 그리고 거리의 역수의 제곱으로 감소한다. 동시에 질량 M과 m에 비례해야 한다'고 하였다.

(12.5)
$$F(x) = -\frac{mM}{|x|^2}e_x$$

여기서 질량 M은 원점에 기반을 두고 있고 $e_x = \dfrac{x}{|x|}$는 x방향으로의 단위벡터이다.

특이한 것은 같은 인수 m이 두 개의 등식 (12.4)와 (12.5)에서 완전히 다른 역할을 하는데도 나타나는 것이다. 운동법칙 (12.4)에서 m은 불활성 질량, 즉 가속에 거스르는 물체로 묘사되는데 중력법칙 (12.5)에서는 반대로 무거운 질량(원래는 무게), 즉 중력의 영향력이 물체에 퍼지게 되는 한 척도로 묘사된다. 비활성 질량이거나 무거운 질량이거나 뉴턴에게는 단지 경험적인 사실로만 받아들여지지만 아인슈타인은 그것을 자기 이론의 주춧돌로 쓰게 된다. 이 두 법칙을 계산하여 질량 m을 소거하면 궤적 $x(t)$를 위한 좌표형식의 궤적 등식이 생기는데 미분방정식

$$(12.6) \qquad x'' = -\frac{M}{|x|^2} e_x = : f(x)$$

가 나타난다. 이 등식은 질량의 중력하에 있는 운동은 움직이는 물체의 무게와는 상관없다는 것을 보여주고 있다. 즉, 상이한 질량의 물체들은 같은 속도로 낙하한다는 의미이다.

이제 끌어당기는 질량 M을 임의의 질량 분배 $\rho(x)$로 대치하자. 그리고 이것을 많은 점의 질량들로 이루어져 있다고 가정하자. 또한 원점에서의 점들, 질량의 중력장을 $f(x) = -\dfrac{M}{|x|^2} e_x$로 조금 다르게 나타내야 한다. 벡터장인 f는 원점 O를 중심으로 반지름이 r인 구표면에 직각으로 서있고 길이 $|f(x)|$는 $\dfrac{1}{r^2}$에 비례한다. 한편 구표면 역시 면적 $4\pi r^2$이고(3장 참조) 따라서 두 값의 곱은 상수인 4π로서 r과 독립적이다. f를 유동장(flow field) 앞에 있는 가스 입자들의 속도장(velocity field)처럼 생각하면, 같은 양의 가스 부피가 모든 구표면을 지나가게 된다. 즉, 두 개의 구표면 사이에 있는 구역에는 똑같은 양이 들고 날 것이다. 이러한 유체역학적 표현에서는 원점 O를 제외한 유동장 f에 소위 말하는 팽창과 수축은 없다. 이러한 벡터장을 '팽창이 없는' 또는 '발산하지 않는(divergence-free)' $\mathrm{div} f = 0$이라고 한다. 이외에도 두 번째 특성이 있는데 f가 실수함수 ϕ의

가장 강한 상승의 크기와 방향 기울기(gradient)를 묘사한다. 식으로 표현하면, $f = -\nabla_\phi$(∇는 기울기를 의미). 함수 ϕ를 벡터장 f에 대한 '퍼텐셜(potential)'이라고 한다. 유체역학으로 표현하면 가스의 유동장은 서로 다른 압력차로부터 생기고 압력강하는 모든 방향으로 비례적으로 나타난다. 퍼텐셜은 모든 장소에서의 개스압력에 해당한다. 각각의 질량의 경우는

(12.7)
$$\phi = -\frac{M}{r}$$

이 되는데 $-\frac{1}{r}$을 미분하면 $\frac{1}{r^2}$[17]이 되기 때문이다. f의 두 가지 특성인 $\mathrm{div} f = 0$ 과 기울기는 각 질량 $\rho(x)$들을 임의로 축적한 것으로 대체해도 변하지 않는다. 물론 $\mathrm{div} f = 0$ 오직 질량이 없는, 즉 $\rho(x) = 0$인 곳에서만 성립한다. 질량들은 '중력장의 원천들(source of gravitation)'이다. 위의 등식 (12.5), (12.6)은 다음과 같이 일반화시킬 수 있다.

(12.8)
$$x'' = f(x) \qquad \text{(a)}$$
$$f = -\nabla\phi \qquad \text{(b)}$$
$$\mathrm{div} f = 4\pi\rho \qquad \text{(c)}$$

처음 등식은 질량이 중력장 안에서 어떻게 움직이는지를 보여주고(운동방정식) 나머지 두 등식들은 질량들이 어떻게 중력장(장방정식)을 만드는지를 보여준다. 그리고 두 번째, 세 번째는 포아송 등식을 만든다.

(12.9)
$$\mathrm{div} \triangle\phi = -4\pi\rho$$

아인슈타인의 중력이론에 따르면 다음이 성립한다. 시공간은 $\mathbb{R}^4 = \mathbb{R}^3 \times \mathbb{R}$이 아니고 좌표 $x_1, x_2, x_3, x_4 = t$로 이루어진 4차원인 임의의 다양체이다. 그리고 리만에서처럼 (11.1) 2차 형식

(12.10)
$$ds^2 = \sum_{i,j=1}^{4} g_{ij} dx_i dx_j$$

---

[17] ϕ는 $\mathrm{div} \ \nabla\phi = 0$ 그리고 $\phi(\infty) = 0$이 성립하는 유일한 방사대칭 함수이다.

을 만족한다. 그럼에도 이 거리함수는 점마다 방식으로(pointwise)는 더이상 유 클리드 거리함수 $dx_1^2 + dx_2^2 + dx_3^2 + dx_4^2$으로 변환되지 않고 민코브스키 거리함 수 $dx_1^2 + dx_2^2 + dx_3^2 - dx_4^2$(로렌츠 거리함수)으로 변환된다. 따라서 M 위의 벡터 $v \neq 0$에 대해서 더이상 $ds^2(v) > 0$은 성립하지 않는다. $ds^2(v) < 0$가 성립하는 벡터들을 '시간에 맞는(timely)' 그리고 $ds^2(v) = 0$들은 '빛에 맞는(light-like)' 다고 한다. 이 거리함수는 선험적으로 주어진 것이 아니고 물리적으로 결정되며 더구나 앞에서 나온 (12.8)(c)와 유사한 방법으로 결정된다.

그러나 우선 운동방정식 (12.8)(a)와 이것과 비슷한 것들을 보기로 하자. 로렌 츠-기하에서는 거의 모든 것이 리만의 기하와 같다. 특별히 직선과 유사한 측지 선들이 있다. 중력 이외에는 영향을 받지 않는 무거운 입자들은 '시간에 맞는' 측지선 위로 움직인다. 즉 측지선에 접선인 벡터들은 '시간에 맞는' 것들이다. 빛 은 그 반대로 '빛에 맞는' 측지선 위로 움직인다. 운동방정식은 측지선 방정식[18] 이 된다.

$$(12.11) \qquad x_k'' = -\sum_{i,j} \Gamma_{ij}^k x_i' \, dx_j'$$

(12.8)(a)와 비교하면 오른쪽 식, 그러니까 십자가를 상징하는 Γ_{ij}^k과의 곱이 뉴턴의 중력장 f에 해당한다는 강한 암시를 주고 있다. (12.8)(b)에서 퍼텐셜 ϕ 의 첫 번째 미분으로부터 나오는 것과 똑같이 Γ_{ij}^k 역시 다른 크기 (12.10)인 거 리함수(12.10)의 항들 g_{ij}로 미분하여 생긴다. 왜냐하면 레비–치비타–등식 (Levi-Civita-Equation)에 따르면

$$(12.12) \qquad \Gamma_{ij}^k = \frac{1}{2} \sum_k g^{kl}(-g_{ij,k} + g_{jk,i} + g_{ki,j})$$

가 성립하기 때문이다. 여기서 g^{kl}는 행렬 (g_{ij})의 역행렬의 항들이다. 중력 퍼텐 셜 ϕ의 역할은 아인슈타인 이론에서 행렬 (g_{ij})를 넘겨받는 것이다.

---

18 측지선들은 자신만의 파라미터를 가지고 있는데 이들은 (12.4)에 있는 뉴턴과는 다른 시간좌 표들이 아니고 로렌츠 거리함수에 따른 현의 길이가 되는 고유시간(eigentime)이다.

그렇다면 장 방정식 (12.8)(c)와 유사한 것은 무엇일까? 이것을 생각하기 전에 특수상대성 이론에서는 질량밀도 ρ가 로렌츠 변환에서는 불변이 아니라는 것을 알고 있어야 한다(연습문제 13.2). 그래서 이것은 모든 존재하는 질량과 에너지(예를 들어, 전자기장)를 합친 질량텐소 또는 에너지-충격-텐소(energy-impluse-tensor)라고 하는 또 다른 로렌츠-불변인 2차 형식 $T = (T_{ij})$로 대체되어야 한다. 에너지-충격-보존은 T의 발산하지 않는 것으로 나타난다. 장의 방정식에서 또다른 면이 (12.9)에 나타났듯이 크기들의 2차 편미분(변수들의 변수들)을 포함하고 있어야 한다. 그리고 그 것이 퍼텐셜의 역할인 거리함수 (g_{ij})를 넘겨받은 것이다. 이것은 곡률텐소로 나타난다.

$$(12.13) \qquad R_{ijk}^m = \partial_i \Gamma_{jk}^m - \partial_j \Gamma_{ik}^m + \sum_l \Gamma_{jk}^l \Gamma_{il}^m - \Gamma_{ik}^l \Gamma_{jl}^m$$

그러나 이외에도 요구되는 것은 질량텐소와 같은 발산하지 않는 2차 형식이어야 한다. 그런 것이 배수(multiple)를 제외하고는 단 하나 있는데 소위 아인슈타인 텐소 G_{ij}라고 한다.[19]

$$G_{ij} = \sum_k R_{kij}^k - \frac{1}{2} s g_{ij}, \text{ 여기서 } s = \sum_{k,l,m} R_{mkl}^m g^{kl}$$

실제로 아인슈타인 장방정식(field equation)은 다음과 같다.

$$(12.14) \qquad\qquad G = 8\pi T$$

아인슈타인은 기하학적 측면에서 질량텐소들의 동등성을 찾을 때까지 오랫동안 연구해 왔다. 이런 연구의 마지막 시기였던 1915년에 그는 매주 목요일마다 프로이센의 과학아카데미 세미나에서 발표를 하였는데 늘 지난주의 것을 취소하고 새로운 것을 내놓았다. 그러다가 1915년 11월 25일 마침내 아인슈타인 텐소

---

19 곡률텐소 $ric_{ij} = \sum_k R_{kij}^k$ 의 자취 형성은 그레고리오 리치-쿠바스트로(Gregorio Ricci-Curbuastro, 1853(Lugo, Province Ravenna)~1925(Bologna))의 이름을 딴 리치텐소(Riccitensor)라고 한다. 두 배의 자취 형성 $s = \sum_{k,l,m} R_{mkl}^m g^{kl}$는 스칼라 곡률이라고 한다. 단위텐소는 3차 미분의 대칭성에 따른 결과물인 곡률텐소의 미분을 위한 제2비앙키-항등(Bianchi-identity)에 근거하여 발산하지 않는다.

를 발견하고 새로운 중력론에 관한 놀랍도록 간단한 기본공식을 알게 되었다. 그
것은 세상의 빛인 아인슈타인의 장방정식 (12.14)였다.

이로써 상대성 이론 프로그램은 마치게 되었다. 시공간 기하는 더이상 선험적
인 것이 아니고 물리적으로 결정되는 것이었다. 질량과 에너지 분포는 텐소 T로
표현된 공식에 나타나 있듯이 항들 g_{ij}의 2차 미분공식으로 이루어진 행렬 g로
된 아인슈타인텐소 G를 결정한다. 행렬 $ds^2 = (g_{ij})$가 미분방정식 (12.14)의 해
이고 이로써 질량분배를 통하여 결정된다. 결국 막흐가 옳았다. 관성력은 축지선
의 편차에서 나타난다. 그리고 이것이 기하와 질량분배를 통하여 소위 질량텐소
T를 결정한다. 뉴턴 이론이 말하듯이 (12.11) 질량의 운동은 중력에 의해서 그리
고 (12.14) 중력장의 생성은 질량에 의해서 표현된다. 단순히 말하면[20]

"기하는 물질에 운동을 알려주고 물질은 기하에게 커브를 알려준다."

뉴턴에서도 그랬지만 장을 만드는 그리고 장에서 움직이는 질량들의 차이점은
아주 인위적이다. 실제로는 장과 질량에 있어서는 연결된 미분방정식에 관한 것
이다. 좀 더 엄밀한 해석은 (12.11)이 (12.14)의 결과물이라는 것을 보여준다. 그
러니까 아인슈타인의 장방정식 (12.14)는 중력법칙이다.

첫 번째 보기로는 다시 뉴턴의 이론인 $\phi = -\dfrac{M}{r}$에 의한 축으로 대칭인 별들
의 중력퍼텐셜이다. 이에 해당하는 아인슈타인 이론에 의한 표현은 1916년 칼
슈바르츠쉴드[21]가 발견하였다.

(12.15) $\qquad ds^2 = -(1+2\phi)dt^2 + (1+2\phi)^{-1}dr^2 + r^2 d\omega^2$

여기서 $\phi = -\dfrac{M}{r}$ 그리고 $d\omega^2$은 유클리드 공간에서 반지름이 1인 구표면 위의
거리함수이다. 1919년 5월 29일[22] 아인슈타인 이론을 처음으로 새벽 어스름에
실험하게 되었다. 이 이론이 거리함수 (12.15)가 적용되는 빛의 축지선 위에 퍼져
있는 빛에 대한 중력의 영향을 가정하기 때문이었다. 이론에 따르면 태양 뒤에

---

20 C.W. Misner, K.S. Thorne, J.A. Wheeler: ⟨Gravitation⟩, Freeman 1973

21 Karl Schwarzschild, 1873(Frankfurt, Main)~1916(Potsdam)

22 http://en.wikipedia.org/wiki/Solar_eclipse_of_May_29,_1919

있는 별의 빛은 태양에 의해서 휘어지게 되는데 이런 현상은 태양에 가리어진 곳에서만 측정할 수 있는 현상이기 때문이었다. 브라질과 아프리카에서의 측정치는 예측한 값과 일치했고 이로써 중력론이 획기적인 이론으로 각광받게 되었다.

아인슈타인은 고대로부터 내려오는 다음의 철학적인 질문에 답을 한 것이다. 움직임과 정지에는 절대적인 차이가 있는 것인가? 그 대답은 'YES'인데 여기서 정지는 중력장 안에서 자유이동을 하는 것이다. 이 이론은 시공간의 기하를 통해서 정의되는데 시공간 기하는 내적으로 이 기하법칙에 따라 움직이는 질량의 분배를 통해서 결정된다.

연습문제

12.1 드-지터-시공간(De-Sitter-Space Time[23]): 가장 단순한 휘어진 로렌츠 다양체는 드-지터-시공간이다. 민코브스키 거리함수 $ds^2 = \sum_{i=1}^{n} dx_i^2 - dx_{n+1}^2$가 정의된 $\mathbb{R}^{n+1}$과 그 안의 2차 곡면 $Q = \{x \mid x \in \mathbb{R}^{n+1},\ |x|_L = 1\}$, $|x|_L^2 = \sum_{i=1}^{n} x_i^2 - x_{n+1}^2$을 고찰해 보자. $n=2$라면 이것은 단일 쌍곡선이다. 이때 Q 위에 생성된 거리함수가 로렌츠 타이프(type)이고 Q 위에 있는 직선의 빛의 측지선임을 보이시오.

12.2 질량밀도는 로렌츠-불변(Lorentz-invariant)이 아니다: 특수상대성 이론에서 질량밀도 ρ는 로렌츠 변환에서 변한다는 것을 보이시오(그 반대로 갈릴레오 변환에서는 불변). 아래의 왼쪽 그림에서 격자점 위에 있는 질량 M에 있는 각각의 질량점들이 x-축 위에 있고 줄쳐 있지 않은 곳에 자리잡고 있음을 보이시오. 각 시간 t에 위치 x를 결정하는 질량들의 선들은 $(x,\ t)$-시스템 안에서 t-축에 평행하다(위치 x는 불변이다). 이제 일정한 속도 v를 가지고 직선운동을 하는 $(x',\ t')$를 고찰하자. 질량점의 x'는 x'축과 잘리는 선의 로렌츠 거리이다. $(x_0,\ t_0)$로부터 $(x_1,\ t_1)$까지의 로렌츠 거리는 $\sqrt{(x_1 - x_0)^2 - (t_1 - t_0)^2}$ 이다. 이때 $(x',\ t')$-시스템 안에서의 질량점들의 거리가 $\sqrt{1-v^2}$ 정도 짧아진 것을 보이시오. 따라서 밀집은 더 커져 있다. 이때 운동 시스템 안에서 질량이 $\dfrac{1}{\sqrt{1-v^2}}$ 정도 커진 것, 즉 질량밀도가 다시 한 번 커진 것은 고려하지 않는다.

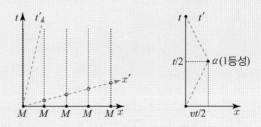

---

23 Willem de Sittet, 1872(Sneek, Westfriesland)~1934(Leiden)

12.3 쌍둥이 모순: 두 명의 쌍둥이 중 하나가 행성 α-센타우루스(Centauri[24])까지 v의 속도로 여행하기로 결정했다면 그가 돌아올 때는 $\sqrt{1-v^2}$ 정도의 나이가 젊어져 있을 것이다. 왜냐하면 시스템 안에 있는 여행자에게 그만큼의 시간 t' 가 짧아졌기 때문이다. 여행시간이란 것은 (시간과 장소) 출발 (0, 0)과 도착 $\left(\dfrac{vt}{2},\ \dfrac{t}{2}\right)$이라는 '사건'의 로렌츠 거리 $\left(\dfrac{t}{2}\right)\sqrt{1-v^2}$ 이고 돌아오는 것까지의 두 배인 $t'=t\sqrt{1-v^2}$ 이 된다(앞 오른쪽 그림). 상대성 이론에서 거론된 이 것은 한동안 쌍둥이 모순으로 알려져 있었다. 그러나 쌍둥이들의 역할을 뒤바꾸어 보면 다음과 같이 이해할 수 있다. 여행하는 쌍둥이에게는 상대적으로 집에 있는 쌍둥이가 멀어져 가다가 다시 돌아왔다고 생각할 수 있다. 그렇다면 돌아온 쌍둥이에게 나이가 반대로 변했을 것이다. 그러니 이 시스템들은 불공정하다. 단지 머물러 있는 쌍둥이만이 측지선(직선) 위에서 움직인 것이고 여행자는 아니다. 그의 세계선(world line)은 꺾인 곳이 있다. 그의 시스템은 더이상 관성시스템이 아니다. 여기서 시공간의 아핀구조가 직선이나 측지선, 그리고 좌표시스템들 사이에서의 차이점을 어떻게 정의하는지 잘 알 수 있게 된다.

24 켄타우루스좌의 1등성

13

괴델: 수학의 공리화가 가능할까?(1931)

요약 수학에서 '참'이라고 판명된 모든 이론들을 유한한 공리 또는 기본 정리들만 가지고 논리적 법칙에 따라서 증명하는 것이 가능할까? 대학교 강의에서는 거의 그렇게 말하는 것 같다. 예를 들면 실수에 관한 공리들은 '<' 과 '>'를 이용하고 무한히 커지고 작아지며 또한 빈틈이 없는 조밀성 등을 가지고 계산 규칙을 정의한다. 해석학에서의 정리들도 이 공리들을 바탕으로 탄생한다. 그러나 쿠르트 괴델은 1931년에 어떤 공리시스템도 수학의 모든 이론들 심지어는 자연수들 1, 2, 3, … 조차도 완벽하게 묘사할 수 없다는 것을 증명하였다. 그리고 만일 공리시스템이 무모순이라면 이 공리들로부터 유도되지 않는 또다른 '참'인 이론이 있어야 할 것이다. 다시 말하면 무모순성이라고 하는 것은 공리들 자체로부터는 결코 유도되지 않는다는 것이다.

수학의 임무는 숨겨져 있는 것을 세상 밖으로 이끄는 것이다. 예를 들면 '모든 삼각형의 내각의 합은 180°이다' 같은 것이 대표적으로 숨겨진 것이다. 이 말이 정말 모든 삼각형에 대해서 사실일까? 세상에는 무한히 많은 삼각형이 있지만 인간이 볼 수 있는 것은 유한할 뿐이다. 그런데 어떻게 보지도 못한 무한히 많은 다른 삼각형에도 이 말이 맞는다고 확신할 수 있을까? 정확한 측정방법을 가지고 모든 각을 측정하면 이 주장을 확인할 수 있을지는 모르지만 이 방법은 결코 증명이 아니다. 증명은 사뭇 다른 것이다. 증명은 이미 알려진 사실을 가지고 '구조적(constructive)' 방법을 통하여 연역적으로 하는 것이다. 삼각형의 경우에 먼저 밑변에 평행한 선을 꼭대기 점에 접하게 그린 다음에 그곳에 생기는 삼각형 세 개의 각을 합치면 180°인 이 직선과 딱 들어맞는다는 것으로 증명은 끝난다.

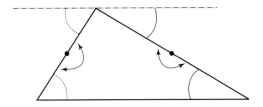

여기서 우리는 몇 가지 '분명한' 사실들을 이용하였다. 예컨대 이런 성질을 가진 평행선의 존재라던가, 밑변을 180° 돌려서 맨 위의 꼭짓점에 올려 놓았을 때 각의 크기가 변하지 않는다는 것들이다.

수학사에서 보면 이미 오래전부터 수학자들은 증명할 때 이처럼 필요한 '공공연한' 진실들의 목록을 만들 필요성을 느끼고 있었다. 이 목록은 가능하면 작아야 하고 논리적으로 완벽하여 다른 모든 수학의 이론들이 이 목록으로부터 엄밀하게 추론되어야 한다. 이런 조건을 만족하는 최초의 목록은 기원전 300년 유클리드가 쓴 〈원론(Elements)〉이란 책에서 나타났다. 그는 이 책에 기하학에 관한 공리시스템을 소개하였다. 〈원론〉은 유럽과 중동지방에 수백 년에 걸쳐 계속 반복하여 복사되었고 다른 분야에서도 이 책을 모범삼아 '기하학 방식으로 증명하는 것(ordine geometrica demonstrata)'이라고 말할 정도로 원론은 지적인식의 최고봉이었다.[1]

그러나 1900년경이 되자 이 오래된 공리들은 근대적인 논리체계로 다시 만들어지게 되었고 이에 발맞추어 전 수학분야의 공리화가 빠르게 진행되었다. 연산학[2](페아노, Peano, 1898), 평면기하학(힐베르트, Hilbert, 1899), 해석학(힐베르트, 1902), 집합론(제르멜로(Zermelo, 1907)와 프랭켈(Fraenkel, 1921)), 확률론(콜모고로프, Kolmogorov, 1933) 등이 대표적인 이 분야의 수학자들이었다.

---

1 가장 유명한 예로는 바룩흐 스피노자(Baruch Spinoza, 1633(Amsterdam)~1677(Den Haag))의 〈윤리학(Ethik)〉: 〈Ethica ordine geometrica demonstrata〉, 1677년 발간

2 연산학은 자연수 1, 2, 3, …에 관한 이론이다.

오늘날 공리는 단순화된 '참'인 명제들로 구성된 것이라기보다는 어떤 분야나 개념의 성질을 정의해 주는 것으로 쓰인다. 예를 들면 군(group) G는 다음의 공리를 만족하는 수학적 구조다. 집합 G는 중성원소 $e \in G$를 포함하고 두 개의 함수 $m : G \times G \to G$, $(g, h) \mapsto gh$(합성) 그리고 $j : G \to G$, $g \mapsto g^{-1}$(역수)가 다음의 조건을 만족하는 것이다.

(1) **결합법칙:** 모든 $g, h, k \in G$에 대해서 $g(hk) = (gh)k$

(2) **중성원소:** 모든 $g \in G$에 대해서 $ge = eg = g$

(3) **역수:** 모든 $g \in G$에 대해서 $gg^{-1} = g^{-1}g = e$

이것이 군을 성질을 정의하는 군론의 공리이다. 군에 관한 모든 유효한 정리들은 이 공리로부터 파생된 연역적인 논리들의 사슬로 연결되어 있다. 예컨데 '중성원소는 유일하다' 같은 것인데 더 정확한 내용은 다음과 같다.

모든 $g \in G$와 모든 $e' \in G$에 대해서 (2)' $ge' = g$가 성립하면 $e = e'$이다.
증명 (2)'에 의해서 $ee' = e$ 그리고 (2)에 의해서 $ee' = e'$이므로 $e = e'$이다.

이런 과정은 수학의 모든 분야에서 마치 체스 게임을 보는 것 같다. 군론을 보면 체스판 위의 말들(왕, 말, 포 등)은 각각 중성원소 e 그리고 함수 m과 j에 해당한다. 그리고 시작 전의 체스판은 공리와 같다. 그리고 말이 뛰는 규칙은 논리로 나타난다. 예를 들면 모든 $g \in G$에 대해서 $ge' = g$이면 G의 모든 원소를 g의 자리에 대입할 수 있고, 따라서 $ee' = e$가 성립한다. 말이 움직여 도착하는 자리들은 정리들에 해당한다. 그러나 이런 규칙이나 배열을 모르는 사람은 체스를 할 수 없고 체스에 관한 책 역시 모든 가능한 수를 다 알려주지 않는다. 그러나 뛰어난 체스 게이머나 수학자들은 유리한 장소나 정리로 이끄는 이정표를 알고 있다. 그러나 만일 수학자들이 수학은 순수 논리학적인 원점에서 출발하는 체스 게임과 같아서 모든 수학적 이론들이 공리들로부터 유도된다고 믿는다면 이는 수학자들의 자기기만과 같은 것이었다. 이러한 생각은 진실을 찾는 방법이 아니고 자연과학에서 실험을 통하여 비교하며 확인하는 방법과 같은 수준인 것뿐이다.

20세기 중반에 수학의 원리에 관한 토론이 있었다. 이 토론의 주제는 정리들을 증명하기 위해서는 어떤 방법을 선택해야 하는가에 대한 물음에 관한 것이었다. '직관론자(intuitionist)'였던 브라우어[3]와 헤르만 바일을 중심으로 하는 한 그룹은 앞에서 보았던 평행선 방법처럼 증명하고자 하는 것을 구조적인 방법을 가지고 직접적으로 보여야 한다는, 다시 말하면 오로지 구조적인 증명만 가능하다고 주장하였다. 구조적인 방법이 아닌 존재의 증명들, 예를 들면 유계이고(bounded) 단조로운(monoton) 수열의 극한값의 존재(연습문제 13.1)는 인정되지 않는다. 또한 배중론

'어떤 이론이 사실이거나 그 반대가 사실이면 제3의 것은 존재하지 않는다
(Teritium non datur)'

역시 거절하였다. 왜냐하면 두 개의 경우 말고도 또 다른 구조적인 증명이 존재한다고 생각할 수 있기 때문이다. 이에 반해 힐베르트는 모든 것은 공리와 법칙에 의해서 유도되어야 한다는 전통적 수학의 존속을 수호하려고 노력하였다. 그는 이를 위한 프로그램을 공식적으로 만들어 구조주의자들에게 대항하였다. 힐베르트의 이러한 사고에 동조하는 수학자들을 '형식주의자(formalist)'라고 하였다. 힐베르트 프로그램의 중요한 부분은 당연히 공리들의 무모순성에 관한 증명이었다. 그 내용은 이미 1900년 파리에서 열린 세계 수학자 대회에서 행한 그의 유명한 발제문에 나타나는데 다음과 같은 말로 시작한다.[4]

"새로운 세기에도 계속 앞으로 나아가고 있는 수학의 신비로운 모습이나 또는 당면하고 있는 수학의 발전을 보지 못하게 덮고 있는 장막이 있다면 우리 가운데 이것을 거두어 내는 것에 대해서 주저하는 사람이 누가 있겠습니까? 수학정신을 이어가려고 애쓰는 다음 세대들의 목표는 도대체 무엇이 되어야 하겠습니까? 이 넓고 풍성한 수학의 평원 위에서 새로운 세기에서는 어떤 새로운 방법과 사실들을 발견해야 되겠습니까?"

3 Luitzen E.J. Brouwer, 1881(Rotterdam)~1966(Blaricum, Niederlande)
4 http://www.digizeitschriften.de/dms/img/?PPN=GDZPPN002498863

그 다음에 그는 23개의 수학문제를 공개하였는데 이 문제는 20세기 수학 발전에 커다란 디딤돌이 되었다. 이 중 두 번째 문제는 연산공리의 무모순을 증명하는 것이었다.[5] 1차 세계대전이 끝난 후 힐베르트는 자신의 프로그램을 다음과 같이 구체화하였다.

(HP1) "지금까지 수학이 본질적으로 해왔던 모든 것은 이제 좀 더 엄격하게 형식화되어서 본질적인 수학 또는 좁은 의미에서의 수학이 증명 가능한 형식의 구성요소가 되어야 한다."

(HP2) "이런 수학의 본질에는 어느 정도 새로운 수학, 일종의 '추상적'인 수학이 더해져서 수학의 완전성에 기여하는 […]. 이 추상적인 수학 (metamathematik)[6]은 본질적 수학에서의 순수하고도 형식적인 논리적 귀결과는 달리-공리의 무모순성에 대한 증명과 그 응용성에 대한 내용적인 완성도를 높여야 할 것이다."[7]

다른 무엇보다도 논리적으로 엄격한 수학이라는 학문에 어떻게 이러한 원론적인 토론이 나타나게 되었는가? 그 원인 제공은 1878년부터 게오르그 칸토[8]가 연구해온 기초수학의 한 분야인 집합론이 하게 되었다. 그렇다면 집합론은 어떻게 생겨나게 되었을까? 예를 들면 원래 숫자들은 수학의 기본적인 연구대상이 아니었다. 그 이유는 무언가를 세기 전에 무엇을 셀 것인가를 먼저 알아야 하기 때문이다. 그러니까 셀려고 하는 대상들의 전체, 즉 집합을 먼저 정의하여야 한다. 이것이 바로 집합의 문제인 것이다. 1895년 칸토는 집합에 관한 유명한 정의를 다음과 같이 내렸다.

---

5 힐베르트의 첫 번째 문제는 뒤에 다루게 될 '무한대의 가정(Kontiniuumshypothese)'이었다.
6 수학적 방법으로 수학의 원리를 분석하는 개념. 물리학의 metaphysics에서 따오게 되었다.
7 Hilbert, David: 〈Neubegruendung der Mathematik, Erste Mitteilung〉. Abhandlung Mathematisches Seminar Hamburg 1, 157~177(수학의 새로운 기초. 첫 번째 소식. 함부르그 수학세미나 논문)
8 Georg Ferdinand Ludwig Philipp Cantor, 1845(St.Petersburg)~1918(Halle/Salle)

"집합은 우리들의 전체적인 관찰이나 사고를 통해서 어떤 특정하고도
잘 구분되는 한 성질을 가지고 있는 대상 m들의(원소라고 한다) 모임
M이다."[9]

이 정의에서의 문제점은 단어 '모임(collection)'에 있었다. 이 단어는 하나하
나 세거나 아니면 말로 표현되어야만 하는 공동의 특성에 의해서 생겨야만 한다.
그러나 언어적 표현은 자칫 문제가 생겨 모순이 될 수 있는데, 특별히 자기 스스
로에게 적용되어야 할 때 더욱 그렇다. 바로 이 문제를 간파한 사람이 버트런트
러셀[10]이었는데 칸토 자신도 이미 알고 있었던 문제였다.[11] 1901년에 러셀이 발
견한 모순은 다음과 같다. 집합은 다른 집합의 원소가 될 수 있다. 예컨대 집합
M의 부분집합들은 또 다른 집합, 예를 들어 멱집합(power set) M의 원소들이
다. 그렇다면 조금 어색하긴 하지만 어떤 집합이 스스로 자기의 원소가 되는 경
우도 원칙적으로는 가능하다. 그렇게 만들어낸 집합 R은 자신을 원소로 하지 않
는 집합들의 모임이다.

(R) $$R = \{M \mid M \notin M\}$$

이 집합의 정의에서 문제는 무엇일까? R은 R의 원소일까 아닐까? 즉, $R \in R$
아니면 $R \notin R$의 문제이다. 만일 $R \notin R$이면 정의(R)에 의해서 $R \in R$이 되어
야 하고 $R \in R$이면 역시 (R)에 의해서 $R \notin R$이 되어야 하니 이는 완벽한 모순
이다.

러셀은 이에 관해 재미있는 우화를 소개했다. 영국의 한 작은 도시에서 시장은
모든 이발사들에게 다음과 같은 명령을 내렸다. "앞으로 모든 이발사는 스스로

---

9 Georg Cantor: 〈Beitraege zur Begruendung der transfiniten Mengenlehre(초한적 집합론의
   근거에 대한 논문)〉, Math. Ann. 46(1895), 481~512,
   http://en.wikipedia.org/wiki/Georg_Cantor, Weblink der "gesammelten Abhandlungen(논
   문전집)", S. 282
10 Bertrand Arthur William Russell, 1872~1970(Wales)
11 칸토는 1899년에 '모든 집합의 집합'이라는 개념이 모순된다고 지적한 바가 있다. 왜냐하면
   U는 자신의 멱집합 $p(U)$(자신의 모든 부분집합을 모아 놓은 집합)을 자신의 부분집합으로
   가지고 있기 때문이다. 칸토는 이미 집합의 크기(원소의 수) 개념을 정의하였고(두 집합 사이
   에 전단사 함수가 존재하면 두 집합의 크기는 같다) 또한 집합 A의 멱집합 $p(A)$은 A의
   어떤 부분집합과도 같은 크기를 갖지 않는다(연습문제 13.2)는 것을 증명하였다. 따라서 U는
   모순이다.

면도를 할 수 없는 마을 사람들만 면도해야 한다." 당연한 것으로 보이는 이 명령에는 곧 문제가 나타났다. 한 이발사가 자신의 수염이 자라 스스로 면도를 하자 공무원이 달려와 시장의 명령을 어기지 말라고 경고한 것이다. 왜냐하면 이발사는 오로지 스스로 면도를 할 수 없는 사람만 면도해야 하기 때문이었다. 이 이발사가 어쩔 수 없이 다른 이발사를 찾아가 면도를 맡기려 하자 다시 공무원이 시장의 명령을 어긴 죄로 경고했다. 왜냐하면 다른 이발사는 이 이발사가 스스로 면도를 할 수 있는 사람임을 알기 때문에 해주면 안 되었기 때문이다. 이 이발사의 문제가 바로 (R)의 집합과 똑같은 경우이다. 1900년대에는 이런 식의 파라독스들이 수학계에서는 한 유행이었다. 전형적인 것으로는 성경에 있는 디도서 1장 12절에 나오는 말이다. '크레타인 중의 어느 선지가가 말하되 모든 크레타인들은 거짓말쟁이며…'이다. 이외에도 수많은 것들이 있지만 그중에서도 가장 의미 있는 것은 쥴 리샤르[12] 버전일 것이다. 리샤르의 파라독스는 이 장의 주인공인 괴델의 정리에 단초를 제공하게 되는 중요한 역할을 하게 된다. 이 내용에 대해서 자세히 알아보기로 하자.

리샤르는 먼저 언어로 표현된 자연수들이 가지고 있는 모든 가능한 특성들의 리스트를 작성해 보았다. 예컨대 '소수', '제곱수' 또는 '다른 수의 72승으로 나타나는 수' 등. 모든 문장은 유한한 알파벳으로 이루어졌기 때문에 각 문장들을 질서 있게 분류할 수 있다. 예를 들어 사용된 알파벳의 개수로 모은 다음에는 사전식으로 알파벳순으로 다시 나눈다. 이렇게 되면 각 수학적 문장들은 고유 번호, 즉 자기의 자리번호를 가지게 된다. 그리고 리샤르 숫자에 대한 정의를 내렸다.

'한 자연수가 리샤르 숫자가 되기 위한 필요충분조건은 그 자연수가 자기의 숫자에 해당하는 특성을 가지지 못한 것이다.' 예를 들어 4번째 특성이 'n은 소수다'라면 자연수 4는 소수가 아니기 때문에 리샤르 숫자가 된다. 또는 16번째 특성이 'n이 제곱수이다'라면 16은 리샤르 숫자가 안 된다. 왜냐하면 $16 = 4^2$으로 제곱수이기 때문이다.

이제 'n이 리샤르 숫자다'라는 특성이 고유번호 x를 가지고 있고 x가 리샤르 숫자라고 가정하자. 그러면 x는 x에 해당하는 특성, 즉 'n이 리샤르 숫자다'를 가지고 있지 않다. 따라서 x는 리샤르 숫자가 아니다. 이는 모순이다. 마찬가지

---

12 Jules Antoine Richard, 1862(Blet, Dept. Cher)~1956(Chateauroux)

로 x가 리샤르 숫자가 아니면 x는 x에 해당하는 특성을 가지고 있고, 따라서 x는 리샤르 숫자다. 이것 역시 모순이다. 이것으로 자연수에 관한 '특성'의 개념이 분명치 않게 되어 명백한 모순이 되고 결국 힐베르트의 희망은 사라지고 만다.

이렇게 모순이 되는 언어적 표현들의 문제는 자기적용(self-reference)에서 기인한다. 이발사는 누군가 면도를 해주야만 하고 집합 R은 자기 자신의 원소가 될 수도 있고 크레타인인은 거짓말만 하니 자기 말도 거짓말일터이고 리샤르 숫자의 특성은 자신을 포함하는 리스트와 연결되어 있기 때문이다.

그러자 러셀은 그의 대표저서인 〈수학의 원리〉(Principia Mathemarika, 화이트헤드[13]와 공저)에서 사물의 서로 다른 유형을 도입함으로써 이 문제점을 해결하려고 시도하였다. 그는 먼저 집합(set)과 클래스(class)를 다음과 같이 구분하였다. 클래스의 원소들은 집합이다. 그리고 자신을 원소로 하지 않는 집합들은 집합이 안 되고 클래스가 된다. 이렇게 하면 모순이나 자기적용은 피할 수 있다. 힐베르트의 프로그램 역시 비슷한 아이디어였다. 즉, 언어 차원에서의 수학과 추상수학(HP2)을 엄격히 구분한 것이다.

그런데 위에서 보아온 리샤르의 모순을 가만히 들여다보면 작은 가시가 들어 있다는 것을 알 수 있다. 이 가시는 수학과 추상 수학(meta-mathematics)의 차이점에 기인하고 있다. 리샤르가 만든 리스트는 수학적 문장들이지만 이 문장들을 나란히 세우는 것은 수학적이 아닌 추상수학적 사건이 되기 때문이다. 따라서 문장들의 자리번호 역시 추상수학적이다. 그러니 'n이 리샤르 숫자다'라는 특성은 n을 한편으로는 수학적 숫자로 파악하지만 동시에 추상수학적 자리번호로 파악할 수 있다. 그러나 추상수학은 수학과 구별되기 때문에 추상수학적 자리번호는 수학 안에서 있을 자리가 없다. 그 이유는 '리샤르 숫자'라는 특성은 오직 수학적 특성만 가지고 있는 리스트에 들어갈 수 없던 것이다. 다시 말해서 리샤르 숫자가 수학의 경계를 침범하는 것이고 또 그로 인해 완벽한 시스템이어야 할 수학의 모순성을 보여주는 것이 아니고 단지 수학과 추상수학을 섞어 놓았을 때 모순이 나타난다는 것을 보여주는 것이기 때문이다.

여기까지가 이 장의 주인공인 쿠르트 괴델[14]이 등장할 무대의 뒷배경이다. 괴

---

[13] Alfred North Whitehead, 1861(Ramsgate, England)~1947(Cambridge, Mass)
[14] Kurt Friedrich Goedel, 1906(Bruenn, Brno)~1978(Princeton, New Jersey)

델은 당시 오스트리아-헝가리 제국에 속해 있던 브륀(Bruenn, 오늘날의 브르노, Brno)에서 독일어를 쓰는 아주 부유한 집안에서 태어났다. 1919년이 되자 이 도시는 신생 체코슬로바키아에 편입되었다. 체코어를 거의 못했던 괴델 집안은 1923년 오스트리아 국적을 취득하고 1924년 빈으로 이사하였다. 그곳에서 그는 이론 물리학으로 공부를 시작하였으나 나중에 논리학과 집합론을 집중적으로 연구하던 철학 수학부로 적을 옮겼다. 그리고 칼 멩거와 한스 한[15]의 소개로 유명한 '비너 서클(wiener circle)에 가입하게 되었다. 이 그룹은 철학자, 수학자, 자연과학자, 인문과학자 등이 주 멤버였는데 이들은 1924~1936년까지 빈 대학의 수학과에서 규칙적으로 만나 토론과 의견교환을 하고 있었다. 물론 칼 멩거와 한스 한도 회원이었다. 멩거는 천재 괴델을 '아주 야위고 과묵한 젊은이'라고 묘사하였다. "그는 거의 말이 없었고 긍정이나 부정을 할 때는 머리를 보일듯 말듯 흔드는 것으로 대신하였다"(참고문헌 [13], 198쪽). 멩거는 1927년 빈에 교수로 오기 전인 1925~1927년까지 암스테르담의 브라우어 교수의 조교로서 지냈다. 그래서 그는 수학의 원론적 토론에 있어서는 늘 자신에 차 있었다. 1928년에 브라우어마저 빈 대학에 교수로 오는데 (수학교수가 아닌 물리학교수로!) 그가 발표한 두 개의 발제문에서 괴델은 깊은 영감을 얻은 듯하다.

1928년 1차 세계대전이 끝나고 볼로냐(Bologna)에서 세계 수학자학회가 열리자 독일 수학자들이 다시 참여하게 되었다.[16] 브라우어의 반대에도 불구하고 힐베르트는 국제무대에서 적극적으로 활동하였다. 그리고 멩거와 한(Hanh) 역시 이 대회에 참가하였다. 이곳에서 힐베르트는 자신의 프로그램을 다음과 같이 소개하였다.[17]

"증명이론으로 적합하다고 생각되는 수학의 신개념은 수학의 원론적인 의문을 세상에서 제거할 수 있다고 믿습니다. 이것은 내가 모든 수학적 이론

---

15 Karl Menger, 1902(Wien)~1985(Chicago), Hans Hahn, 1879~1734(Wien)

16 1차 세계대전 중에 독일 수학자들은 전범국가의 학자라는 이유로 세계학회에의 참가를 거부당하였다.

17 힐베르트: 〈Probleme der Grundlagen der Mathematik(수학의 기본에 관한 문제)〉로, 1928년 볼로냐(Bologna)에서 열린 세계수학자대회에서 발표한 논문. 1928, Math. Ann. 102, 1~9. 에르하르트 숄츠(Erhard Scholz)에 의하면 이는 괴델의 불완전성 이론과 유한한 증명에 관한 힐베르트 프로그램이다. http://www2.math.uni-wuppertal.de/~scholz/preprints/goedel.pdf

들을 아주 자세하게 제시하고 또한 엄격하게 증명하는 형태로 만들어 순수
수학의 영역안으로 바꾸어 가면서 …
이 증명이론은 우리 모두에게 확신의 기쁨을 선사하여 적어도 수학을 알아
가는 데는 한계가 없으며 더 나아가 우리의 사고 영역을 뛰어넘게 만들 것
입니다."

괴델은 이후로부터 힐베르트의 프로그램에 깊이 참여하였다. 당시 힐베르트와 그의 제자 빌헬름 악커만[18]은 함께 집필한 〈이론 논리학 개론〉에 두 개의 공개된 문제들을 제시하였는데 괴델은 이것을 해결하였다. 여기서 그는 '힐베르트 계산법에 기초한 연산학의 완벽성'을 증명한 것이다.[19] 한스 한은 이 증명을 괴델의 박사학위 논문으로 인정하게 되었고 1930년 빈 대학은 괴델에게 박사학위를 수여하였다. 그럼에도 불구하고 괴델은 힐베르트의 프로그램에 확신을 가질 수 없었다. 뿐만 아니라 박사과정 중에 '논리의 불완전성'이론을 연구하면서 이 프로그램 자체에 회의를 가지게 되었다(참고문헌 [13], 120쪽). 그러면서 1930년 쾨닉스베르그에서 열린 '엄밀한 인식론 학회'의 마지막 종합토론에서 자신의 연구결과를 부연설명하는 식으로 발표하였다. 그리고 1931년에 그의 혁명적인 논문 〈수학 원리와 유사한 시스템에서 형식론으로 결정할 수 없는 이론에 관하여〉[20]를 공개하게 되었다. 그 안에는 두 개의 중요한 결론이 있었는데

UV1. 연산학을 포함하고 있는 시스템에 모순이 없다면 그것은 완벽하지 못
하다. 다시 말해서 그 시스템의 내용만 가지고는 정당성을 판별할 수 없는
이론들이 존재한다.

UV2. 연산 시스템은 자신의 무모순성을 증명하지 못한다.

---

[18] Wilhelm Friedrich Ackermann, 1896(Herscheid)~1962(Luedenscheid)

[19] 시스템 안에서의 한 정리가 증명 가능하기 위한 필요충분조건은 그 정리가 공리를 만족하는 모든 시스템 안에서도 참이어야 한다.

[20] 괴델 논문 원본의 영역본은 온라인에서 찾을 수 있다.
http://hirzels.com/martin/papers/canon00-goedel.pdf

정리 UV2는 힐베르트의 두 번째 문제에 대한 부정적 결론이었다. 이로써 자연수 0, 1, 2, 3, …에 관한 연산학의 무모순성은 연산학만으로는 증명하지 못한다는 것을 밝힌 것이다.

괴델의 논문에 의하면 힐베르트 프로그램(HP2)에서는 연산시스템이 자연수 이론을 포함하는 연산처럼 충분히 커지게 되는 순간 언어적인 수학과 추상수학 사이를 깨끗하게 분리 유리하는 것이 어렵다는 것이었다. 이것을 보이기 위해 그는 수학적 언어로 허용된 모든 기호와 기호들의 수열(공식과 정리 등)에 소위 '괴델 숫자'를 부여하였다. 그는 이 논문에서 리샤르의 모순처럼 모든 수학적 문장을 숫자로 나열함으로써 수학을 형식화한 것이었다. 다시 말하면 괴델은 지난 수세기 동안 해온 것처럼 모든 수학적 이론들을 언어로 나열한 것이 아니고 전부 기호로 표시한 것이다. 다행히 수학에서 사용하는 기호와 숫자는 그리 많지 않다. 괴델은 논문에서 필요로 하는 수학을 나타내기 위하여 오직 6개의 부호만 사용하였지만 여기서는 편의상 10개의 기호를 사용하기로 하자. 괴델의 천재적인 발상은 모든 기호에 괴델의 숫자라고 하는 자연수를 부여한 것이다. 그러니 숫자만 알면 기호를 알 수 있고 그 역도 마찬가지이다.

$$\neg := 1, \ \vee := 2, \ \Rightarrow := 3, \ \exists := 4, \ = := 5,$$
$$0 := 6, \ s := 7, \ (:= 8, \ ) := 9, \ \bullet := 10$$

여기서 기호가 어떤 괴델숫자를 가지거나 또는 몇 개의 기호가 있는지는 아무 의미가 없다. 중요한 것은 괴델숫자가 단사적(injective)이라는 것이다. 그리고 여기에 나타난 모든 기호가 익숙하지 않을 수도 있기 때문에 잠깐 기호들 설명을 해보기로 하자. 논리적 기호인 '¬'는 틀린 것을 나타낸다. 예를 들어 $\neg(2=3)$은 2=3이 '틀렸다'는 것을 의미한다. 연산시스템 기호 '∨'은 '또는'을 의미한다. 예컨대 방정식 $x^2 = 9$의 근은 $x = 3$이 아니고 $(x=3) \vee (x=-3)$이 된다. 좀 더 범위를 확대하면 $(2=1+2) \vee (2=1+1)$ 또는 $(2>1) \vee (1<2)$로 나타낼 수 있다. 두 항이 모두 맞거나 아니면 적어도 한 개의 항은 사실이어야 이 표현은 맞는 것이 된다.

존재의 기호 '∃'는 ∃ 다음에 있는 것이 존재한다는 의미이다. 예를 들면 ∃ 2는 '숫자 2가 있다'라는 뜻이다. 표시 $(\exists x)(x=2)$는 'x가 어떤 값이 될 수 있는데 그 값이 다음의 식 $x = 2$를 만족한다'는 뜻이다.

(13.1) $\neg(\exists x)(\neg(x=x))$는 '$x = x$가 아닌 x는 없다'라는
          의미로서 결국 '모든 x에 대해서 $x = x$는 사실이다'가 성립한다.

기호 s는 자연수 숫자를 대신하는 신선한 아이디어인데 s 앞에 숫자가 있으면 그 숫자와 함께 다음 숫자를 의미한다. 예컨대 $3s$는 4가 되는 것이다. 따라서 자연수 n은 0 뒤에 나타나는 n개의 s, $0ss\cdots s$로 나타낸다.

변수들도 당연히 괴델숫자를 가지고 있는데 얼마든지 많은 변수들을 사용할수 있기 때문에 그 길이가 무한히 길 수도 있다. x와 같은 숫자를 나타내는 변수는 10보다 큰 소수들로 이루어지는데 x 다음에 나타나는 변수들에는 점점 커지는 소수들로 차례대로 매겨진다. 따라서 첫 번째 숫자변수는 괴델숫자 11을 가진다. 두 번째는 13, 세 번째는 17 등이 된다. 굳이 소수를 사용한 이유는 수론에서의 소인수분해 정리를 이용하기 위함이다. 문장변수는 10보다 큰 소수 들의 제곱들이다. 따라서 11^2, 13^2 등 술어변수는 같은 방식으로 소수들의 3제곱으로 나타난다. 11^3, 13^3 등. 다음에서 $0 = 0$을 괴델숫자로 표현해 보자.

- 식: $0 = 0$
- 괴델숫자: 6 5 6
- 식의 괴델숫자: 2^6 3^5 5^6

따라서 등식 $0 = 0$의 괴델숫자는 $2^6 \cdot 3^5 \cdot 5^6 = 243000000$이 된다. 수학에서 증명은 보통 한 개만의 식으로 이루어져 있지는 않고 여러 개의 식들로 구성된다. 그래서 한 증명을 괴델숫자로 표현하려면 식들의 괴델숫자를 소수의 멱으로 반복적으로 사용하여야 한다. 예를 들어 짧은 식 $0 = 0$에서도 엄청난 괴델숫자를 볼수 있다.

(13.2) $x = x$
(13.3) $0 = 0$

식 $x = x$에서의 기호들은 괴델숫자 11, 5 그리고 11(x는 숫자변수이므로)을 가지고 따라서 식 $x = x$의 괴델숫자는 $2^{11} \cdot 3^5 \cdot 5^{11} = 24,300,000,000,000$이

된다. $0 = 0$의 괴델숫자는 $2^6 \cdot 3^5 \cdot 5^6 = 243000000$이므로 (13.2)과 (13.3)의 괴델숫자는

$$2^{\text{the Goedel number of the first formula}} \cdot 3^{\text{the Goedel number of the second formula}}$$
$$= 2^{24,300,000,000,000} \cdot 3^{243,000,000}$$

라는 어마어마하게 커다란 숫자가 나온다. 그럼에도 이 숫자를 소인수분해하면 증명을 추론할 수 있다. 식에 나오는 괴델숫자들의 지수는 유일하게 결정되므로 그에 해당하는 각 기호들도 역구분하여 알 수 있다. 소수들의 지수들이 기호들의 수열로 번역될 수 있기 때문이다.

이로써 모든 수학적 대상에게는 숫자들이 결정될 수 있다는 것을 보았다. 그런데 여기서 중요한 것은 비록 숫자 자신은 수학적 대상이지만 괴델숫자를 식에 맺어주는 과정이 추상수학적이라는 것이다. 기호는 계산과정의 구성요소일 뿐이다. 이 외에도 기호들의 조합규칙, 결론방법 그리고 공리들도 필요하다. 조합규칙은 점 '•'으로서 결정되고 '¬' 다음에는 식이 나와야 하고 기호 '⇒', '∨' 들의 앞뒤로는 식이 있어야 한다. '∃' 다음에는 기호가 나오고 '=' 앞뒤로는 숫자들이 있어야 한다. 's' 앞에는 숫자가 있고 항상 쌍으로 나타나는 '(', ')' 사이에는 임의의 표현이 들어 있고 ',' 역시 앞뒤로 임의의 표현이 들어가 있다. 결론 규칙들에는 적어도 대입규칙[21]과 분리규칙[22]이 들어 있어야 한다. 공리들은 일반적으로 지켜져야 한다. 이 말은 증명이 공리들의 합법성 안에 들어 있는 한 그 정당성이 인정되어야 한다는 의미이다. 자연수 이론, 괴델숫자를 부여할 수 있는 연산인 더하기와 곱하기 그리고 증명을 위한 집합론 등은 최소한 있어야 한다. 다음에 괴델이 차례대로 증명한 두 개의 내용을 살펴보고 그 다음에 본격적으로 들어가 보기로 하자.

괴델은 연산공리로만은 결코 유도되지 않는다는 추상수학적 문장을 다음과 같이 만들었다. "나는 추론되지 않는다." 이 문장은 괴델숫자로 인해 연산학의 문장 (G)으로 변형된다. 그리고 이것은 결코 연산학의 공리들로부터 추론될 수 없다. 왜냐하면 이 문장은 그것이 불가능하다고 주장하기 때문이다. 마찬가지로 이 문

---

21 특정한 표현을 대신하는 변수들은 또 다른 변수형태들로 언제든지 나타낼 수 있다.
22 p와 $p \Rightarrow q$인 표현이 있으면 q 역시 성립한다.

장이 틀렸다고 주장하는 것도 쉽지 않다. 왜냐하면 만일 "난 추론되지 않는다"가 틀렸다면, 이 문장은 그 반대를 주장하더라도 추론되기 때문이다. 그러나 "나는 추론되지 않는다"는 문장은 공식적인 것은 아니다('내가'는 정확이 무엇인가?) 그래서 번역 프로세스가 필요한 것이고 문장 (G)가 구성되어야 한다.[23]

먼저 괴델숫자로 표현된 '증명 가능한 것'과 '자체대입'이라는 두 가지 수학적 프로세스를 추적해야 한다. 만일 x가 괴델숫자를 가지는 공식 y를 증명하는 어떤 공식사슬의 괴델숫자라면 두 수 $x, y \in \mathbb{N}$가 '증명의 관계 (x, y) 안에서 서로 서있다'고 말한다. x를 괴델숫자로 가지는 사슬공식은 연산공리의 논리적 원리에 의해서 또는 바로 앞의 공식으로부터 만들어져야 하고 마지막 결론공식(마지막 0 다음에)의 괴델숫자는 y가 되어야 한다. 이렇게 y를 괴델숫자로 가지는 공식에 대한 '증명 가능한 것'의 특성이 정의된다.

(13.4) $$(\exists x)(\mathrm{Bew}(x,\, y))\text{[24]}$$

한편 공식

(13.5) $$(\neg(\exists x)\mathrm{Bew}(x,\, y))$$

는 괴델숫자 y의 공식에는 증명이 존재하지 않는다는 것을 말해주고 있다. 자체대입은 괴델숫자 y에 다른 괴델숫자

$$sub(y,\, 19,\, y)$$

를 다음과 같이 지정한다. 괴델숫자 y의 공식을 F라고 하자. F로부터 새로운 공식 F'를 만드는데 F 안에 있는 괴델숫자 19인 변수기호 y를 전부 숫자 y로 교체하는 식으로 한다. F'의 괴델숫자를 $sub(y,\, 19,\, y)$라고 하자. 만일 F가 변수기호 y를 가지고 있지 않으면 $sub(y,\, 19,\, y) = y$이다. 아래의 공식

(13.6) $$\neg(\exists x)(\mathrm{Bew}(x,\, sub(y,\, 19,\, y)))$$

---

23 어네스트 나겔(Ernest Nagel)과 제임스 뉴맨(James R. Newman)의 묘사를 이용하였다: 〈Der Goedelsche Beweis(괴델의 증명)〉, R. Oldenburg, Wien und Muechen 1964, 특히 78~80 그리고 86~92, 그리고 앞에서 밝힌 위키피디아 논문들(영역본 역시) https://de.wikipedia.org/wiki/Beweis_der_goedelschen_Unvollstandigkssaetze(괴델의 불완전성 논문)

24 Bew는 독일어로 '증명 가능한'을 뜻하는 beweisbar의 줄임말

은 괴델숫자 $sub(y, 19, y)$의 공식은 증명 가능하지 않다는 것을 의미한다. 이 공식은 괴델숫자 y를 가지고 있는 공식에서 변수기호 'y'를 숫자 y로 대체하는 것으로 생겨났다. 이 새로운 공식 (13.6)의 괴델숫자를 n으로 하자. 그러면 '괴델공식'을 나타낼 수 있는데

$$(G) \qquad \neg(\exists x)(\mathrm{Bew}(x, sub(n, 19, n)))$$

가 된다. 이 공식 (G)를 말로 표현하면 '괴델 숫자 $sub(n, 19, n)$를 가진 공식 F는 증명 가능하지 않다'가 된다. 여기서 F는 공식 (13.6)에서 y의 자리에 괴델숫자 n을 대입하여 생긴 공식이다.

그리고 괴델공식 G의 괴델숫자 역시 $sub(n, 19, n)$가 되는데 그 이유는 G가 변수 y를 n으로 대치하면서 괴델숫자 n을 가진 공식 (13.6)으로부터 생겨난 것이기 때문이다. 따라서 (13.1)에서처럼 $sub(n, 19, n)$은 이중함수로서 나타나는데 (G) 안에서는 소위 (G)에 의해서 증명 가능하지 않은 공식으로 주장되는 괴델숫자로서, (G) 바깥에서는 (G) 자신의 괴델숫자로서 나타나기 때문이다. 이런 의미에서 (G)는 실제로 '나는 증명 가능하지 않다'로 해석된다.

이제 리샤르에서 처럼 비슷한 모순을 결론지을 수 있다. G가 증명 가능하다면 (연산학 공리들로부터 추론된다면) 그 공식의 명제는 사실일 것이다. 이 말은 바로 괴델숫자 $sub(n, 19, n)$을 가진 공식 F가 증명 가능하지 않다는 것이다. 한편, G와 F가 동일하여(같은 괴델숫자를 가지고 있다) F의 증명은 G의 증명과 함께 놓여 있다. 이것은 공리시스템의 일관성에 모순이다. 그에 반해 G가 반증할 수 있다면 그 내용이 틀린 것이다. 따라서 F 역시 증명 가능하고 그로 인해 G도 마찬가지이다. 그러니 공리시스템이 일관적이라면, G는 증명 가능하지도 않고 반증도 동시에 불가능하다. 이들은 결국 '결정할 수 없는'것이 된다. 배중론의 원칙을 계속해서 인정한다면 연산학 공리의 바깥에 자리잡고 있는 진실의 원천을 믿어야 한다. 이로써 괴델의 첫 번째 불완전성(물론 형식적 언어로 보아 많이 부족하지만)은 증명되었다.[25]

---

[25] 실제로 G는 수학적 논점으로 보았을 때 사실이라고 판명된다. 나겔과 뉴맨의 부연설명 참조. 또는 위키피디아의 영역본(221쪽의 각주 23)

UV1. 연산학의 공리시스템에 모순이 없다면 그것은 완벽하지 못하다. 다시 말해서 증명도 안 되고 반증도 안 되는 (G)와 같은 공식이 존재한다.

이 결론을 통해서 '무모순성은 추론되지 않는다'는 정리 UV2를 다음과 같이 증명할 수 있다. UV1의 가정(공리들은 무모순이다)을 '추론 가능하지 않은 공식이 존재한다'로 바꿀 수 있다.[26]

(W) $$(\exists y)(\neg(\exists x)(\text{Bew}(x, y)))$$

왜냐하면 공리들이 무모순이 아니라면 무엇인가 '틀린' 모순을 추론할 수 있어야 한다. 그런데 논리적 원리인 '틀린 것으로부터는 어떤 결론도 내릴 수 있다'(ex falso quodlibet)로부터 '모든 것'을 추론할 수 있으므로 (W)는 성립하지 않는다. 이에 반해 공리들이 무모순이라면 적어도 한 개의 추론할 수 없는 공식이 있어야 한다. 즉, (W)가 성립하는 것이다. 그러면 UV1의 결론을 '(G)는 증명 가능하지 않다'로 바꿀 수 있다.

(G') $$\neg(\exists x)(\text{Bew}(x, g))$$

(G)의 괴델숫자가 g이고, $g = sub(n, 19, n)$ 그리고 n이 다시 (13.6)의 괴델숫자이면 '괴델숫자 g의 공식은 증명 가능하지 않다.' 따라서 (G')는 공식 (G)의 내용을 그대로 묘사하고 있고 $(G') = (G)$가 성립한다.

(UV1) $$(W) \Rightarrow (G)$$

연산학의 무모순성이 증명 가능하다면 (UV1)의 조건 (W)가 추론 가능할 것이고 결론 (G) 역시 추론 가능할 것이다. 그러나 이것은 보다시피 틀렸는데 (G)가 추론 불가능하기 때문이다. 그래서 (W)는 추론 불가능하고 무모순성의 증명은 존재하지 않는다.

---

26 이 말은 '추론도 안 되고 반증도 안 되는 공식이 있다'라는 정리 UV1의 주장과 혼동해서는 안된다. (ex) falso quodlibet라는 문장은 두 개의 부딪히는 문장으로부터는 임의의 것이 '참이다' 라는 뜻이다. 여기서 '임의'라는 것은 모든 것을 뜻한다. 그러니 '참'과 '거짓'도 동시에 성립한다는 것도 맞는 뜻이다. 따라서 p와 $\neg p$가 동시에 증명 가능하면 모든 것이 증명 가능한 것이 된다. 그렇다면 연산시스템은 더이상 '참'과 '거짓'을 구분할 수 없게 되는데 그 이유는 그 안에서는 모든 것이 '참'이고 그래서 의미 없는 것이기 때문이다. 따라서 모순적인 시스템 안에서는 모든 문장이 증명 가능하다. 그러므로 어떤 무모순인 시스템 안에서는 증명이 불가능한 문장이 적어도 하나가 존재한다. 따라서 $(\exists y)(\neg(\exists x)(\text{Bew}(x, y)))$, 즉 '괴델숫자 y를 가진 식이 적어도 하나 존재해서 더이상 y를 위한 증명은 없다'가 성립한다.

(G)보다 더 수학적으로 흥미로운 공식이 있을까? 그 예로는 튜링의 정지프로그램이다(연습문제 13.3). 또 다른 것으로는 힐베르트의 첫 번째 문제인 무한대의 가정(continiuum hypothess)이다. 칸토는 이미 집합의 멱집합은 집합 자신보다 크다는 것을 증명하였다. 특히나 집합 $\mathbb{N} = \{1,2,3,\cdots\}$의 멱집합 $p(\mathbb{N})$이 $\mathbb{N}$보다 훨씬 더 크다(연습문제 13.2). 그렇다면 $p(\mathbb{N})$의 부분집합 중 $\mathbb{N}$보다 진짜 크지만 $p(\mathbb{N})$보다는 진짜 작은 것이 존재할까?[27] 괴델은 1936년에 제르멜로와 프렝켈의 공리로부터는 반증되지 않는다고 증명하였다. 그러나 폴 코헨[28]은 1963년에 이 가정이 공리들로부터 추론되지 않는다고 증명하여 1966년도 필드상(Fields Price)을 받았다.

어쨌든 힐베르트의 프로그램은 '완전성'에서 무너졌고 이 사건은 당시 전 수학계를 뒤흔들었다. 왜냐하면 괴델의 증명이 존속하는 한 '전능한' 시스템을 찾는 것이 무의미해졌을 뿐만 아니라 그런 시스템이 원천적으로 존재할 수 없다는 것이 증명되었기 때문이다. 이와 관련하여 오늘날까지도 해결 가능성이 확실치 않은 오래된 문제들이 있는데 그 대표적인 보기가 2보다 큰 모든 자연수는 두 개의 소수들의 합으로 나타난다는 골드박흐(Goldbach)의 추측이다.

그렇다고 수학자들이 수학을 포기해야 한다는 것은 아니다. 단지 연구의 영역이 변했을 뿐이다. 괴델 이전에는 수학자들이 모든 문제를 증명할 수 있는 완벽한 시스템을 찾기 위해 노력하였지만 만일 그것이 성공했더라면 수학자들은 오늘날까지도 모든 문제를 해결해야 하는 숙제를 가지고 있었을 것이다. 온갖 종류의 다양한 난이도를 가진 문제는 무한히 많기 때문에 무한히 많은 연구를 해야만 되기 때문이다. 그러나 다행히도 그런 완벽한 시스템이 없다는 것이 밝혀졌으므로 수학자들은 문제들을 해결할 수 있게끔 이 시스템을 개선시키면 된다. 그리고 어떤 문제가 시스템 안에서 해결되면 또 다른 문제가 끊임없이 나타나기 때문에 시스템은 끊임없이 개선되어야 한다. 완벽하지 않은 시스템은 계속 개선되어야 하기 때문이다.

---

27 $p(\mathbb{N})$이 실수 전체의 집합 $\mathbb{R}$과 같은 크기 'continiuum'이므로 이 질문은 그 자체로 의미가 있다. 기본 구간 $[0,1]$에 있는 모든 점들은 이 구간을 계속 반분해 나갈 때마다 '분할의 오른쪽 또는 왼쪽에 있는 가'에 의해서 확정된다. 이것을 이중분열(dual fracture)이라고 한다. 이러한 '왼쪽-오른쪽' 또는 0-1로 이루어진 수열은 부분집합 $T \subset \mathbb{N}$에 해당되는데 여기서 T는 각 수열에 있는 숫자 1(또는 오른쪽)들의 위치번호를 써 놓은 집합이다(보기: $001101110\cdots \mapsto \{3,4,6,7,8\cdots\}$). $\mathbb{N}$보다 크기가 큰 집합을 셀 수 없는(uncountable) 집합이라고 한다.

28 Paul Joseph Cohen, 1934(Long Branch, N.J., U.S.A.)~2007(Stanford, California)

연습문제

13.1

구조적인 증명이 안 되는 간단한 보기: 수열은 무한히 많은 실수들을 나열한 것으로 이루어졌다.

$$a_1, \ a_2, \ a_3, \ ..., \ a_n, \ ...$$

이 수열이 숫자 a로 수렴한다는 것은 충분히 큰 자연수 n에 대해서 a에 바짝 근접하는 것이다. 만일 $a_1 \leq a_2 \leq \cdots$가 성립하고(단순증가) 어떤 숫자 b에 대해서 모든 $a_n \leq b$가 되면, 즉 경계가 있으면(boundend) 아마도 거의 모든 해석학 교재에는 다음과 같은 정리가 있을 것이다.

'모든 단순증가하고 경계가 있는 수열은 수렴한다.'

수열의 수렴값 a를 찾아 이 정리를 증명하려면 윗경계(upper bound) b를 계속 작게 만들어야 한다. 즉, 또 다른 b'를 현재의 윗경계 b와 수열의 한 항 사이에서 찾아내어 이 b' 역시 모든 $a_n \leq b'$가 되는지 검증을 해봐야 한다. 그런데 이러한 계산적 검증방법이 반드시 원하는 결과를 가져오는 것은 아니다. 만일 컴퓨터가 b'보다 큰 어떤 항 a_n을 찾아내면 컴퓨터는 다시 a_n과 b 사이에 있는 또 다른 b''를 찾아내야 하기 때문이다. 아마 b'보다 작거나 같은 항들이 수백억 개가 있을 수 있겠지만 동시에 b'보다 큰 항들이 계속 나타나 컴퓨터가 더이상 작동을 못하는 수가 있을 것이다. 비록 수열의 모든 항들이 b'보다 작거나 같을 수 있고 또는 b'보다 큰 한 항(그 후로는 전부)[29]이 존재한다는 것에 대해서는 변함없이 확신하지만, 도대체 둘 중 어떤 경우가 나타날지에 대해서는 자신 있게 말할 수 없다. 이런 이유로 이 증명은 구조적이 될 수가 없다.

13.2

한 집합의 크기는 멱집합보다 작다: 여기에서의 증명은 러셀의 모순론과 비슷하다. 결론이 틀렸다고 하자. 그렇다면 전사함수(surjective function) $f: A \to p(A)$가 있을 것이고, 모든 $B \subseteq A (B \in p(A))$에 대해서 어떤 $b \in A$가 존재해서 $f(b) = B$를 만족해야 할 것이다. 그러면 $b \in f(b)$ 또는 $b \notin f(b)$가 성립하는 두 가지 경우가 있을 것이다. 이제 러셀의 집합처럼 부분집합 $R \subseteq A$ 다음

29 바로 배중론의 의미

過 같이 만들어 보자. $R=\{a\,|\,a\in A,\ a\notin f(a)\,\}\subseteq A$. 그러면 f가 전사함수이
므로 어떤 $r\in A$이 존재해서 $f(r)=R$를 만족해야 할 것이다. 그렇다면
$r\notin f(r)$일까? 만일 $r\notin R=f(r)$이라면 R의 정의에 의해서 $r\in R$이 성립할
것이다. 이는 모순이다. 반대로 $r\in f(r)$이라면 $r\notin R$이 되어 다시 $r\notin R=$
$f(r)$이 성립하여 역시 모순이다. 따라서 전사함수 f는 존재하지 않는다.

13.3 앨런 튜링(Alan Turing)의 멈춤문제[30]: 컴퓨터 프로그램 중에는 유한 번의
계산을 하고 멈추는 것이 있는가 하면 어떤 것은 그렇지 않은 것도 있다. 예를
들어 프로그램이 "사용자가 입력한 숫자를 읽은 다음 그것을 두 배로 계산하고
결과를 내보내라"하는 것도 있고 반대로 "모든 자연수를 써서 내보내라"[31]라
고 하여 안 멈추는 것도 있다. 일반적으로는 한 프로그램이 멈추는지 아닌지를
판별하기는 매우 어렵다. 그런데 가끔 수학에서 해결 안 된 문제를 멈춤문제로
전환시킬 수 있다. 예컨데 힐베르트가 제시한 23개의 문제 중 하나인 '골드박
흐(Goldbach)의 추측'인 '모든 2보다 큰 자연수는 2개의 소수의 합으로 나타
낼 수 있다' 같은 것이 그런 보기이다. $n>2$인 모든 자연수에서는 n보다 작
은 모든 소수들의 쌍을 따져 보면 쉽게 확인할 수 있다. 예를 들면 $30=7+$
23이 그런 수이다. 그럼에도 아주 일반적인 경우에 대한 증명은 존재하지 않
는다. 그래서 다음의 프로그램이 멈출지 아닐지는 아직 모른다.

1) $n:=4$로 시작한다.
2) n이 두 개의 소수합이 되는지 계산한다.
3) 만일 YES면 n에 2를 더한 다음 2)로 다시 간다.
4) 만일 NO면 멈춘다.

이 프로그램은 골드박흐의 추측을 부정하는 한 개의 반례만 있어도 멈출 것은
분명하다. 그런데 만일 어떤 프로그램 H가 있어서 다른 프로그램 P가 주어진
데이터에 의해서 멈출지의 여부를 결정할 수 있다면 아주 멋진 일이 되겠지만
불행히도 1936년 알렌 튜링[32]은 그런 프로그램 H는 존재하지 않는다는 것을
증명하였다. 이를 위해 먼저 모든 프로그램에 번호를 매겨 전부 한곳에 모아
놓는다. 이것은 모든 프로그램이 유한한 단어들로 이루어져 있기 때문에 얼마든

---

[30] 다음 두 개의 연습문제는 잉고 블렉히슈미트(Ingo Blechschmidt)의 작품이다.
https://github.com/iblech/mathezirkel-kurs/raw/master/thema11-goedel/skript.pdf
[31] 이 프로그램은 다음과 같이 할 수 있다.
① $n=1$로 시작하라. ② n을 출력하라. ③ n에 1을 더하라. ④ ②단계로 돌아가라.
[32] Alan Mathison Turing, 1912(London)~1954(Wilmslow, Cheshire, England): 〈On computable numbers, with an application to the Entscheidngsproblem〉, Proceedings of the London Mathematical Society (2) 42(1937), S. 230~265

지 가능하다. 각 n번째 프로그램은 $P(n)$ 프로그램이라고 부른다. 만일 어떤 멈춤 프로그램 H가 있다면 한 프로그램 R을 다음과 같이 만들 수 있을 것이다.

1) 입력값 숫자 n을 읽어라.
2) 프로그램 $P(n)$이 멈출지, 아닐지를 판정하기 위해 프로그램 H를 돌려라.
3) YES면: 무한히 돌려라.
4) NO이면: 멈추어라.

그러면 프로그램 R은 입력값 n에 대해서 $P(n)$과 정 반대의 작업을 한다. 즉, $P(n)$이 멈추지 않으면 R은 멈추고 그 역도 마찬가지이다. 다른 프로그램과 마찬가지로 R도 프로그램 번호가 매겨져 있고 그것을 $R = P(m)$이라고 하자. 그러면 입력값으로 m을 주면 R이 멈추는지 여부를 따져봐야 한다. 프로그램 흐름표를 보면서 이 두 가지 경우 모두가 모순이 되는지 추적해 보시오.

13.4 튜링으로 괴델을 증명하다: 위의 문제에서처럼 $P(n)$을 모든 컴퓨터 프로그램에 번호를 매긴 목록이라고 하자. 모든 $n \in \mathbb{N}$에 다음 두 가지 명제 중 하나가 진실이라고 하자.

(A_n): $P(n)$이 멈춘다.
(B_n): $P(n)$이 멈추지 않는다.

이제 모든 증명 가능한 명제에 번호를 매긴 리스트 L이 있다고 하자. 만일 모든 진실인 명제가 증명도 가능하다면 (A_n)이나 아니면 (B_n)이 리스트에 오를 것이다. 그러면 다음의 알고리즘을 세울 수 있다.

1) 입력값 숫자 n을 읽어라.
2) (A_n)이나 (B_n)이 리스트에 있는지 검색하라.
3) (A_n)이 있으면 1을 출력하고 멈추어라.
4) (B_n)이 있으면 0을 출력하고 멈추어라.

이 알고리즘은 모든 숫자 n에 대해서 $P(n)$이 멈출지 아닐지의 여부를 결정한다. 바로 튜링이 개발한 멈춤 프로그램 H의 문제다. 모순이다! 따라서 결코 증명할 수 없는 진실인 명제가 존재한다. 이런 명제들은 증명도 안 되고 반박도 할 수 없는데 이것이 괴델의 첫 번째 불완전성의 정리 UV1이다.

14

페렐만: 3차원의 세계 (2003. 7. 17)

요약 '다양체'의 개념을 도입한 사람은 리만이었다. 다양체는 공간의 국소적인 (local) 점들이 n개의 실수로 표현되는 곳이다. 유클리드 공간과는 반대로 다양체들은 구표면이나 2-구 그리고 3차원의 구공간, 3-구처럼 자체로 닫혀 있을 수 있다. 앙리 포앙카레는 1903년에 3차원의 닫혀 있는 다양체에서는 3-구만이 유일하게 던져진 끈을 회수하여 한 점으로 만들 수 있는 다양체라고 추측하였다. 이 추측은 정확히 100년이 지난 후인 2003년에 그리고리 페렐만에 의해 증명되었다. 페렐만은 보다 일반적으로 증명하였는데, 모든 닫혀 있는 3차원 공간은 구의 공간(sphere space)처럼 동차기하(homogeneus geometry)가 성립하는 구성요소로 나누어질 수 있다. 그의 증명은 기하학적 요소와 해석학적 요소를 두루 갖추었다. 동차기하학으로 도달하기 위해서는 한 공간에서의 열이 균등하게 퍼지는 규칙과 같은 열전도의 예술적 기법이 애초에 주어진 리만 거리함수의 곡률에 적용되었다. 그러나 열전도와는 달리 그의 전도는 반복해서 멈춘다. 그래서 공간이 부분들로 쪼개지고 새로운 방법을 시도해야만 했다.

1998년 보스턴 출신의 사업가 랜돈 클레이(Landon T. Clay)는 '수학 지식의 확장과 제고를 위해, 미국 매사추세츠 주 안에 있는 캠브리지(Cambridge)에 '클레이 수학연구소'[1]를 세웠다. 그리고 2000년에는 순수수학과 응용수학에서 가장 중요한 7개의 문제 해결에 각 문제당 100만 불의 상금을 걸었다.[2] 이 '천 년의 문제들'에는 소수의 밀도와 관계 있는 '리만 가설(Riemann hypothesis)', '날씨의 변

---

1 Clay Mathematics Institute in Cambridge. Massachusetts
2 http://www.claymath.org/millennium-problems/

화'를 묘사하는 것과 연관 있는 네비어–스톡스–방정식(Navier-Stokes-Equation)의 해결 그리고 이 장에서 이야기하는 포앙카레 추측(Poincare conjecture)이 들어 있다. 그리고 7개의 난제 중 유일하게 해결된 것이 포앙카레의 추측뿐인데 이 문제는 그가 근 100년 전인 1903년 11월 3일에 제출한 논문[3]에 제시한 것이었다. 2003년 7월 17일에 러시아 수학자 그리고리 페렐만(G. Perelman, 1966~)이 세 개의 논문을 온라인–플랫폼(online-plattform)으로 되어 있는 수학논문지 〈arXiv〉[4]에 투고하였다. 그리고 이 세 개의 논문에 포앙카레의 추측에 관한 증명이 들어 있었다. 그 후 많은 수학자들이 이 논문을 면밀히 분석한 결과 이론의 완벽성과 무결점성을 확인할 수 있었다. 이로써 압축되어 쓰인 페렐만의 논문에 결점이나 실수가 있을 것이란 소문은 말끔히 사라지게 되었다. 미국 수학자 브루스 클라인(Bruce Klein)과 존 롯(John Lott)은 이에 관하여 보다 자세한 논문을 제출하였다. 그리고 마침내 2010년 클레이 수학연구소는 페렐만에게 포앙카레 추측의 증명에 대한 상금을 지불하겠다고 발표하였다.

위상수학

포앙카레 추측은 위상수학(topolgy) 분야이다. 이 분야는 본격적으로 이론화되기 50년 전에 이미 리만이 1854년도에 자신의 교수자격 시범강의에서 발표하는 것으로 시작되었다. 이 강의에서 그는 기본적인 다양체 측정의 완벽한 교체를 주장하였는데 이것을 원래의 위상수학의 탄생으로 보아야 할 것이다. 이 위상에서는 어떤 측정도 성립하지 않는다. 원, 타원 그리고 복잡한 형태의 많은 평면 등도 서로 구별되지 않는다. 리만은 여기서 중요한 결론을 암시하는데 "만일 평면이나 공간의 한 부분을 서로 꿰맬 수가 있다면(이 분야에 생소한 대부분의 수학자들은 이 단어 대신 '붙인다'를 사용한다) 아주 새로운 평면이나 공간을 만들 수 있고 이 작업은 단순한 '가위질'에 불과하기 때문에 다양한 가능성을 가지고 작업을 할 수 있다"고 말하였다.

---

3 Cinquieme complément a l'analyses situs, Rendiconti del Circolo matematico di Palermo, 1904, Vol. 18, p. 45~110, Online under http://henripoincarepapers. univ-lorraine.fr/bibliohp/
4 https://arxiv.org/pdf/math/0211159v1.pdf, /0303109v1.pdf, /0307245.pdf

보기 1 직사각형을 원통(또는 튜브)으로 말으면 서로 마주보는 변들을 붙일 수 있다(재료가 늘어난다는 가정하에). 그 다음 양끝에 있는 원 모양의 다른 두 변들을 붙이면 튜브가 고리 모양으로 생기는데 이것을 닫혀 있는(closed) 토러스 (torus) $\mathbb{T}^2$라고 한다(아래 왼쪽 그림).

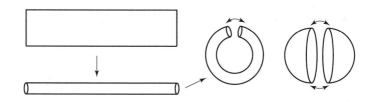

보기 2 두 개의 원반(disc)을 가장자리에서 붙이면 구 표면(2-sphere) $\mathbb{S}^2$이 된다. 두 개의 원반이 두 개의 반구 표면이 되는 것이다. 반구 표면들은 아치형이고 두 개의 원반은 평면이지만 측정을 하지 않고서는 둘 사이의 차이점을 확정할 수 없다(위 오른쪽 그림).

구 표면과 고리 표면은 무언가를 공유하고 있는데 그것은 둘 다 스스로에게 닫혀 있다는 것이다. 다시 말하면 갇혀 있지 않고(unbounded) 동시에 유한하다.[5] 그러나 둘 사이에는 무언가 독립적인 것도 있다. 구 표면에서는 실을 부드럽게 잡아당길 수 있지만 튜브나 고리 모양의 표면에서는 실이 튜브나 고리를 둘러쌓아 실을 끝까지 잡아당기지 못하는 경우가 생긴다. 아주 비슷한 구조물을 3차원에서도 만들 수 있는데 붙인 결과를 눈으로 확인하는 것은 쉽지 않다. 보기 1에서처럼 한 직육면체에서 서로 마주보고 있는 면을 붙이면, 즉 위와 아래의 면, 앞과 뒤의 면 그리고 왼쪽, 오른쪽의 면들을 붙이면 고리공간 $\mathbb{T}^3$가 생긴다. 또는 보기 2에서처럼 두 개의 구를 경계선을 따라 붙이면 구공간(sphere space)으로 연결되는데 실제 4차원으로 실행해 보기는 힘들다.

---

5 만일 어떤 측정도 존재하지 않는다면 '유한하다'라는 단어가 여기서 의미하는 것은 무엇일까? 라고 생각할 수 있다. 그러나 이 말의 의미는 어떤 측정을 하여도 결과는 항상 한정된 부피나 거리로 나타난다는 것이다.

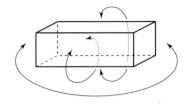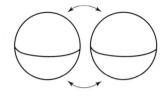

둘 다 모두 스스로에게 닫혀 있는 공간이고 갇혀 있지 않으면서도(unbounded) 유한하다. 이 둘의 차이점은 표면에서 나타난다. 구공간에서는 실가락을 끌어당길 수 있지만 고리공간에서는 안 된다. 이 둘은 유클리드 공간들에서는 결코 비교할 수 없다. 그리고 이들은 각자가 인간은 단 한 면도 볼 수 없는 전 우주를 표현하는 모델이기도 하다.

포앙카레 추측

1904년에 앙리 포앙카레가 논문 〈Analysis Situs(위상수학)〉의 5번째 보충판에 이 유명한 추측을 써 놓았는데 원래는 "Est-il possible que le group fondamental de V se réduise a la subittution identique, et que pourtant V ne soit pas simplement connexé?"(a.a. O. 각주 2, 228쪽), 즉 "기본군(fundamental group) 이 동일한 치환으로 축소되고 또한 그럼에도 V가 단일 연결(simply connected) 되어 있지 않을까?"라는 질문이었다. 그러면서 이 문제에 관해서 그는 "Mais cette question nous n'entraînerait trop long – 그러나 이 질문은 그리 오랜 시간 을 끌지는 않을 것이다"라고 끝을 맺었다. 그러나 프랑스의 위대한 수학자가 추측 한 이것 역시 맞지 않았다. 기본군이란 것은 첫 번째 호모토피 군(homotopy group) $\pi_1(P)$를 의미한다. 포앙카레는 '단일 연결되어 있다'는 개념을 오늘날의 수학에서 말하는 구공간으로 상징되는 단어로 약간 바꾸어 사용하였다. 이 문장을 현대적으로 바꾸면,

포앙카레의 추측: 구공간(3-sphere)만이 모든 실들을 끌어 들일 수 있는 스 스로 닫힌 유일한 공간이다.

이 추측을 해결하기 위해서는 먼저 모든 스스로에게 닫힌 공간이 무엇인지 분명히 알아야 한다. 앞에서 이런 공간에 관해 두 가지 모델을 제시하였으나 이외에도 물론 훨씬 더 많은 것들이 있다. 그리고 그 대부분은 알려져 있지 않다. 따라서 백만 불을 얻기 위해서는 이 완전히 불분명한 대상들에 대해서 확실한 이론을 만들어야 한다.

참고 그 전에 포앙카레는 논문 〈위상수학(Analysis Situs)〉의 2번째 보충판에 이 질문에 관한 또 다른 버전을 제시하였는데, 첫 번째 호모토피 군(기본군) π_1이 그로부터 유도된 첫 번째 호몰로지 군 $H_1 = \pi_1/\pi_1{}'$으로 대치되었다는 것이었다. 여기서 $\pi_1{}'$은 비가환군(anticommurative group)인 π_1에 대해서 모든 교환자 (commutator) $\gamma\delta\gamma^{-1}\delta^{-1}$, γ, $\delta \in \pi_1$로부터 생성된 부분군을 나타낸다. 5번째 보충판에서 그는 그 앞의 버전이 맞지 않는 반례를 제시하였다. 그것은 표면이 $SO_3/A_5 = SU_2/\hat{A}_5$로 이루어진 모든 20면체 공간인데 여기서 A_5는 20면체의 회전군(rotation group)이고 자신을 나타낸다. $\hat{A}_5$는 이항(binary) 20면체 군으로서 사영함수 $\mathrm{Ad}\colon \mathbb{S}^3 \to SO_3$에서 A_5의 원상(preimage)이다. 이것의 기본군 $\pi_1 = \hat{A}_5$은 $\pi_1 = \pi_1{}'$를 만족한다(A_5는 방정식 이론에서 중요했던 성질인 단일 (simple)하다는 것을 참고할 것). 표면의 곡선다발을 가지고 하는 포앙카레의 증명은 간략하지만 어렵다.[6]

소인수분해

모든 정수들은 붙였다가 다시 소인수분해를 할 수 있다($6 = 2 \cdot 3$ 그리고 $2 \cdot 3 = 6$). 똑같은 현상을 닫힌 공간이나 표면에 적용할 수 있는데 붙이는 것은 다음과 같다. 두 개의 구성요소가 되는 표면에서는 원, 공간에서는 구를 잘라내고 남아 있는 것들에는 잘린 변이나 표면을 붙이는 방식으로 한다. 숫자에서처럼 더이상 붙여지지 않는 단순한 구성요소를 찾아 다른 모든 것에 그들을 붙여 놓는다(소인수 표현). 표면에 대해서는 구 표면 외에도 숫자 1의 역할을 하는 단 한 개의 소인수

---

6 포앙카레의 위상학적 논문에 관한 영역본은 존 스틸웰(John Stillwell)이 하였는데 훌륭한 부연설명이 되어 있다. http://www.maths.ed.ac.uk/~aar/papers/poincare2009.pdf

가 있는데 바로 고리표면(ring surface)이다. 이 사실은 19세기에도 '모든 표면은 고리표면들의 배수이다'로 이미 잘 알려져 있었다.[7]

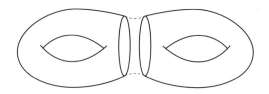

모든 평면에서는 포앙카레의 추측이 바로 성립한다는 것을 쉽게 알 수 있지만 오직 구의 표면에서만 실을 끌어당길 수 있다.

3차원에서 이 상황은 훨씬 더 복잡하다. 1929년에 헬무트 크네저[8]가 공간들도 정수들처럼 유일한 방법으로 소인수분해가 된다고 증명하였으나 마치 무한히 많은 소수들이 있는 것처럼 무한히 많은 서로 다른 소공간(prime space)들이 있다. 그렇다면 이러한 다양함 속에서 어떻게 순서를 매길 수 있을까?

서스턴-추측

위상학적인 증명 외에도 기하학적 이론들도 병행하여 포앙카레의 추측을 증명하려는 시도는 항상 있어 왔다. 이 이론들은 리만의 거리공간을 하나의 척도로 이용해 보는 것이었다. 만일 수학자들이 주어진 공간 위에 양인 곡률을 가진 거리함수가 있다는 것을 보일 수만 있다면 그 공간이 바로 구공간의 문제일 것이다. 상수로서 양의 곡률을 가진 기하가 있다면 그것은 마치 달걀 껍데기처럼 단단하여 공간을 강제로 구공간으로 만들 것이다.

빌 서스턴[9]은 1975년경에 이쪽 방향에 관한 광범위한 추론을 제시하였다. 닫혀 있는 3차원 공간에는 국소적으로 동질적인(homogen) 오직 8개의 기하만 존재한다는 것은 잘 알려져 있었다. 다시 말하면 점들의 근방에서는 다 똑같이 보인다는 것이다. 구의 표면, 튜브-기하학($\mathbb{S}^3$ 그리고 $\mathbb{S}^2 \times \mathbb{R}$)과 국소적인 유클리

---

7 여기서 오른쪽과 왼쪽을 구변하는 두 가지 표면에 대해서만 말한다. 이 가정이 없으면 오직 '소평면(prime-surface)'인 사영평면만 존재한다.

8 Hellmuth Kneser, 1898(Dorpat = Tartu, Estland)~1973(Tuebingen)

9 William Paul Thurston, 1946(Washington, D.C.)~2012(Rochester, N.Y.)

드 공간 기하($\mathbb{R}^3$) 그 외에 5개[10] 등이 그런 경우에 속한다. 그리고 8개의 기하학들은 서로 배타적이다. 예컨대 3-토러스 에는 원래부터 정의된 직육면체의 유클리드 기하를 적용할 수 있지만 구공간 기하에는 안 된다. 서스턴의 추측은 무한히 많은 소공간(prime space)들은 바로 이 8개의 기하로부터 붙일 수 있다는 것이다.

서스턴-추측: '방(room)'은 모든 닫혀 있는 3차원의 소공간들로 채워지는데 이 방들에는 유한한 공간부피를 가지고 있는 8개의 동질적인 기하 중의 하나를 적용할 수 있다. 방들을 가르는 '벽'들은 고리표면들(토러스들)인데 그들 위에서 당겨지지 않는 실들은 여전히 주변공간에서도 당겨지지 않는다.

서스턴의 추측은 포앙카레의 추측을 내포하고 있다. 만일 모든 실들이 당겨질 수 있다면 더이상 '벽'들은 존재하지 않을 것이다. 그렇다면 그 공간은 단 하나의 방으로만 구성되어 있을 것이고 그 방은 8개 중 하나의 기하로 정의되어 있을 것이다. 그러나 구-공간 외의 모든 것들은, 예컨대 유클리드 공간기하 같은 것들은 태생적으로 무한한 부피를 가지고 있고 3-토러스 같은 구조물을 통해서 유한하게 만들어질 수 있다. 이때 당겨지지 않는 실이 생길 수 있다. 그래서 우리가 원하는 공간은 구공간일 수밖에 없다.

측정기준을 위한 열전도 방정식

서스턴의 추측을 해결하려면 어떻게 해야 할까? 기본적인 사고의 출발은 다음과 같다. 8개의 동질적인 기하 하나가 주어진 공간에 맞는지 아닌지는 모르지만 임의의 리만 거리함수 $ds^2 = g$를 일단 꺼내 볼 수는 있다. 그다음 이 거리함수를 각 부분에 8개의 동질적인 기하 중 하나로 대치할 수 있는 기하가 생길 때까지 변형시키는 것이다. 그러면 리만 거리함수 g만이 아니고 하나의 다발 $g(t)$로 작업하게 되는 것이다. 그러면 차가운 방에 난로를 키게 되면 난로의 열이 어느 정도의 시간이 지나면서 아주 동질적으로 온 방에 퍼지는 열전도학의 도움을 받을

---

10 쌍곡선 공간 H^3, 쌍곡선 평면 $H^2 \times \mathbb{R}$ 위에 정의된 원통 그리고 3개의 3차원 리-군 등이다.

수 있다. 이 과정에 착안한 푸리에는 1882년에 공간변수 (x)와 시간변수 (t)를 가진 열전도 방정식 $u(x, t)$

(14.1)
$$\frac{\partial u}{\partial t} = \Delta u$$

를 발견하였다. 여기서 $\frac{\partial u}{\partial t}$는 시간 t에 종속적인 열방정식 $u = u(x, t)$의 편미분이고 라플라스 작용소(operator) $\Delta = \left(\frac{\partial}{\partial x_1}\right)^2 + \left(\frac{\partial}{\partial x_2}\right)^2 + \left(\frac{\partial}{\partial x_3}\right)^2$은 공간좌표에 종속적인 두 번째 편미분들의 합이다. 이 작용소는 라플라스가 1782년 천체물리학의 문제와 연결되는 연구과정에서 발견한 것이다.[11]

리차드 해밀턴[12]은 1982년에 처음으로 이 아이디어를 3차원 기하와 위상수학에 도입하여 열 $u(t)$를 리만 거리함수 $g(t) = (g_{ij}(t))$로 대치하였다.

(14.2)
$$\frac{\partial u}{\partial t} = \widetilde{\Delta}(g)$$

여기서 $\widetilde{\Delta}(g) = -2ric(g)$서 Δ와 유사하고 비록 더이상 선형(linear)은 아니지만 좌표변환(coordinate tranformation)으로는 불변이다. 그리고 'ric'은 리치-텐소를 의미하는데 이것은 라플라스 작용소와 비슷하게 변수들의 미분으로 생겨난 곡률의 궤적(trace)으로서, 여기서는 $g = (g_{ij})$, 2차 질서(second ordering)까지이다. (14.2)에 있는 $g(t)$의 모든 근들은 '리치 유동(ricci flow)'이라고 한다. 열에서와 마찬가지로 충분한 시간 t가 지나면 고정된 상태로서 자동적으로 동질적인 거리함수를 만들게 된다. 실제로 해밀턴은 1982년에 양의 리치곡률을 가진 모든 초기의 거리함수 $g = g(0)$이 이러한 방법으로 구공간-거리함수로 변형되는 것을 증명하였다.

그러나 아직 문제는 남아 있었다. (14.2)가 (14.1)과 달리 비선형(nonlinear)이므로 그들의 근들이 금방 특이점(singularity)으로 변신한다는 것이었다. 곡률 $\widetilde{\Delta}(g)$는 보다 엄밀히 말하면 소위 '스칼라 곡률'인 $s(g)$의 궤적으로 '폭발(explosion)'한다는 것이다. 즉, 이 곡률이 아주 짧은 시간 안에 커져서 전 경계를 넘어선다는 것이다. 여기에 또 다른 백만 달러 상금이 걸린 유사한 문제가 생기

---

[11] 빈 공간에서 중력 퍼텐셜 v는 등식 $\Delta v = 0$을 만족한다. 201쪽의 $\Delta = \nabla$과 비교
[12] Richard Hamilton, 1943(Cincinnati)~현재 뉴욕에 살고 있음

는데 그것은 열전도 방정식의 복잡하기 짝이 없는 비선형 버전으로 인식되는 '날씨 방정식(네비어-스톡스-방정식)' 문제이다. 거기서도 가능한 특이점들이 아주 결정적인 문제로 나타난다.

물론 (14.2)에 있는 몇몇 특이점들은 아무 문제가 없다. 예컨대 곡률 1인 표준 거리함수 g_0를 가지는 구공간 위의 리치유동 같은 것이다. 그러면 $g(t) = (1 - 4t)g_0$(연습문제 14.2)이고 $t \nearrow \frac{1}{4}$에 대해서 앞의 항은 0으로 갈 것이고 구공간의 반지름은 작아지면서 곡률은 무한대로 커질 것이다. 해밀턴이 1982년에 증명한 것처럼 표준거리 함수 g_0의 리치곡률이 양수일 때만 이런 특이점들이 나타난다. 이에 반해 초기거리함수 g_0의 곡률이 음수이면, 예를 들어 -1이면[13] 근 $g(t) = (1 + 4t)g_0$에는 아무런 특이점이 나타나지 않는다. 보다시피 특이점들은 무언가 양의 곡률과 관계가 있다.[14]

페렐만의 공로

여기서부터 페렐만의 공로를 살펴보기로 하자. 스칼라 곡률이 폭발하는 분야들을 기하학과 위상학적으로 특정지었다. 이 공간들은 서스턴에 의해서 이미 8개의 동질적 기하 중 하나에 적용된다. 페렐만은 그들을 잘라내어 가장자리에 다른 위상을 가질 수도 있는 약하게 휘어진 부분을 붙여 넣는다. 아래 그림이 공간들 대신에 표면을 붙이는 과정이다.

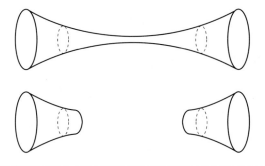

---

13 이것은 비유클리디안 기하학 또는 쌍곡선 기하학의 곡률이다.

14 실제로 해밀턴은 이미(⟨Nonsingular Solutions of the Ricci Flow on Three-Mannifolds⟩, Comm. Anal. Geom. 7, p. 695~729(1999)) 스칼라 곡률이 폭발하는(해밀턴-이베이(Ivey)-추정) 곳에서는 단면곡률이 음수가 아닌 것을 보였다.

이런 수술을(마치 외과 수술같은 과정이므로) 마치면 계속해서 이 과정을 반복한다. 새로운 공간의 모든 연결성분(connected component) 안에 있는 거리함수 위에는 그 다음 특이점이 만들어질 때까지 다시 열전도 방정식을 적용한다.

이런 까다로운 프로그램은 페렐만보다 20년 앞서 이미 해밀턴에 의해 대략 알려져 있었다. 그러나 이 작업이 가능했던 것은 리치유동이 열유동과 함께 부분적으로는 페렐만에 의해 발견된 몇 가지 공동의 특성을 가지고 있기 때문이었다. 예컨대 열은 어디에서도 축적되지 않으며 국소적인 최댓값 또는 최솟값을 만들지 않는다. 만일 그런 일이 처음부터 존재했다면 열유동은 바로 평형을 되찾을 것이다. 이러한 '최댓값 원리'는 해밀턴도 리치유동의 경우에 증명할 수 있었다.[15] 페렐만이 발견한 가장 중요한 것은 아마도 열유동과 리치유동이 공통적으로 가지고 있는 성질을 알았다는 것이다. 잘 알다시피 열퍼짐 현상에서는 시간이 흐를수록 엔트로피(혼합 온도)가 증가한다. 시간과 함께 증가하는 엔트로피 현상들을 페렐만은 리치유동에서도 발견한 것이다.[16] 이들은 반갑지 않은 특정한 효과(effect)가 생기는 것을 방해한다. 그 외에도 음이 아닌 곡률을 가진 기하가 페렐만의 특정한 분야에서 중요한 역할을 한다. 리치유동은 양적 표현이 가능한 증가하는 곡률을 가지고 있다. 어떤 시점 t에서 특이점을 향해서 가게 되면, 즉 $g(t)$가 $t \nearrow T$인 한 곳 X에서 특이하게 되면 $t \nearrow T$인 경우에 점 X 근처에서의 거리함수 $g(t)$처럼 보다 강력한 시간 변수의 확장을 통해서 새로운 리치유동을 얻을 수 있다(연습문제 14.3). 그 경계값 안에서 음이 아닌 곡률을 가진 리치유동들을 만들 수 있는데 이들은 갇히지 않은(unbounded) 시간의 확장으로 인해서 심지어 과거로 돌아가는 모든 시간대 t가 $-\infty$까지 가능하게 정의된다. 갇히지 않은 과거를 거친 리치유동의 이러한 근들 $\tilde{g}(t)$는 '고전적이다(antique)'라고 한다.[17] 이 근들

---

15 리치유동의 비선형 문제는 최댓값과 최솟값들이 더이상 동등하게 취급되지 않는다는 것으로 귀결된다. 해밀턴의 경우에는 차라리 '최솟값 원칙'이라고 말하는 게 좋을 것이다. 스칼라 곡률의 최솟값 문제는 시간이 지나면서 사라지는데 이 말은 스칼라 곡률이 시간이 지나면서 커지는 경향이 있다.

16 이 테마에 관한 페렐만의 세 개의 논문 중 첫 번째 것은 이런 이유로 〈The entropy formula for the Ricci flow and its geometric application〉로 불린다.
http://arxiv.org/pdf/math/0211159v1.pdf

17 리치유동을 과거의 끝까지 추적할 수 있던 것은 이미 유사한 방식으로 보아온 열유동처럼 아주 당연한 것이다. 열의 원천(히팅)이 공간의 한 자리에서 시작점을 가지게 되면 이 열유동은 이 시점보다 더 뒤는 추적할 수 없다. 고전적인 근들은 드물다.

에 관한 내용은 충분히 많은데, 특히 그들의 가능한 위상학적 타이프(type)를 알아내기 위한 원천거리함수 $\tilde{g}(-\infty)$에 관한 것은 더욱 그렇다. 대체적으로는 구공간(3차원-구) $\mathbb{S}^3$ 또는 3차원 원통 $\mathbb{S}^2 \times \mathbb{R}$ 같은 것들이다.[18] 이 거리함수 $\tilde{g}(t)$들은 (X, T) (그리고 $t < T$) 근처에 있는 시공간의 점 (x, t)에서 '진정한' 유동 $g(t)$로 근접한다. 구공간 $\mathbb{S}^3$의 경우에는 할 것이 아무것도 없다. 원통 $\mathbb{S}^2 \times \mathbb{R}$의 경우에는 앞에서 말한 수술을 시도하고 그 후에 리치유동을 계속 달리게 한다.

이렇게 모든 시간에 대해서 계속한다. 우선 주어진 공간을 소인수 분해할 수 있다. 그 다음 모든 소공간들을 '두껍고' 그리고 '얇은' 부분으로 나눈다. '얇은' 성분(component)들은 쌍곡선이 아닌 서스턴 기하학을 적용하는 '방'들이 되고, '두꺼운' 부분들은 쌍곡선 기하학을 적용한다. 이렇게 하면 서스턴 추측이 증명된다. 그런데 포앙카레 추측의 증명에는 이런 것들이 전혀 필요하지 않다. 왜냐하면 페렐만 그리고 콜딩과 미니코치(Colding, Minicozzi)[19] 역시 '양호한(good)' 출발공간(예컨대 모든 실들이 끌어당겨지는)에서 유한한 시간과 유한하게 많은 '수술'들이 지난 후 구공간을 얻을 수 있다는 것을 다른 방법으로 보였기 때문이다.[20]

평가

페렐만의 후원자이자 공저자인 미샤 그로모프(Mischa Gromov)는 페렐만의 업적에 대해 설명을 하였는데 바로 슈테판 츠바이크가 말한 〈인류의 위대한 순간들〉에서 나오는 발견의 역사를 기억나게 만드는 단어들로 표현하고 있다.[21] "해

---

[18] 특정한 점들을 동일시하는 이런 공간들의 '몫(quotient)'도 가능하다. 예를 들면 사영공간 $\mathbb{S}^3/\pm$ 또는 사영공간 $(\mathbb{S}^3/\pm) \times \mathbb{R}$ 위에 정의된 원통 같은 것들이다. 이들은 물로 단일 연결(simply connected)되어 있지는 않다. 즉, 끌어당길 수 있는 실들이 없다는 것이다.

[19] G. Perelman: Finite extinction time for the solutions to the Ricci flow on certain three-manifolds, math. DG/0307245

[20] 중요한 원천들은 논문 원본들 외에도 버나드 렙(Bernhard Leeb): 〈3차원 다양체들의 기하학연구(geometrization)〉 그리고 〈리치-유동: 포앙카레와 서스턴의 추측에 관한 페렐만의 증명〉, DMV-Mitteilungen(소식지) 14(2006), 213~221
https://www.mathematik.uni-muenchen.de/~leeb/pub/pv.pdf, 테렌스 타오(Terence Tao): Perelmans proof of the Poincare conjecture
https://terrytao.files.worldpress.com/2009/09/poincare.pdf, J.W. Morgan: Recent progress on the Poincare conjecture and the classification of 3-mannifolds, Bull. AMS 42(2004), 57~78

결점을 찾기 위한 아이디어를 얻기 위하여 페렐만이 도착한 곳은 어디였을까요? 여러분이 지구에 대해 완벽한 지도가 없었다고 상상해 보십시오. 그러면 여러분은 신세계를 발견하기 위해 많은 탐험선들을 차례차례 보내고 마침내 신세계를 발견하게 될 것입니다. 그리고 계속해서 수백 척의 탐험선을 보내지만 결국 6개의 신세계 밖에 찾지 못하고 지구 위에는 어떠한 다른 땅덩어리도 존재하지 않을 것으로 예상할 것입니다. 그것이 바로 포앙카레와 서스턴이 3-다양체의 세계에 관하여 말 한 것입니다. 이미 발견된 다양체 외에는 없다. 그러나 페렐만의 이론은 이것을 뛰어넘어 보다 일반적인 '비존재성(nonexistence)'의 결과를 증명하였는데 이는 와일즈[22]가 특정한 방정식에서는 정수 근들이 존재하지 않는다는 것보다 훨씬 더 나아간 결과를 증명한 것과 같은 것입니다. 페렐만의 논문은 헤밀턴 유동의 법칙을 밝히는데 이것은 세계를 3-차원 다양체의 형태로 만든 '3D-판구조론(plate tectonic)'과 같은 것입니다. 페렐만은 3D-세계인 지도를 이 법칙으로부터 재구성하였습니다. 수학 공동체는 페렐만이 발견한 이 땅 위에 새로운 건물을 짓는데 아마도 수십년 또는 그 이상의 시간이 필요할 것입니다."

이러한 대업적을 남긴 페렐만은 세계의 모든 영예로운 학부나 연구소로부터 초청을 받았지만 아무런 관심을 갖지 아니하였다. 들리는 바에 의하면 그는 성 페테르스브르그에 있는 단순한 건물에서 모친과 함께 살고 있다. 페렐만은 2010년 그에게 배정된 클레이 수학연구소의 상금 100만 불도 거절하였을 뿐만 아니라 수학자 최고의 영예인 2006년도 필즈상(fields medal)도 거절하였다.

빌 서스턴은 2010년도 클레이 상의 수여식에서 행한 축사에서 이에 관해 다음과 같이 말하였다. "페렐만이 공적인 명예나 부에 대해 거부감을 가지고 있는 것은 많은 이들에게 미스터리한 일이다. 나는 페렐만과 이에 관해 이야기한 적도 없고 그를 대변할 수도 없지만 그의 내적인 강인함과 분명함에 감탄하며 그의 감정에 크게 공감하고 있다. … 수학자들의 진정한 연구열은 점점 더 뜨거워지고

---

21 http://www.claymath.org/perelmam-laudations
22 Sir Andrew Wiles, 1953년 영국 캠브리지 출생, 옥스포드 대학교 교수. 1994년 페르마의 추측-방정식 $x^n + y^n = z^n$, $n \geq 3$은 당연한 근들을 제외하고는 어떤 정수의 해 (x, y, z)도 갖지 않는다-을 증명하였다. 원래 그는 훨씬 더 일반적인 결과(타원곡선에 관한)를 증명하였는데 (타니야마-시무라-추측(Taniyama-Shimura-conjeture)) 이 타원곡선들은 복소수 사영평면 안에 있는 것으로서 실수가 아닌 복소수 파라미터를 가지고 있으며 고리 표면(토러스)의 위상적 타이프(type)를 가지고 있다.

있다. 그럼에도 현재의 세계는 우리들을 즉흥적이고 풍성한 소비를 중시하며 인정을 갈구하는 사회로 몰아가고 있다. 우리가 페렐만의 수학으로부터 배운 것이 있다면, 그것은 우리 스스로를 돌아보고 페렐만의 삶의 방식을 따라야 하는 것이 아닌가 생각하기 위해서 잠깐 멈추어 서야 할지도 모른다는 것이다."

연습문제

14.1 리치텐소는 단계화의 과정에서 불변이다: 리치텐소는 곡률텐소 R^m_{ijk} 의 궤적이다. 따라서 $ric_{jk} = \sum_i R^j_{ijk}$ 이다(연습문제 13.13과 비교). 곡률텐소는 이런 이유로 2차 계수 미분으로부터 생긴다. 거리함수 g에 상수인 양의 s를 곱해도 변하는 것은 없다. 마찬가지 결과가 ric_{jk}에서도 나타난다.

14.2 상수곡률에서의 리치유동: g_0를 n차원의 쌍곡선 공간이거나 또는 구 위에 정의된 곡률 ± 1을 가진 표준 거리함수라고 하자. 그러면 g_0의 리치곡률은 $ric = \pm(n-1)g_0$이다.

$g(t) = (1 \mp 2(n-1)t)g_0$가 리치유동 방정식 $g' = -2ric(g)$, 여기서 $g' = \dfrac{\partial g}{\partial t}$ 가 성립함을 보이시오.

추가항목 $g(t) = u(t)g_0, \ u(t) > 0$

14.3 리치유동의 재분류: 리치 방정식 $g' = -2ric(g)$의 근 $g(t)$가 주어졌다고 하자. 다음을 보이시오.

a) $\tilde{g}(t) = g(t - t_0)$ 역시 모든 상수 t_0에 대해서 근이 된다.

b) $\tilde{g}(t) = ug\left(\dfrac{t}{u}\right)$ 역시 모든 상수 $u > 0$에 대해서 근이 된다.

참
고
문
헌

▲

[1] Al-Khalili, Jim: Im Haus der Weisheit. Die arabischen Wissenschaften als Fundament unserer Kultur,[1] Fischer Taschenbuch 2015

[2] Alten,H.-W., et al.: 4000 Jahre Algebra. Geschichte, Kulturen, Menschen,[2] Springe 2003

[3] Attali, Jacques: Blaise Pascal, Biographie eines Genies,[3] Klett-Cotta 2007

[4] Bell, E.T.: Men of Mathematics, Fireside 1937/1965

[5] Klein, Felix: Vorlesungen über die Entwicklung in 19. Jahrhundert,[4] Springer 1926

[6] Linden, Sebastian: Die Algebra des Omar Chayyam,[5] Edition Avicenna 2012

[7] Manis, Hubert: Gauss. Eine Biogrpahi,[6] Rowohlt 2008

[8] Neffen, Juergen: Einstein. Eine Biographie,[7] Rowohlt 2006

[9] O'shea, Donal: Poincares Vermitung. Die Geschichte eines mathematischen Abenteuers,[8] S. Fischer, Frankfurt

[10] Penrose, Roger: The Road to Reality, New York 2005

[11] Riemann, Bernhard: Ueber die Hypothesen, welche der Geometrie zu Grunde liegen.[9] Historisch und mathematisch kommentiert von Juergen Jost, Springer 2013

[12] Scriba, C.J., Schreiber, P.: 5000 Jahre Geometrie. Geschichte, Kulturen, Menschen,[10] Springer 2001

[13] Sigmund, Kral: Sie nannten sich Der Wiener Kreis. Exaktes Denken am Rande des Untergangs,[11] Springer Spektrum 2015

[14] Wussing, H.: 6000 Jahre Mathematik. Eine kulturgeschichte Zeitreise,[12] Springer 2008, 2013

영어

● 역자 소개

김승욱
한국외국어대학교 자연과학대학 수학과 교수

수학의
위대한
순간들

2021년 4월 6일 초판 인쇄
2021년 4월 13일 초판 발행

지은이 Jost-Hinrich Eschenburg
옮긴이 김승욱
펴낸이 류원식
펴낸곳 교문사
편집팀장 모은영
책임진행 성혜진
표지디자인 신나리
본문편집 디자인이투이

주소 (10881) 경기도 파주시 문발로 116
전화 031-955-6111
팩스 031-955-0955
홈페이지 www.gyomoon.com
E-mail genie@gyomoon.com
등록번호 1960. 10. 28. 제406-2006-000035호
ISBN 978-89-363-2136-9 (93410)
값 19,500원